"牵索式"支撑

"井字"支撑

由铁架围合的成"井字"支撑

由木方围合的"井字"支撑

"腰带式"支撑：黑色胶皮带长短可调节，
适用于不同粗细的树木

U0231005

"网格式"支撑

"斜撑式"支撑-1

"斜撑式"支撑-2

风害引起树体斜倾

树干包裹

大枝修剪后伤口处理1
（孙明 摄）

大枝修剪后伤口处理2（孙明 摄）

垂枝形树形——垂枝桃（孙明 摄）

垂枝形树形（孙明 摄）

普通高等教育"十二五"规划教材·园林园艺系列

园林树木栽培养护学

刘晓东　李　强　主编

化学工业出版社

·北京·

本书以园林树木生长发育的基本规律为基础，重点阐述了园林树木栽植理论与技术以及协调园林定植后树木生长与环境间矛盾的各种措施。全书共分9章，包括园林树木的生长发育规律，园林树木的生态配置，园林树木的栽植，园林树木土、肥、水管理，园林树木的树洞处理，园林树木各种灾害的防治，古树名木的保护与管理，园林树木病虫害防治等内容。

本书文字精练，内容丰富，理论联系实际，可以作为高等学校园林、风景园林、观赏园艺专业教材使用，也可供园林工作者及园林爱好者使用及参考。

图书在版编目（CIP）数据

园林树木栽培养护学/刘晓东，李强主编． —北京：化学工业出版社，2013.1（2018.3 重印）

普通高等教育"十二五"规划教材·园林园艺系列
ISBN 978-7-122-15670-9

Ⅰ.①园…　Ⅱ.①刘…②李…　Ⅲ.①园林树木-栽培技术-高等学校-教材　Ⅳ.①S68

中国版本图书馆 CIP 数据核字（2012）第 248033 号

责任编辑：尤彩霞	文字编辑：王新辉
责任校对：吴 静	装帧设计：关 飞

出版发行：化学工业出版社（北京市东城区青年湖南街 13 号　邮政编码 100011）
印　　刷：北京京华铭诚工贸有限公司
装　　订：北京瑞隆泰达装订有限公司
787mm×1092mm　1/16　印张 14½　彩插 1　字数 378 千字　2018 年 3 月北京第 1 版第 2 次印刷

购书咨询：010-64518888（传真：010-64519686）　售后服务：010-64518899
网　　址：http://www.cip.com.cn
凡购买本书，如有缺损质量问题，本社销售中心负责调换。

编写人员名单

主　　编　　刘晓东
　　　　　　李　强
副 主 编　　张学锋
　　　　　　孙　明
　　　　　　崔东海
　　　　　　王　非
编写人员　　（按姓名笔画排序）
　　　　　　王　非（东北林业大学）
　　　　　　刘晓东（东北林业大学）
　　　　　　孙　明（北京林业大学）
　　　　　　李　强（东北林业大学）
　　　　　　何　淼（东北林业大学）
　　　　　　宋　红（东北林业大学）
　　　　　　张学锋（黑龙江省林业科学院）
　　　　　　范丽娟（东北林业大学）
　　　　　　崔东海（东北林业大学）
　　　　　　焦喜来（黑龙江省丰林国家级自然保护区管理局）

前　言

　　园林树木是城市环境的主要生物资源，是构成园林绿地的主体，其生长状况直接影响园林绿化的效果。园林树木生态效益和美化功能的发挥必须建立在树木良好生长的基础上，而要保持园林树木健康、持久地生长是与科学、合理的树木栽培养护措施密不可分的。

　　园林树木栽培养护学是研究园林树木栽植、养护理论和技术的学科。它以植物学、气象学、土壤学、植物生理学、遗传学、育种学、园林树木学、园林苗圃学及昆虫学和植物病理学为基础，是一门综合性的学科。园林树木栽培养护学在研究树木生长发育基本规律的基础之上，重点研究园林树木栽植理论与技术，以及定植后树木的生长环境和树体的养护管理等，是一门实践性很强的应用学科，是园林专业的核心课程之一。

　　本书由东北林业大学园林学院刘晓东教授主持编写，在编写过程中查阅了大量的相关文献和著作，在继承和总结前人研究成果的基础上，结合各位编者多年的教学实践经验，注重理论联系实际，反映学科发展动态，全面系统地构建了完整的园林树木栽培养护学的知识体系。

　　全书共分 9 章，包括园林树木的生长发育规律，园林树木的生态配置，园林树木的栽植，园林树木土、肥、水管理，园林树木的树洞处理，园林树木各种灾害的防治，古树名木的养护与管理，园林树木病虫害防治等。本书可以作为高等学校园林、风景园林、观赏园艺专业教材使用，也可供园林工作者及园林爱好者使用及参考。

　　本书的绪论、第二章由刘晓东编写，第一章、第三章由李强编写，第四章由张学锋、王非编写，第五章由孙明编写，第六章由焦喜来、何淼编写，第七章、第八章和第九章由崔东海、宋红编写，范丽娟参与了部分绘图及校对工作。

　　在本书的编写过程中，由于编者的水平有限，疏漏之处在所难免，敬请广大读者批评指正。

编者
2012 年 12 月

目　录

绪　　论

一、园林树木栽培养护的意义

（一）园林树木栽培养护的概念

园林树木栽培养护是指从园林树木出圃（或挖掘）开始，经运输到达定植地，通过在栽植地的生长发育直至树木衰亡、更新这一过程中的实践活动。这一实践过程包括园林树木的移植，土、肥、水管理，整形修剪，树洞修补，树木各种灾害的防治及古树名木保护等。

（二）园林树木在城市园林绿化建设中的作用

园林树木指适合于各种风景名胜区、休息疗养胜地和城乡各类型园林绿地应用的木本植物。园林树木是构成城市园林、城市绿化、风景名胜的重要组成成分，是构成园林绿地的主体，是城市环境的主要生物资源。

我国园林树木种资源极为丰富，有着"园林之母"的美誉。我国原产的木本植物约为7500种，其中乔木树种2000多种。园林树木树体高大，功能齐全，生命周期长，在城市园林绿化建设中起重要作用。

（1）园林树木对环境的改善和防护作用　园林树木的树冠可以阻拦阳光而减少辐射热，当树木成片栽植时，不仅能降低林内的温度，而且由于林内、林外的气温而形成对流的微风，这种微风可以降低皮肤温度，有利水分的发散，而使人们感到舒适。

① 园林树木改善空气质量的作用。当空气中 CO_2 浓度过高时，人就会感到不适，而浓度达 10% 以上则会造成死亡。植物是环境中 CO_2 和 O_2 的调节器，通过光合作用吸收 CO_2，释放 O_2，通常每公顷森林每天可消耗 1000kg CO_2，放出 730kg O_2，每人若有 $10m^2$ 树林即可满足呼吸氧气的需要。通过光合作用园林树木保持了生态系统碳的循环，满足了人类对氧气的需求。园林树木还具有分泌杀菌素、吸收有毒气体、阻滞尘埃和提高空气中负离子浓度等作用。综上所述，园林树木对城市空气质量的改善起到了重要作用。

② 园林树木净化水体的作用。由于现代工业的发展，水体污染严重，严重制约着经济、社会的发展，并且威胁着人体的健康。园林树木可以吸收水中的毒质而在体内富集起来，从而使水中毒质降低；而在低浓度下，植物在吸收毒质后可以在体内将毒质分解，并转化成为无毒物质。

③ 园林树木有改善小环境内空气湿度的作用。一株中等大小的杨树，在夏季的白天，每小时可由叶部蒸腾 25kg 水到空气中，一天即可达 0.5t，如果在某地种 1000 株杨树，则相当于每天在该处洒 500t 水的效果。在潮湿的地区，移植蒸腾作用强的树种，有降低地下水位的作用。

④ 园林树木具有保护环境的作用。树木的树冠可以截留一部分降水量，减少和减缓了地表径流量和流速，起到水土保持的作用。树木的迎风面和背风面都可以起到降低风速的作

用，如公园中的风速要比城区小 80％～94％。将树木组成防护林带，则可起到防风、防沙和固沙的作用。

（2）园林树木具有美化环境的作用　园林树木种类繁多，每个树种都有自己独具的形态、色彩、风韵、芳香等特色。树木本身就是大自然的艺术品，它的枝、叶、花、果和树姿都具有无比的魅力，它们与园林中的建筑、雕塑、溪瀑、山石等相互衬托，再加上艺术处理，将呈现出千姿百态的迷人美景，令人神往。园林树木不但给人视觉上的享受，还可以陶冶人的情操，纯洁人们的心灵。

（3）园林树木具有生产功能　树木的枝、皮、叶、花、果及根等可以做药材、食物及工业原料，古人曾有"燕秦千树栗，其人与千户侯"的说法。树木的生产功能所包含的内容极其丰富，只要运用得当，对园林建设可以起到积极的推动作用。然而在设计规划时应注意园林树木的首要目的是城市美化，生产功能是从属地位，杜绝本末倒置。

（三）园林树木栽培养护的作用

随着社会经济的发展和人们生活水平的进一步提高，人们对环境质量的要求也越来越高，因此园林树木在城市绿化建设中的作用就越来越重要。园林树木不同于森林中的树木，它们就生长在居住地的周围或人们经常到达的地方，称之为人类聚落中的伴人植物。它们的巨大作用表现在景观、生态、游憩等多方面，因此人们对它们的要求完全不同于对森林或旷野中的树木，而是希望它们在健康生长、保持完好形态的同时，能充分发挥人们所要求的各项功能；希望它们能长期与人们相伴，因为从它那里常常会找到过去的回忆。但是树木是生命体，具有生长、发育、成熟、衰老过程，它们在与周围物理环境的相互关系中，不断出现影响树木生长的不利因素造成树木健康问题，这就需要经常进行治疗与养护；树木随着生长，个体之间的空间关系发生改变，不可能永远停留在园林设计的模式状态，这就需要不断调整。园林树木栽培养护的内容与特点，可以总结为以下几点。

（1）树木因生长发育而发生个体的变化　树木与周围环境的平衡随树木的生长而不断被打破，当然树木能通过自身的调节来达到新的平衡，但在人工化的环境中则经常需要通过各种养护措施来使其恢复，并且不断调整养护的目标与措施。如在树木的幼年迅速生长期，树木养护的主要目标是促使树木形成良好的树体结构，维持树木生长的良好环境；而当树木达到成年时，则应保持树木的完好树型，稳定树冠结构以及生长环境；同时必须随时关注致使树木衰退导致死亡的各种因素，避免树木过早进入衰退期，尽量延长树木的生命。

（2）树木养护是一个长期的过程　树木的寿命较长，在一个地方生长很长的时间，经常会受到某种胁迫或干扰，如修剪、病虫害、气候条件的异常以及人为活动等，都有可能对树木生长造成影响，因此树木的养护过程应贯穿树木的整个生命。

（3）树木的养护以树木健康为原则　所有的树木养护与管理都是为了确保树木的健康生长，因此在具体运用树木养护的方法时，必须针对不同的树种、个体、立地条件而做适当的调整，各地都应该有适合当地环境与树种的养护规范。

（4）对树木养护应持慎重的态度　这一点十分重要，因为任何失误都有可能难以弥补。例如错误的修剪对树木带来的伤害可能是巨大的、长期的，甚至是无法弥补的。

（5）选择合适的树木，栽植高质量的苗木是树木养护的基础　选择合适树木的基本点是"适地适树"，因为任何树木一旦栽植在不适宜其生长的立地环境，是很难单单通过管护来获得健康的植株；而没有优质的苗木作为基础，多数情况下也无法达到预期养护目标。

综上所述，园林树木栽培养护水平的高低直接决定了园林树木在园林绿化建设中作用的发挥。"栽培是基础，养护是保证"，只有正确处理栽培与养护的关系，才可以最大限度地发挥园林树木的功能作用，更好地为城市绿化建设服务。

二、园林树木栽培的历史与现状

（一）我国园林树木栽培养护简史

1. 先秦两汉时期

我国在树木栽培方面具有悠久的历史，早在《诗经》中已有关于树木栽培的记载。《诗经》是我国最古老的诗歌总集，也是中国树木栽培史的重要文献。《诗经》中提到50余种树，有松、桧、桐、梓、杨、榆、漆、栗、桑等多种乔木，杞、楚、棒等灌木，桃、李、梅、苌楚（猕猴桃）等果树，以及竹子等众多森林植物资源。《周南·汉广》有："南有乔木，不可休思。"《周南·葛覃》又有："黄鸟于飞，集于灌木。"比较早地提出了树木分类中的乔木、灌木两名词。《商颂·殷武》、《魏风·伐檀》中有森林采伐、伐木的内容，《大雅·灵台》是兴建皇家园林的史诗，《郁风·定之方中》中"树之榛栗，椅桐梓漆，爰伐琴瑟"指出树木可以用来建筑宫室、制造乐器，突出了经济林木的重要性，反映出原始森林利用思想。《卫风·淇奥》中"瞻彼淇奥，绿竹猗猗"、"瞻彼淇奥，绿竹青青"，"瞻彼淇奥，绿竹如簀"的描写，正好反映了春秋时期黄河流域诸如河南等地区气候温暖、有竹子生长的历史。《礼记·夏小正》有我国最早的物候系统记载，它以时系事，记述一年十二月中自然现象及应做之事，其中记载了野生动物、树木的生长情况及习性：正月"柳梯"，指柳树生出嫩芽；"梅杏杝桃则华"，指梅杏山桃开花；二月"摄桑"，指桑叶始出；"委杨"，指杨开花；三月"拂桐芭"，桐华也；四月"囿有见杏"；五月"煮梅"；六月"煮桃"；九月"荣鞠"，指菊花开。

西汉氾胜之的《氾胜之书》是我国早期一部重要的农书，可惜此书在后世流传中失传。一据明代王象晋《群芳谱》引："《氾胜之书》乃曰：种树正月为上时，二月为中时，三月为下时。夫节序有早晚，地气有南北，物性有迟速，若必以时拘之，无乃不达物情乎？惟留宿土，记南枝，真种植家要法也。"这指出植树造林的具体适宜时间，并强调不能拘泥一切，要灵活对待。另据《齐民要术》转引："《氾胜之书》曰：种桑法，五月取椹着水中，即以手渍之，以水灌洗，取子阴干。治肥田十亩，荒田久不耕者尤善，好耕治之。每亩以黍、椹子各三升合种之。黍、桑当俱生。锄之。桑令稀疏调适，黍熟，获之。桑生正与黍高平，因以利镰摩地刈之，曝令燥。后有风调，放火烧之，常逆风起火。桑至春生，一亩食三箔蚕。"其中就强调种植桑树首先要准备好种子，然后选好肥沃的田地，并且与黍混合杂种，生长期间要注意除草，这样既能增加收成，又能促进生长；最后将地面枝条收割晒干焚烧，灰入土中可以充当肥料。

2. 魏晋南北朝隋唐五代时期

北魏贾思勰撰写的《齐民要术》是中国现存最早、最完整的农书，书中详细地介绍了蔬菜种植、果树和林木扦插、压条和嫁接等育苗方法以及幼树抚育方面的技术。《齐民要术》记述了树木生长与环境间的相关性，强调选地、整地，不同的树木要有不同的整地方法，如种柞树"宜于山皋之曲"，种竹"宜高平之地，近山皋尤是所宜"。强调不同的树种有不同的繁殖方法，如柞树可以用种子繁殖，一次定苗，不移植；而种植白杨经常使用埋条和插条的方法；楸树无种子，则使用分蘖造林。书中还指出要注意植树造林的时间，认为植树"以正月为上时，二月为中时，三月为下时"，按树种分正月植槐梓，二月植榆楮，正月、二月插白杨、插柳条、植竹，二月、三月植树椒大苗，三月移青桐，五月初至七月末雨后播杨柳等。

《齐民要术》系统地记述了各种果树的栽培理论和技术，介绍了各种果树的品种和性状特点，并区分不同的果树种植方法，如枣、栗用种子繁殖，奈、林檎可以用压条繁殖，也可以用分蘖繁殖，而种植石榴则可以用压条和插条繁殖法，利用嫁接繁殖来栽培梨树。书中还提出果树种植密度要适当，不可过密，也强调了果树的抚育管理，主张是整形、防霜冻害、防虫害等。《四库全书总目提要》称《齐民要术》为"农家诸书，无更能出其上者"。

唐代文学家柳宗元在《种树郭橐驼传》中塑造了一位"病痹隆然伏行"的老农，别号"橐驼"。他所栽种或者移植的树成长快，生势茂盛，结实早。他的成功经验在于：栽树时，要让树木的根得到舒展，下肥要适当，所培的土要同树苗以前的土壤差不多；填土要结实。整个栽植过程中，要细致爱护树木；种植以后不要摇动。总之，顺乎树木的天然本性，尊重树木本身的生长的规律特点，不阻碍它的正常生长发育。有些人虽然爱惜树苗，关心树木生长，但由于不尊重树木本身的生长规律，不得其法，只能起到揠苗助长的作用。

唐韩鄂撰《四时纂要》记载了果树嫁接法："取树木，如斧柯大及臂长者，皆可接，谓之树砧，砧若稍大，即去一尺截之，则地力大壮也，夹煞所接之木。稍小即去地七八寸截之，若砧小而高截，则地气难应。须以细齿锯截锯，齿粗即损其砧皮。取快刀子于砧缘相对侧劈开，令深一寸，每砧对接两枝。候俱活，即待叶生，去二枝之弱者。"其书还详细记载了两种栽培构树菌的方法，一种是"取烂构木及叶，于地埋之，常以泔浇令湿，两三日即生"；另一种是"畦中下烂粪，取构木可长六七尺，截断槌碎，如种菜法，于畦中匀布，土盖。水浇长令润。如初有小菌子，仰把推之。明旦又出，亦推之，三度后出者甚大，即收食之"。这两种方法是真菌段木栽培法的雏形，也是我国现存最早关于人工栽培食用菌方法的记载。

3. 宋元明清时期

宋代《平泉山居草木记》记述了平泉山庄中搜罗的各种花木，如金松、琪树、海棠、框桧、红桂、厚朴、香怪、木兰、月桂、杨梅、山桂、温树、珠柏、栾荆、杜鹃、山桃、侧柏、南烛、柳柏、红豆山樱、栗梨、龙柏、山茶、紫丁香、百叶木芙蓉、百叶蔷薇、紫桂、海石楠、同心木芙蓉、真红桂、四时杜鹃、相思紫菀、贞桐、山茗、重台蔷薇、黄槿、牡桂、紫石楠、天蓼、青杨、朱杉、笔树、楠稚子、金荆、勾栗木等，从中就能看出私家园林建设之辉煌，园林植物配置之丰富。

元代王祯的《农书》载有"树之榛栗，椅桐梓漆，卫文公之所以兴其国也"。王祯把植树造林看做官员政绩的重要一项。王祯认为植树造林关系"民生济用"，是"政策之本"。可见当时人们已经充分意识到了园林树木的重要性。

明代的《种树书》把植物分为木、桑、竹、果、谷、菜、花7类，记载了当时奇特、新颖的栽培技术与嫁接方法，可见我国古代劳动人民在长期的栽培实践中积累了丰富的栽植与养护树木的经验。特别是在树木的容器栽植、盆景制作、养护方面取得的巨大成就，使我国的树木盆景成为中华民族的瑰宝，而盆景的制作与养护更是浓缩了几乎所有关于树木的知识与栽培经验。

清代的《花镜》主要记述观赏植物栽培原理和管理方法，包括课花大略、辨花性情法、种植位置法、接换神奇法、扦插易生法、移花转垛法、浇灌得宜法、培壅可否法、治诸虫蠹法、变花催花法、整顿删科法等内容，属于真正意义上的园艺专著。

清代王灏的《广群芳谱》，分为天时、穀、桑、麻、蔬、茶、花、果、竹、卉、药诸谱，园林树木分列于花、果、木、竹之谱中，记述详明，体例醒目，为中外名著。

（二）树木栽培养护发展的近况

20 世纪的 20～40 年代，我国对树木的许多研究主要在森林植物方面，侧重于树种特性与树木分类。当时经济不发达城市人口很少，城市绿地建设也十分落后，对园林树木的养护主要在一些私家庭院和城市公园。当时的私家庭院主要有两类：一类为我国传统园林格局基础上的历史遗留，如北京的皇家园林和江南园林等，已处在衰落的阶段；另一类则为新兴的以西方园林为模式的私家花园，如上海、天津、青岛、厦门等曾有殖民租界，历史上达官和富商云集，有过占地面积较大的私家庭园，1949 年的资料表明，上海市私家庭园总共占地146hm^2，为同期公共绿地的 2.18 倍，这些庭院基本上以常绿乔木树种为主，辅以少数落叶树种而构成群落的主体，在树冠以外的空间种植一些观果、观花灌木，树冠以下栽植半耐荫和耐荫的灌木及草本植物。另外，城市公共绿地或城市公园也大多是模仿西方的园林布局，如上海英国园林风格的"中山公园"、法式园林的"淮海公园"等，那里的树木一般都得到很好的养护，但总体上说城市绿地树木的养护与管理一直处于落后状况。

新中国成立后，即使在新中国刚刚成立面对百废待兴的局面，中央政府就把城市建设列为重要的建设内容，在明文规定的 11 项建设内容中，城市公园和绿地属于第五项。当时毛泽东主席提出了"绿化祖国"的号召，在全国兴起植树造林的高潮，并一直强调增加城市绿色和普遍绿化这一点。期间，在各地建立的植物园、树木园为今后园林树木的研究提供了基础。

城市绿化高潮的真正到来则是在我国改革开放以后的 20 世纪 70～80 年代，国家颁发了一系列有关的政策与法规来加强城市绿化建设，1982 年国家城市建设总局发出《关于全国城市绿化工作会议的报告》，该报告首先总结了 1978 年以来全国城市绿化工作取得的成果；指出了当前全国城市绿化水平较低的现实，如北京人均公共绿地面积为 5m^2，与国际同类城市相比，差距较大。最后对城市绿化建设提出具体的要求：其一，在园林绿化建设条款中提出了量化的指标，如公共绿地 1985 年达到人均 5m^2；2000 年达到 7～11m^2；新建城市绿地面积不得低于城市用地总面积的 30％等。其二，明确提出按经济规律办事，改善经营管理，加大资金投入。其三，建立、健全技术责任制，把技术管理工作提高到应有位置。其四，重点加强园林树木的养护工作。而 1992 年 6 月 22 日国务院以第 100 号令发布《城市绿化条例》，标志我国的城市绿化工作步入了新的以法建设的新阶段。该条例强调了城市绿化工程设计的一项主要原则，就是以园林植物材料为主要内容；用植物材料来满足生态环境建设和构成优美景观的功能；各类绿地构成城市绿化的全部内容，最终构成城市的整个绿地系统。几乎在城市绿化条例公布的同期，建设部提出了在全国范围内创建园林城市的活动，从而进一步推动了城市绿化建设的进程，这些对园林树木的栽培与管理提出了更高的要求。1999年我国建设部出台了《城市绿化工程施工及验收规范》，该规范建立了城市绿化工程施工监理和质量控制的国家标准，对提高城市绿化种植成活率、改善城市绿化景观、节约绿化建设资金、确保城市绿化工程施工质量起到了显著的作用。

多年来，我国城市绿化建设取得显著的成果，《2009 年中国国土绿化状况公报》显示，2009 年，我国城市绿化迈出新步伐，城市人均拥有公园绿地面积 9.71m^2。公报称，2009 年全国城市建成区绿化覆盖面积已达 135.65 万公顷，建成区绿化覆盖率 37.37％，绿地率33.29％。全国累计 14 个城市成为国家森林城市，已有 146 个城市（区）、30 个县和 10 个镇分别被命名为国家园林城市（区）、国家园林县城和国家园林城镇。

我国的许多城市在努力建设城市公园、绿地、风景区的同时，积极开展园林树木的研究，主要集中在园林树木的栽培、施肥、修剪、古树保护、景观与生态功能等方面。例如北京园林科技研究所，从 20 世纪 60 年代起一直开展对北京地区古树名木的保护与复壮研究，20 世纪七八十年代，园林部门对城市树木生长衰老的原因开展了细致的研究，提出城市园林树木由于人为的践踏、车辆的碾压、地面的铺装及地下侵入体等诸多原因，造成土壤孔隙度降低，通气不良，致使树木生长势下降，出现衰老。园林部门进行了大量的科学研究，研制出多种透气、透水的铺装材料，发明了多种及防止土壤孔隙度降低的技术措施。通过解决土壤通气问题，救活了很多树木，特别是抢救了不少濒危的古树。通用土壤分析和叶面分析方法了解衰老树木的营养状况，针对有缺素症的衰老树木采用综合的复壮措施，不仅施入无机肥料，更重视施用有机肥，同时增施复壮剂、菌根剂、微量元素等。复壮技术也有很大的进步，树木输液技术已广泛应用，与传统的施肥方法相比，树木输液技术加快了营养物质在树体各部位的传导速度，树体更易吸收。这种技术既给树木输入了急需的营养，同时还可以输入防虫治病的农药，提高了防治效果。

容器育苗的应用提高了树木移栽的成活率和施工的效率。容器育苗是国外苗木培育最重要的方式之一，尤其在高纬度地区研究和应用最为成功。在加拿大的不列颠哥伦比亚省，据对 9 个苗圃统计，到 2009 年生产容器苗 1.35 亿株占全部产量的 90% 以上。在容器育苗生产先进的国家，已形成一套从种子处理、苗木培育到造林的科学育苗体系。目前，一些国家已基本上实现了育苗过程机械化、自动化，如芬兰、加拿大、日本、美国等实现了容器育苗工厂化生产。

我国从 20 世纪 50 年代便开始进行容器苗生产，但发展较缓慢，大面积应用容器苗仅有二三十年的历史。广东省于 50 年代后期就培育桉树、木麻黄、马尾松等容器苗。至 70 年代，容器育苗在我国南方已广泛推广应用于国外松、木麻黄、相思、银合欢等树种。70 年代后期，全国普遍开展容器育苗技术的研究并推广使用。目前，我国容器育苗主要是露地容器育苗和塑料大棚容器育苗，部分花卉、蔬菜种苗及林木种苗示范基地实现了温室容器育苗和育苗作业工厂化。但是，机械化设备至今没有形成规模化和商品化生产，从而限制了我国容器苗的机械化和自动化。

近二十年来，为了加速城市绿化的步伐，尽快地呈现绿化景观效果，大型乔木已成为人们进行绿化、美化环境的首选，通过大树移栽实践，我国在大树移栽技术方面取得长足的进展。首先体现在大树的挖掘手段上，大树挖掘机开始应用到了大树移栽工程中，树木挖掘机可以自我推进、挖坑、运输、栽植大树，提高了大树移栽的效率。其次，树木包扎的材料也有很大的改进，软材包扎不单纯用草绳和草席，很多地方应用麻绳和塑料布或用铅丝网进行包扎移植，效果很好，这种包扎材料可以反复利用，节省了经费；在木箱包扎移栽大树方面，上海绿化局作了很大的改进，采用预制铁板包扎移植大树，节约了木材，同时也提高了移植的速度和成活率。

为了提高树木栽植的成活率，园林部门研制出很多有效的技术措施，抗蒸腾（干燥）剂的使用，大大提高了移植树木的成活率，从而加快了绿化的速度。在施肥方面发展得更快，近年来已研究了肥料的新类型和施肥的新方法，其中微孔释放袋就是其中的代表之一。International Spike of Lexington Kentucky 推广的 "Jobe's 树木营养钉" 可以用普通木工锤打入土壤，其施肥速度可比打孔施肥快 2～5 倍。施肥枪的应用提高了施肥的效率，施肥枪可根据实际需要即时调节施肥的土层深度，并可有效控制单次施肥量。肥料成分上，根据树木种类、年龄、物候及功能等逐渐推广所需的配方肥料。在修剪方面，由于人工机械修剪成本高，因而促进了化学修剪的发展。在病虫害防治方面，为了保护环境，防止污染，淘汰了一些具残毒和污染环境的药剂，应用和推广了许多新型高效低毒的农药，并进行大量的生物防治研究工作。在树洞处理上，近年来已有许多新型材料用于填充树洞，机型材料弹性强、易灌注，并可以与多种杀菌剂混用，使用效果良好，促进了树体愈伤组织的形成。

目前，国际上树木栽培学的主要研究与实践着重在以下几个方面。

(1) 树木的生理研究 如城市环境中受各种因素胁迫条件下的树木生理反应，缺乏微量元素、城市土壤碱化、污染环境对树木生长的影响。

(2) 建筑、施工对城市树木根系的影响 许多城市基础设施的施工常常破坏根系生长环境，或直接损伤根系，如何减少损伤、促使根系恢复则是需要着重研究的课题。

(3) 树木对城市各类设施的影响以及预防 如树木根系对地下设施的破坏、树木对建筑物的损害等成为主要的研究内容。

(4) 受损树木的处理以及树木的安全管理 包括对受损伤树木安全性的检测、对有问题树木的诊断与治疗。如德国的树艺学家 Matttheck 建立的 VTS 方法，即通过望诊来判断树木的问题，并建立树木力学来计算树木的受力情况。

(5) 提高树木移植成活率的技术 树木移植是园林景观管理中的一项经常性工作，从种植技术、设备开始到植后的养护与管理，是提高成活率的关键。

(6) 树木修剪、整形的技术规范 通过对树木结构、功能与生理的研究制订科学合理的修剪技术，确保树木的生长不受影响。

(7) 树木的价值问题 研究计算城市树木经济价值的合理方法。

(8) 园林树木病虫害的综合治理 如何减少农药的使用，或采用与环境友好的农药施用技术 (environmental friendly methods)，以及生物防治技术。

目前，国际上树木栽培的研究与实践活动十分活跃，有许多协会与学术组织参与，最著名的有美国与英国两家，即国际树艺学会 (International Society of Arboriculture，ISA) 和树艺学会 (Arboricultural Association)，前者总部设在美国，出版杂志 Journal of Arboriculture 和 Aborist News 主要发表有关树木养护与城市林业方面的专业文章及相关信息，目前该杂志已在互联网上出版；后者是英国的一家专业学会，出版杂志 Arboricultural Journal 综观树木栽培与养护的实践。值得提出的是，在互联网已十分发达的今天，可以十分方便地通过各地的网站了解各国有关园林树木养护方面的知识与动态，以便学好园林树木栽培知识。

客观地说，我国在园林树木的管护方面仍然滞后于国际先进水平，主要表现在深入研究不足，而往往注重种植的实践而忽视养护，日常的养护工作也不够规范，多数城市缺乏专业的合格管护人员，特别是园林树木养护的技术工人；在园林专业教学方面也常常偏重于园林规划设计的理论与实践，相对轻视园林树木养护知识的传授。因此，在一些国际上已十分关注的研究领域，如园林树木的安全性管理、基于树体机械强度的受损树木修补、在有铺装表面的立地的树木栽植，以及树木问题诊断等方面基本无系统研究。当步入 21 世纪，我国城市化也进入高速发展阶段，在城市环境建设愈来愈需要树木及各类植物的时候，更加关注树木的管理与养护应成为城市绿化事业发展的必然。

三、园林树木栽培养护学的学习目的和方法

园林树木栽培养护学属于应用科学范畴，在我国是园林专业、城市林业专业的主要专业课之一；行业上则属于城市园林部门、绿化管理局等行政单位。与园林树木栽培养护学最为接近的是城市林业 (urban forestry)，城市林业是 20 世纪 60 年代中叶在北美出现的新兴学科，近年来在我国得到迅速发展，它被定义为对城市所有树木的经营与管理，是林业的一个分支。从这个定义看，城市林业很容易在经营实践中与园林树木栽培相混淆，但前者是在宏观层面上对城市所有树木的经营实践，而园林树木的栽培则更强调对树木个体的栽植与养

护，因此园林树木的栽培可以看做是城市林业的组成部分。

从学科的归属来说，许多国家把园林树木栽培养护学归于园艺学，因为从传统的概念多数园林树木是以观赏为目的，另外园林树木管理的理论与实践在很大程度上与果树的管理相同；也有的认为是林学或园林科学的一部分。不管如何归属，园林树木的栽培都与这些学科有着密切的关系，是从事园林建设、城市林业、城市绿化工作的技术与管理人员必须掌握的一门学科，学好园林树木栽培养护学对园林绿地的建设、施工、管理与养护等实践工作具有重要的意义。

园林树木栽培养护学是一门实用性、综合性极强的学科，以植物学、植物分类学、树木学、植物生理、生态学、土壤肥料学、气象学等学科为基础。例如为了选择适合的树种做出合理的配置，不仅需要树木学和植物分类学的知识，更要了解树木的生理生态特性；为了能保证树木移植的成活率，必须全面了解树木的生理特性，选择适合的栽植方法与栽植时间，许多人认为种树是一项简单的工作，但事实告诉我们，许多发生问题的树木往往是由于错误的种植方法造成的；园林树木的修剪与整形是一项经常性的工作，但它完全依赖于对树木结构与生长的了解，否则不仅不能达到预期的目的，更会造成对树木的伤害；园林树木管理中的一个重要方面是树木的安全性问题，即需通过日常的监测与维护来避免有问题的树木对人群和财产造成伤害，对于树木的诊断、治理、修复是一个专业性十分强的工作，只有充分了解树木的结构及生理特点，才能做出科学的判断、采取适当的措施。因此，为了学好园林树木栽培学，必须首先学习和掌握上述相关学科。

园林树木栽培养护学的任务是服务于园林绿化实践，从树木与环境之间的关系出发，在调节、控制树体与环境之间的关系上发挥更好的作用。其目的是既要充分发挥树木的生态适应性，又要根据树木栽植地立地条件特点和树木的生长状况与功能要求，实行科学的养护与管理；既要最大限度地利用环境资源，又要适时调节树木与环境的关系，使其正常生长，健壮长寿，充分发挥其改善环境、旅游观赏和经济生产的综合效益，促进相应生态系统的动态平衡，使园林树木栽培更趋于科学合理化，以取得事半功倍的效益。

园林树木栽培养护学研究的内容是，在掌握树木生长发育基本规律的基础之上，重点研究园林树木栽植的理论与技术，根据人们的需要对定植后的树木及生长环境采取科学的措施，促进或抑制树木的生长和发育，达到栽培目的。园林树木栽培养护学是实践性很强的应用学科。因此，学习方法必须是理论联系实际，了解树木栽培的历史和现状情况，掌握栽培理论与技术原理；在不断吸收和总结历史及现实的栽培经验与教训的基础上，积极参与工程实践，在实践中学习，提高动手能力，从而培养在实际工程中分析问题和解决问题的能力；在学习和实践的基础上，要勇于创新，培养创新意识，推动园林树木与养护学的创新与发展。园林树木栽培养护学的学习目标：一是要了解园林树木栽培养护学在城市园林绿化建设中的重要性；二是在掌握园林树木生长发育的规律上学习园林树木栽培养护的理论与实践技术；三是能过理论联系实际，初步备具园林树木栽培与养护工程实际操作和解决实际问题的能力。

第一章 园林树木的生长发育规律

　　植物在同化外界物质的过程中，通过细胞分裂、扩大和分化，导致体积和重量不可逆的增加称为生长，而在此过程中，建立在细胞、组织和器官分化基础上的结构和功能的变化称为发育。了解和掌握园林树木的结构与功能、器官的生长发育、各器官之间的关系以及个体生长发育规律，是实现园林树木科学栽培养护的基础。

　　生长和发育是两个既相关又有区别的概念。植物生长的细胞学基础是细胞的分裂和生长，以细胞分裂为主，在新陈代谢方面的表现是同化作用大于异化作用，个体上表现为生物重量和体积的增加。发育通常指由受精卵变成为成熟个体的过程，其细胞学基础是细胞的分化，侧重于指生物器官的结构和功能的完善。生长是量变，发育是质变，两者可以同时进行，但不可同等看待。生长是一切生理代谢的基础，而发育必须在生长的基础上进行，没有生长就不能完成发育。如果没有完成发育进程中的生理变化，树木就只能继续进行营养生长，不能通过有性世代产生与自己相似的后代。

　　树木是多年生植物，从繁殖开始要年复一年地经历萌芽、生长、休眠的年生长过程，才能从幼年到成年，开花结实，最终完成其生命周期。树木在其生命周期内的生长和发育不但受遗传基因的制约，如生长的快慢、生命的长短、结实的早晚等均因树种的不同而异；而且也受环境条件的影响，如光照、温度、水分、湿度、土壤条件等。植物在系统发育过程中形成的生长和发育所需要的条件是不同的。植物的发育环境和植物自身各部分的相互关系都处于经常变更之中，受内部及外部环境因子的影响和制约，植物的个体发育也存在着多型性和生理功能的复杂性。总之，生长和发育在有机体生命活动中是互相依存、互相制约、对立统一的两个方面。

第一节 园林树木生命周期中的一般规律

　　园林树木是多年生木本植物，无论是实生苗或是营养苗，都要经过多年生长才能开花结实并完成其生命过程。因此，树木发育存在着两个生长发育周期，即年周期和生命周期。

　　树木的生命周期是指从繁殖开始经幼年、青年、成年、老年直至个体生命结束为止的全部生活史。

一、离心生长与离心秃裸

　　（1）离心生长　树木自成活以后，无论是有性繁殖，还是无性繁殖，由于茎的负地性，向上生长，分枝逐年形成各级骨干枝和侧枝，在空中扩展；根具有向地性，在土中逐年发生并形成各级骨干根和侧生根，向纵深发展。这种以根颈为中心，向两端不断扩大空间的生长（包括根的生长）称为离心生长。树木离心生长的能力因树种和环境条件而异，但在特定的生境条件下，树木的树冠和根系只能长到一定的高度和体积，这说明树木的离心生长是有限的。

（2）离心秃裸 根系在离心生长的过程中，随树木年龄的增长，骨干根上早年形成的须根，由基部向根端方向出现衰亡，这种现象称为自疏。同样，在枝系离心生长的过程中，随着年龄的增长，生长中心不断外移，外围生长点逐渐增多，竞争能力增强，枝叶生长茂密，造成内膛光照条件和营养条件恶化，内膛骨干枝上先期形成的小枝、弱枝，由于所处位置光合能力下降，得到的养分减少，长势不断减弱，由根颈开始沿骨干枝向各枝端逐年枯落。这种从根颈开始，枯枝脱落并沿骨干枝逐渐向枝端推进的现象，称为离心秃裸。离心秃裸的过程，一般先开始于初级骨干枝基部，然后逐级向高级骨干枝部分推进。

二、向心更新和向心枯亡

随着树龄的增加，由于离心生长与离心秃裸，造成地上部大量的枝芽生长点及其产生的叶、花、果都集中在树冠外围，由于受重力影响，骨干枝角度变得开张，枝端重心外移，甚至弯曲下垂。离心生长造成分布在远处的吸收根与树冠外围枝叶间的运输距离增大，使枝条生长势减弱。某些中干明显的树种，其中心干延长枝发生分杈或弯曲，称为"截顶"或"结顶"。

当离心生长日趋衰弱，潜芽寿命较长的树种，常于主枝弯曲高位处，萌生直立旺盛的徒长枝，开始进行树冠的更新。徒长枝仍继续进行离心生长和离心秃裸，并形成新的小树冠，俗称"树上长树"。随着徒长枝的扩展，加速主枝和中干枯梢，全树由许多徒长枝形成新的树冠，逐渐取替原来衰亡的树冠。当新树冠达到其最大限度以后，同样会出现先端衰弱、枝条开张而引起优势部位下移，从而又可萌生新的徒长枝来更新。这种更新和枯亡的发生，一般都是由（冠）外向内（膛）、由上（顶部）而下（部），直至根颈部进行的，故叫"向心更新"和"向心枯亡"。

由于树木离心生长与向心更新，导致树木的体态变化（图 1-1）。

如图 1-1 所示，当树木主干枯亡后，根颈或根蘖萌条又可以类似小树时期进行离心生长和离心秃裸，并按上述规律进行新一轮的生长与更新。有些实生树能进行多次这种循环更

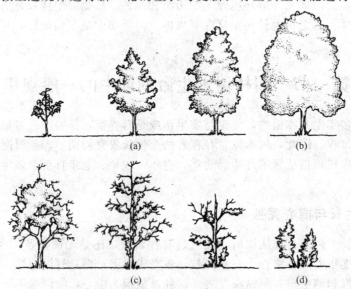

图 1-1 （具中干）树木生命周期的体态变化
（引自张秀英，2012）

（a）幼年、青年期；（b）成年期；（c）老年更新期；（d）第二轮更新初期

新，周而复死，直至树体死亡。根系也发生类似的相应更新，但发生较晚，而且由于受土壤条件影响较大，周期更替不那么规则，在更新过程中常出现大根死亡的现象。

树种、环境条件及栽培技术直接决定了树木离心生长、离心秃裸和向心更新的持续时间、发生速度和特点。多数园林树木树冠的形成过程就是树木主梢不断延长，新枝条不断从老枝条上分生出来并延长和增粗的过程。通过地上部芽的分枝生长和更新以及枝条的离心式生长，乔木树种从一年生苗木开始，前一生长季节所形成的芽在后一生长季节抽生成枝条。随树龄的增长，中心干和主枝延长枝的优势转弱，树冠上部变得圆钝而宽广，逐渐表现出壮龄期的冠形，达到一定立地条件下的最大树高和冠幅后会进一步转入衰老阶段。竹类和丛生灌木类树种以地下芽更新为主，多干丛生，植株由许多粗细相似的丛状枝茎组成，有些种类的每一条枝干的生长特性与乔木有些类似，但多数与乔木不同，枝条中下部的芽较饱满抽枝较旺盛，单枝生长很快达到其最大值，并很快出现衰老。藤本类园林树木的主蔓生长势很强，幼时很少分枝，壮年后才会出现较多分枝，但大多不能形成自己的冠形，而是随攀缘或附着物的形态而变化，这也给利用藤本植物进行园林植物造型提供了合适的材料。

三、不同类别树木的更新特点

（1）乔木类　凡无潜伏芽的，只有离心生长和离心秃裸，而无向心更新，如樟子松、红松虽有侧芽枝，但没有潜伏芽，也就不会出现向心更新。只有顶芽无侧芽的树种子，只有离心生长，而无离心秃裸和向心更新，如棕榈等。

（2）灌木类　灌木的离心生长短，地上部分枝条衰亡快，寿命多不长，向心更新以从茎枝基部及根上发生萌蘖更新为主。

（3）藤木类　藤木的离心生长较快，主蔓基部易光秃。其更新有的类似乔木，有的类似灌木，也有的介于两者之间。

第二节　园林树木的年龄时期

一、实生树的生命周期

世界多数学者认为实生树的生命周期主要是由两个明显的发育阶段所组成，即幼年阶段和成年（熟）阶段。

起源于种子的实生树的生命周期是指从受精卵开始，发育成胚胎，形成种子，种子萌发后长成植株，经过生长、开花、结实至衰老死亡。

研究树木年龄时期的目的，在于根据其生命周期的节律性变化，采取相应的栽培养护措施，调节和控制树木的生长发育，使其健壮并快速生长，及早而充分发挥其园林绿化功能和其他效益。

1. 幼年阶段

幼年阶段是指从种子萌发起到具有开花潜能之前的一段时期，对木本植物习称为幼年期。不同树木种类和品种，其幼年期的长短差别很大。如石榴、紫薇等，播种当年即可开花；但一般园林树木需经栽培多年才能开花，如松和桦需5～10年，银杏需15～20年。对木本植物而言，当幼年期未结束时，不能接受成花诱导而开花，但这一阶段可以通过采取各种措施被缩短。

2. 成年（熟）阶段

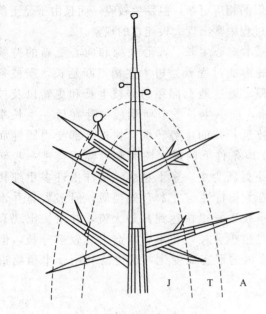

图 1-2　实生果树的阶段区
（引自沈德绪等，1989）
A—成年区；T—转变区；J—幼年区

在幼年阶段树体内部达到某一生理状态之后，就获得了形成花芽的能力，从而达到性成熟，进入成年阶段，这一动态过程叫做"性成熟过程"。进入成年阶段的树木就能接受外界环境条件的成花诱导并形成花芽，在适宜的条件下开花结实。开花是树木进入性成熟阶段的第一个证据，也是目前我们判断树木幼年期结束最明确的标志。然而幼年阶段的结束与首次成花可能是不一致的。当发生这种不一致时，有学者把这个实际已具有开花潜能而尚未真正诱导成花的一时期，称为"过渡时期"，在树冠范围内同样也形成一个转变区（图1-2）。目前也有人根据花芽着生的高度来确定幼年区的范围，但这种方法并不十分可靠。实生树经过多年开花结实后，会出现衰老和死亡现象。这个动态过程称为"老化过程"（图1-3）。

实生树在生长发育过程中，不同年龄时期形成的枝条和部位，在发育阶段上存在着差别，因而不同部位的枝条和根系，表现出生理和形态上的特异性。在这一点上，树冠的不同部位表现得更为明显。从空间发育上来讲，通常以花芽开始出现的部位（严格地说应为生理成熟状态）作为幼年阶段过渡的标志。因此，研究花芽着生部位的高度或节位，进行树冠分区，对研究实生树发育的空间概念具有重要的生物学意义。

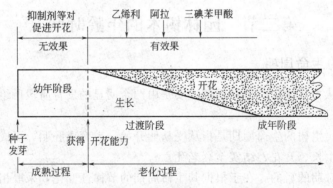

图 1-3　实生树的发育阶段和开花反应（引自郭学望，2002）

树木是多年连续生长的木本植物，它的发育是随着植株的细胞分裂、伸长和分化逐渐完成的。不同的阶段，要满足树木一定的条件，才能使生长着的细胞发生质的变化。这种变化只限于生长点，而且只能通过细胞分裂传递。树木在生长发育过程中也只有通过前一个发育阶段，才能进入后一个发育阶段。由此可见，由于发育阶段的局限性、顺序性及不可逆性的特点，使得树木不同部位的器官和组织可能存在着本质差异。因此，成年的实生树越靠近根颈部位年龄越大，阶段发育越年轻；反之，离根颈部位越远则年龄越小，阶段发育越老。人们常说："干龄老，阶段幼；枝龄小，阶段老。"

二、营养繁殖树的生命周期

用树木的营养器官，如枝、芽、根等繁殖而成的独立植株，经过生长、开花、结实直到衰老死亡，这是起始于营养器官的营养繁殖树的生命周期。

营养繁殖的树木，从发育阶段来看，是母体发育阶段的继续，其年龄时期已经渡过了幼年阶段，本身已具有开花潜能，因此没有性成熟过程，只要生长正常，有成花诱导条件，在适当的条件下随时可以开花结果。但实际上除接穗带花芽的营养苗，其余的营养苗定植当年不能开花，一般都要经过一定时间的营养生长才能开花结实。这一现象似乎与实生树相似，但实际上原因是不同的。营养繁殖树成活后，不能马上开花，大多数因为繁殖成独立植株的前几年，植株体内的营养代谢以氮素代谢为主，在水分、无机盐和根系某些生长激素的作用下，营养生长加强，糖类积累不足，以及成花的内源激素较少而不能开花。但也有个别情况是因为作为营养繁殖的取材母株还没有通过幼年阶段，这样营养繁殖成活的树，实际上还处于幼年阶段，所以开花晚。营养繁殖的树从成活时起，经过多年开花结果后会衰老死亡，所以，营养繁殖的树木只有成年阶段和老化过程，其开花也比实生树早。

三、树木幼年期的特征

植物的幼年期与成熟期在形态、解培学特征和生理生化特征等方面存在较大差异，幼年期植物特征体现在以下几个方面：

① 叶片较小，叶形简单；

② 叶表皮细胞大，冬季仍留存于枝上；

③ 叶序不同；

④ 扦插容易生不定根；

⑤ 分枝角度大，主干无杈，皮干滑；

⑥ 顶端分生组织呈小圆顶形，而成熟期呈高圆顶形；

⑦ 叶片倾向于阴性结构，木质部占的比例大，导管少，薄壁细胞和髓细胞少，皮层与韧皮部不发达；

⑧ 还原糖、淀粉、纯蛋白、果胶物质、灰分等营养物质较少，而纤维素、半纤维素较多；

⑨ RNA/DNA 比值小。

四、缩短幼年阶段和延长成年阶段

如何缩短实生树的幼年阶段，加速性成熟过程，以及维持成年阶段和延缓老化（或衰老）过程，是树木栽培者和育种工作者的重要任务之一。

1. 缩短幼年阶段

实生树必须经过幼年阶段（不可逾越），在幼年阶段树木是不能接受开花诱导的，但是可以用育种、控制生长环境、改变栽培技术等方法来缩短实生树的幼年阶段。

(1) 沙藏处理（又称层积处理） 米丘林学派的学者认为，一些落叶果树的实生苗必须通过春化阶段和光照阶段。一些人为了缩短幼年阶段，将处理过的桃种子在 0～5℃（加上一定的湿度和通气条件）的条件下进行沙藏（层积）处理，时间为 4～6 周。其幼苗嫁接于即将进入结实的砧木上，第一年就形成花芽。他们认为层积过程也就是春化过程，层积过程中的低温，并不单纯是保证种子发芽的因素，同时也是植株发育的条件，是打破休眠（解除抑制剂的抑制作用）、促进生长、扩大叶面积的过程，具有形态形成的意义。

前苏联的学者波基奥诺夫使用桃和沙樱桃进行了对比实验，实验结果表明：在低温下沙藏处理，可显著促进核桃（个别类型）、沙樱桃的发芽，加速生长，一年生能开花结实；经过人工催芽但未经低温处理的，在第一年内缺乏主干，保持矮生状态。此外，20 世纪 50～60 年代其他学者通过苹果、梨等植物材料也得到相同的结果，所以认为沙藏处理是花木类缩短幼年阶段、加速开花比较行之有效的方法。

低温层积的生理实质是种子内抑制物质的解除过程。种子的休眠，除了受种子本身遗传因子控制外，也受外界环境因子的影响。引起休眠的因素有来自胚自身（胚休眠）的，也有来自母性组织（种皮休眠）的。低温层积是常用的一种模拟自然条件打破种子休眠的方法，具有软化种皮、增强透性、降低 ABA 等抑制剂的含量、增加 GA 的含量和对 GA 的敏感性等优点，从而诱导休眠种子的萌发。刘坤良（1995）利用低温层积（沙与种子的比例为 3∶1，−10℃）处理人工授粉的桃花的种子 60d，并控制实生苗生长环境，将桃花的幼年阶段由原来的 3 年缩短为 2 年。

（2）激素的作用 细胞分裂素参与许多植物的成花转变过程，内源细胞分裂素的增加可以减弱苹果的营养生长，促进开花；波罗尼亚属植物 *Borania megastigma* 在低温诱导期间根和茎组织内玉米素核苷和二氢玉米素核苷出现一个短暂的含量峰，在低温第 10～12 周花芽开始发育时细胞分裂素浓度下降。细胞分裂素的作用可能与叶产生的成花生理信号（碳水化合物）和环境条件（光周期、温度、湿度）有关。

到目前为止，已发现赤霉素在植物的成花过程中对以下几种生理过程具有促进作用：非诱导条件下的成花转变；需低温植物的抽薹开花；日中性不需低温的各种园艺植物（如天南星和朱蕉的开花）；针叶树球果的产生。赤霉素（GA）可以引起几种幼年期的针叶植物开花：大多数针叶植物都需要几年才能达到成熟期，如果喷施 GA_3，绿杆柏（*Cupressw nri-zonica*）两个月的雄株即可开花。内源 GA_3 也控制松树开花，如去根、扣水、缺氮都导致内源 GA_3 逐渐增加，也可促进开花。需要光和低温的种子用赤霉素处理往往胜过用一般方法来打破休眠。榛子的种子，在冷冻的情况下被诱导而活化，后来在高温萌发生长过程中大量合成赤霉素，赤霉素为榛子后期的营养生长及花芽分化创造了适宜的条件。

相反赤霉素对几种多年生被子植物，尤其是果树及木本植物花的发生具有抑制作用，如赤霉素用于常春藤和其他木本植物时，引起植株从成熟期向幼年期逆转。

赤霉素的效应与它们自身的结构有关；环境条件（如日长、温度、逆境）也可以调节赤霉素的代谢，并因此改变赤霉素在组织中的特性和水平，从而对植物发生反应。

低浓度生长素是花发生所必需的，但是在高浓度时则抑制开花，外源生长素处理和内源生长素测定均证实了这一点。生长素应用的实际效果与多种因素有关。

（3）光周期 Wareing（1956）引证一些学者的研究认为，木本植物一般对光周期不敏感。Stahly（1962）实验发现：在 12h 的白炽灯光下苹果能形成花芽，而在 8h 下则不能。有的学者发现，光周期对柳杉、葡萄、醋栗等形成花芽有一定的效果，桦木需要长日照，茶藨子需要短日照。但绝大多数研究者认为光周期对木本植物的影响不如草本明显。

（4）增施氮、磷、钾及锌肥 通过前文分析幼龄树的生理生化特征可知，幼年树的 RNA/DNA 的比值低于成年树，这说明与成年树相比幼年树遗传基因不活泼。为了缩短幼年阶段，必须创造条件来提高 RNA/DNA 的比值。通过增施氮、磷、钾肥，在新梢内保持适宜的锌浓度，可以降低核酸酶（RNase）活性，达到提高 RNA/DNA 比值的目的。如果锌不足，会导致 RNase（核酸酶）活性增加和 RNA/DNA 比值降低，从而阻碍花芽形成，所以为了提早形成花芽应增施锌肥。

前苏联学者（1956）在 1～5 月用过磷酸盐浸出液及磷酸钾溶液喷射柠檬实生苗，共计

14 次。7 月又施硼砂、磷酸盐、粪水等，处理植株于 12 月首先出现花蕾；次年 2 月喷过磷酸盐浸出液的植株全部出现花蕾。

米丘林曾在春天将 0.012% 的高锰酸钾溶液施在扁桃幼苗的土壤中，当年生长高度即达 178cm，比正常高度（53cm）超过两倍多。到第二年春天这些一年生实生苗就开花了，授予栽培桃的花粉后而结果，使开花结果期提前了 6 年。

(5) 营养繁殖材料的选择　Camphbell（1961）发现将苹果实生苗嫁接在锡金海棠无融合生殖实生苗砧木上，比嫁接在 M_9 IX 砧木上其幼年阶段要短。将成年接穗嫁接在幼年阶段的砧木上，也可实现成年植株向幼年类型的转变，如将洋常春藤成年植株上部的枝条嫁接在 2～3 年生的实生苗或扦插苗上，都可使洋常春藤向年轻化转变。

在我国古代，贾思勰发现，用梨树不同部位的枝条嫁接繁殖的植株，其开始结果的年限不同。Knigt（1795）观察到，用成年实生树顶部的成年区和基部幼年区的枝条，分别繁殖后，成年区的枝条繁殖的植株无刺，第二年就开花；幼年区的枝条繁殖的植株多刺，次年没有开花，开花结果的年龄较晚。

2. 延长成年阶段，限制老化过程

延长观赏树木成年阶段限制老化过程，使其最大限度地发挥园林绿化作用，是园林栽培养护工作者的重要任务。要延长成年阶段，首先应研究造成该阶段树木衰老的原因。

(1) 引起成年阶段树木衰老的原因分为内因和外因，内因归纳起来大致有以下几个方面。

① 树木的遗传性的影响。有的树种生命周期长，隐芽寿命也长，容易更新，所以衰老得慢。而有的树种寿命短，隐芽寿命也短，不易更新，衰老得就快。所以，在园林绿化配置中快长树与慢长树要互相搭配，既考虑近期效果，又注意得远期景观。

② 生殖生长消耗大量的营养。开花结果多的树，消耗了大量的树体营养，限制了新梢生长和根系发育及花芽分化的进行，打破了树体营养物质代谢的平衡，使整个树体光合物质不足，贮藏物质耗竭，甚至部分组织、器官（小枝、侧枝等）衰老和死亡。众所周知，许多一年生的植物，摘去花和果实后，可以推迟衰老。竹子一旦开花，2～3 年内整片竹子会相继死亡。

③ 脱落酸含量的增加。成年树衰老除了由于开花结果多消耗大量的营养以外，繁茂的枝叶合成大量的脱落酸，脱落酸含量的提高被认为是树木衰老的原因之一。脱落酸拮抗赤霉素的作用，抑制赤霉素的合成和树体生长，促进休眠。

④ 光合面积减少。Jacobs（1955）指出，树木的茎/冠比会随树龄和树木体积的增大而递增，而新生的木质部却越来越薄。老龄树的有效光合作用面积越来越少，导致光合能力下降，而呼吸作用消耗的能力却显著增加，树体的营养状况下降。

⑤ 水分运输障碍。随着树木的离心生长，树木从根到枝干的距离增加，有机物、水分、矿物质和激素在运输上的困难也增加。水分和营养物质的运输障碍会导致某些叶和侧枝水分的严重亏缺，引起枝叶死亡。老树枝条生长的减少就是由于树体水分和营养物质条件恶化所导致的。

⑥ 树木抗性下降。随着树体的衰老，抗性越来越差，感染某些病原菌的可能性也越来越大。病菌的侵染，使树干强度变弱，易发生风折。

⑦ 促进树木衰老的外因有很多，如不适宜的生态环境条件，如高温、干旱、土壤贫瘠及土壤性质恶化等；不正常的气候条件，如冰雹、过量的降水、寒流等；错误的栽培技术措施，如过重修剪、大肥大水、过量结实，以及土壤、空气污染物和病虫害等的影响，均会促进树木衰老死亡。这些外部不良因素往往会破坏植物组织和促进细胞蛋白质水解。

（2）延长成年阶段（防止树木衰老）的措施

① 激素的作用。无论对单个器官还是整株树木，衰老的含义包括代谢强度的衰退和蛋白质合成率的降低。

② 细胞激动素、生长素和赤霉素三者具有促进生长延缓衰老的功能。如细胞激动素被认为有抗衰老作用，能促进细胞分化、分裂、生长，能维持蛋白质和核酸的合成，调节蛋白质和可溶性氮素物质的平衡，延缓叶片衰老及植株的早衰，打破侧芽的休眠，促进结实和吸收根大量发生。

生长素有诱导蛋白质合成，刺激生长点和形成层细胞分裂及木质部和韧皮部分化，加速节间伸长、延迟果实成熟和改变植物体内营养物质分配等作用。

赤霉素除具有解除脱落酸抑制、促进萌发作用之外，它与生长素一样具有促进营养生长的作用。因此，赤霉素和生长素被认为是树木更新复壮、延迟衰老的重要因素之一。栽培中的强剪和重肥（氮）的更新措施都是与提高这些激素的含量水平有关。

实践证明，秋天在绿叶上喷洒生长素或赤霉素，可延迟绿叶的衰老。处理过的叶片不仅颜色保持翠绿，而且光合作用和蛋白质含量都保持很高的水平。

根据物候期和树种生物学特性进行合理施肥与灌水，才能保证有足够的营养供给树木，满足根系和新梢生长所需的水分和营养物质，使这两个器官保持良好的生长势，是延缓树体衰老的根本措施。根系和新梢（叶片）是全树营养物质合成的基地，是植物体一切生长的物质基础，是延长树体寿命的保证。没有强大的根系和繁茂的枝叶，就不可能有健壮的树体，树木也不可能保持良好的状态。

③ 合理的深翻和松土。多年生木本植物的生长是一个长期消耗营养的过程，老树根区附近土壤往往营养缺乏，土壤的孔隙度较低，从而引起树木进一步衰老，甚至死亡。通过深翻和松土（结合施有机肥）可以增加土壤营养和孔隙度，特别是改善通气孔隙度，使树木的根系得到足够水分、有机物和矿质物。同时也要注意排水，积水可造成根系因缺乏氧气而窒息死亡。

④ 疏除过多的花和果。由于开花结果过多消耗大量的营养，致使枝梢和根系生长不良，引起树木衰老。为了平衡开花结果枝、营养新梢和根系之间营养竞争的关系，使枝梢和根系得到足够的营养，满足其生长发育的需要，应该疏除过多的花与果。

⑤ 合理的更新修剪。成年期树木的内膛和外围会出现一些衰老枝，此时应进行合理的更新修剪，疏除衰老枝和细弱枝，并进行适当回缩，培养充实、健壮的更新枝，从而使树体健壮、饱满而不徒长。更新修剪还会改良树木内部的通风透光条件，提高树体的有效光合面积和树体对病虫害的抗性。

⑥ 及时、有效地防治病虫害及其他自然灾害，如冻害、霜害、雹灾、日灼等。

总之，对成年阶段的树木要抛弃这种认为此阶段的树木已经长大成型，不需要细致养护与管理的错误观点，做到科学养护与管理。只有很好的养护，才能使树木最大限度地为人类服务，体现园林树木的生态和观赏价值。

第三节　园林树木的年生长周期

一、年周期和物候期的意义

树木的年周期是指树木一年中自春季萌发开始，经过夏秋生长，冬季再以休眠芽过冬，到第二年春天休眠芽萌发前的这一段时间。在这一段时间内树木会随环境周期变化呈现一定的生长发育的规律性。

植物在长期进化过程中，为了适应气候条件的节律性变化而形成与此相应的植物发育节律，称为生物气候学时期，简称物候期。也可以说是，树木在一年中，随着气候的季节性变化发生许多变化，如萌芽、抽枝、展叶、开花、结实及落叶、休眠等。树木各个器官的形态都随季节性气候变化有相应的变化。通过认识物候期，了解树木生理机能与形态发生的节律性变化及其与自然季节变化之间的规律是进行地理气候研究、栽培树木的区域规划，以及制定科学栽培措施的重要依据。此外，树木所呈现的季相变化，对园林种植设计还具有艺术意义。

二、物候的来源及发展

物候知识起源较早，自周代起我国人民就开始观测物候，距今已有 3000 年历史。我国古代观测物候的主要目的是为了指导农业生产，孟子说过："不违农时，谷不可胜食也。"《吕氏春秋·十二记》中汇集了这方面的知识，编写了二十四节气。

自古以来，我国劳动人民都是按照二十四节气经营农业生产的，根据二十四节气可以掌握各种作物的适宜播种时期。例如，"白露早，寒露迟，秋分草子正当时"；"白露白，正好种荞麦"等。另外，如"立冬蚕豆小雪麦，一生一世赶勿着"、"十月种油，不够老婆搽头"等谚语，却是失败教训的总结，提醒人们要抓紧季节，不误农时。需要注意的是，物候是随地而异的现象，南北寒暑不同，同一物候的特征出现的时节可相差很远。如人们对芝麻和小米播种有这样的农谚：华北是"小满芝麻芒种谷"，浙江则是"头伏芝麻二伏粟"。

在欧洲，在两千多年以前，雅典人就已试制了物候推移的农历。从中世纪（公元 476～1453）就有对植物物候期的观测，之后，对影响物候的因子及物候的应用等方面的研究更加全面和深入。

我国最早的有组织的植物物候观测工作是在竺可桢的推动下开展的，他在 1934 年组织建立的物候观测网是中国现代物候观测的开端。从 1934 年起，前中央研究院气象研究所选定了 21 种植物和差不多全部农作物，委托各地的农事实验场进行观测。新中国成立后，物候学受到地理和气象部门的重视，从 1952 年起开始了比较正规和连续的农作物观测，1957年农作物的观测工作推向全国范围。1961 年在竺可桢的指导下，由中国科学院地理所支持建立了全国物候观测网，制定了动、植物物候观测方法，其中选取木本植物 33 种、草本植物 2 种作为全国共同的植物物候观测种类。在 1966～1977 年间多数单位中断了观测，直至1972 年才得以恢复。后来，中国气象局所属的农业气象观测站开始了系统的作物物候和自然物候的观测工作。

欧洲有组织的物候观察开始于 18 世纪中期，如 1750 年，植物学家林奈在瑞典组织了有18 个点的观测网。19 世纪欧洲物候观测网更加完善，其观测点分布在比利时、荷兰、意大利、大不列颠和瑞士等国，其中瑞士的森林物候观测网是于 1869 年在伯尔尼建立，观测一直持续至 1882 年；德国物候观测网是在 19 世纪 90 年代由植物学家霍夫曼建立，他选取了34 种植物作为中欧物候观测对象观测了 40 年。20 世纪 50 年代期间，欧洲各国均建立了物候观测网，1957 年，德国著名的物候学家 Schnella 创立国际物候观测园。植物物候观测中单项物候记录起源早，历时长久，世界范围内最早的物候观测在日本，自公元 812 年起，日本就一直断断续续进行樱花开花的记录，至今已有 1100 多年。

三、研究物候期的意义

掌握物候变化规律在预报植物生长规律，监测和保护生态环境，预测、鉴定气候变化趋势等方面具有重要的理论和现实意义。在指导农事活动方面，各地都以当地的物候作为预报农时的指标，如华北地区有农谚"枣芽发，种棉花"、贵阳一带有"穷人不听富人哄，阎王刺（云实）开花播谷种"；在生态环境保护方面，通过了解由于环境污染造成的物候变化及植物的损坏情况，找到污染源，掌握污染的程度，从而作为环境监测和保护的参考；在指示病虫害方面，通过物候变化与病虫害发生期的对应关系，可以指示病虫害的发生期，指导人们根据病虫所处的发育阶段，采取有效的防治措施；在气候的物候鉴定及预测方面，利用物候与气候的关系模式，通过物候变化情况，鉴定地方气候的变化，在缺乏气候资料的地方，对气候变化趋势作出预测；在引种、选种等方面，植物物候资料也有参考作用，如美国通过我国的省志、县志把东北的大豆、四川的桐油、浙江黄岩的柑橘引进到美国气候相似的地区，获得了成功。了解树木各个物候期的特点及其正常生长所需的内外条件，是进行树木区域规划、种植设计、选配树种和繁殖、栽培、催延花期及制定树木科学养护管理措施的重要依据。物候期（季相）对于园林绿化工作者是非常重要的，不可忽视。

四、树木物候期的特征

树木是在营养物质的基础上通过与周围生态因子的相互作用，通过内部因素的调节进行着物质交换与新陈代谢。树木的物候是按一定的顺序进行的，每一个物候期出现，都是在前一个物候期通过的基础的上进行的，同时又为下一个物候期做好了准备。然而不同的树种、品种，物候的顺序是不同的。如连翘、杏、京桃和玉兰等是先花后叶；而水曲柳、胡桃楸、合欢等是先叶后花；榆叶梅的一些品种是先花后叶，另一些开花晚的品种则是花叶同花类。由于器官的变化是连续发生的，所以许多情况下，有些相邻物候期之间的界限不明显。有些树木在同一时间内可以进入不同的物候期，如油茶可以同时进行果实成熟期和开花期，人们称这种现象为"抱子怀胎"，其新梢生长、果实发育与花芽分化等几个时期可交错进行。此外，金柑的物候期也有交错重叠现象。

树木在生长过程中如果受灾害性的自然因子和人为因子的影响，如暴雨、病虫害等或实施不正确的技术措施（如修剪、过多地浇水等），使叶子脱落（此时花芽已形成），造成器官发育终止或异常，以后如果再遇到适合发芽、开花的条件，会马上萌芽、开花，这就是常说的二次发芽或二次开花，这种情况使一些树种的物候期在一年中出现非正常的重复。而有一些植物如茉莉、月季、米兰等有多次开花的现象，这并不是由外界不良环境所引起的，这种具有多次萌发和多次开花的习性是由树体自身的遗传因子决定的，不是物候期的重演现象。

在生产方面可以通过一些栽培措施，进行催花，使花期重演。如果欲使"十一"期间丁香等春季开花的树木开花，则可在8月下旬疏除树体一半叶片，9月上旬将剩余的一半叶片全部剪除，进行低温处理，并结合施肥、灌水等精细管理，则9月底或10月初可以开花。

树木为了保证各器官的建成，各器官的物候期存在交错进行的特点，如根系与新梢、花芽分化与新梢生长的高峰都是错开的。

五、影响物候期的因素

影响植物物候变化的因素繁多，主要有生物因素和环境因素。前者是内在因素，包括物种及品种类型、生理控制等，后者是外在因素，包括温度、光照、水分、生长调节剂等。其中，气温、光照、水分为主要影响因子。

1. 温度

植物物候与温度状况息息相关，特别是在植物生长发育期各阶段的前期。在中纬度地区，植物的春季物候，如发芽、展叶、开花主要取决于气温的高低。物候期持续的时期与活动积温有显著的相关性，植物完成一定的发育期要求一定量的积温。张福春（1995）认为，春季树木的展叶、开花等主要受春季气温的影响，果实或种子的成熟等主要取决于果实生长期的积温，秋季的树木开花和黄落叶等主要是由于气温下降到一定界限引起的。

气温对花期的影响依不同物种、不同的温度处理而异。在一定条件下，低温能诱导植物提前开花，如彭东升等人（1986）研究发现低温是诱导梅花提前开花的主导因子，当梅花形成花芽后经过10d以上的小于10℃的低温处理就可以完成春化作用而提前开花。但一般而言，随着温度的升高，植物始花期提前，如在5～25℃范围内，梅的花期随温度升高而提前。在暖温带地区，高温促进始花期提前，在开花前，无论用自然或人工高温诱导，都会导致花提前开放。

土温变化会对作物发育期产生影响。如一定条件下，在植物分生组织处的土壤温度每升高1℃，作物发育期大约提前1d。

由于气候分布的地带性和非地带性，物候现象随纬度、经度和海拔高度的变化具有推移性的特点。"人间四月芳菲尽，山寺桃花始盛开"就说明了不同海拔地区的温度不同而导致物候的差异。这种关于物候与海拔、纬度之间关系的研究很多，如刘占林等人（2001）通过对自然种群传粉物候期的观测发现，华山新麦草的传粉高峰期与海拔有一定的关系：海拔每升高200m，传粉物候期就推迟2～3d；黄敬峰（2000）研究发现，纬度愈高，海拔高度愈高，冬小麦物候期愈早，而春季返青后物候期愈晚；Johann等人（2000）对生长在高山草甸上的野水仙研究表明，海拔每增高200m，水仙盛花期推迟8d。竺可桢（1983）通过长期的物候研究后指出，在其他因素相同的条件下，北美洲温带纬度每向北移动1°，经度向东移动1°或上升400英尺（1英尺＝0.30m），植物的阶段发育在春天和初夏各延期4d，在晚夏和秋天则恰相反，即提前4d。

2. 光照

对大多数树木而言，缩短光周期对诱导温带植物芽的休眠起关键作用。一般情况下，缩短光照时间能促进短日照植物开花，使花期提前，而延长光照时间延迟短日照植物开花。Roberts等人将植物生长期分为三个阶段：诱导前期、诱导期和诱导后期，谷物并不是从播种到开花的整个生长期都受光周期影响，它仅在诱导期对光周期敏感，其花期受光周期强烈影响。栽培作物对光照有定量反应，当光照在光周期诱导阶段超过临界值时，短日照作物花期就会延迟100d，日中型和长日照作物会延迟150d。

3. 水分

作物生长发育受水分的强烈影响，低地地区的雨养作物物候，特别是使谷物获得高产的最佳开花时期与水分的可利用性关系密切。据调查分析表明，在丘陵地区，植物在花序出现期遭受干旱会使花期推迟，Tsuda等人（1991）验证了这种花期推迟的现象，且他们认为推迟的时间长短和干旱的程度有关。但有时利用干旱处理能使某些植物花期提前，如梅花经过干旱处理花期提前。

灌溉是改变土壤干旱的方法之一，它对物候期也有一定的影响，如泰国东北部地区的试验表明，对低地的大部分作物而言，灌溉能使花期提前6～7d。一定光照条件下，改变空气湿度能引起植物物候变化，如24h光照条件下，空气湿度增加，能稍微促进作物开花，当光照小于24h时，空气湿度增加却稍微推迟作物开花。

4. 栽培条件不同，则物候期也不同

栽培条件好的比栽培条件差的物候期早，否则相反。施肥、灌水、防寒、病虫防治及修剪等，都会引起树木内部生理机能的变化，进而导致物候期变化。在土壤极度缺磷的情况下，追施磷肥后谷物开花提前5d；在土壤肥力高的情况下，施用肥料，特别是氮肥，可使

花期延迟。在春天树干涂白、灌水会使树体增温减慢，推迟萌芽和开花期；应用生长调节剂，可控制树木的休眠。

5. 树种、品种差异

物候期依物种而异，开花结果时间的差异、果实和种子大小的多样性都是物种多样性的反映。由于作物品种类型繁多，品种间生育期差异大，品种分布具有明显的地域性，因此品种对物候期的影响也是显著的。一般而言，早花物种比晚花物种的开花期变动性更大。如在哈尔滨地区树木的开花基本上按以下顺序进行：连翘、京桃、杏、李、榆叶梅、毛樱桃、梨、紫丁香、树锦鸡等。在杭州地区，桂花中的"金桂"花期为9月下旬，而"银桂"的花期在10月初或上旬，"四季桂"一年中多次开花和结果。

6. 芽的部位的差异

不同部位的芽存在物候差异，随着季节的推移，主芽比侧芽物候平均推迟一个发育期，Lavender对银杏和冷杉的研究中也有主芽比侧芽物候期滞后的报道。同一棵树，树冠外围的花比内膛的花先开；朝阳面的花比背阴面的花先开。

7. 树龄

一般幼树比成年树发芽晚，进入休眠也晚。

六、树木物候对近来气候变化的响应

近100年来，地球气温增加了0.6℃，气候变化使植物物候开始和结束生长的日期发生了相应的变化，植物对全球变暖的响应表现为春季物候期提前，秋季、夏季物候期推迟，植物生长季长度延长。近40年来，随着我国大部分地区的增温及秦岭以南广大地区的降温，东北、华北及长江下游地区的物候期提前，西南东部、长江中游及华南地区的物候期推迟，其中，就北京地区而言，近十几年来北京春季物候持续偏早，且偏早天数创历史纪录，这与北京近年持续的暖冬相一致。

植物是气候变化的指示物，植物物候对气候变化的响应依不同物种、变暖的季节和地点（如海拔高度）而异，主要表现在以下几个方面。

1. 树木绿叶期对气候变化的响应

在地中海地区的生态系统中，现在大多数落叶植物叶子的生长比50年前平均提早了16d，而落叶时间推迟了13d。Menzeletal（1999）报道，从北欧斯堪的纳维亚到欧洲东南部的马其顿地区，白杨展叶期比30年前提前了6d，而秋季叶变色期推迟了5d。欧洲地区生物春季物候在1969~1998年间提早了8d，北美在1959~1993年间提早了6d。Kramer（1996）运用指令序列模型预测，气温每升高1℃，石栎会提早3.6d展叶。郑景云（2002）研究发现，20世纪80年代以后，我国春季平均温度上升0.5℃，春季物候期平均提前2d。

2. 树木花期对气候变暖的响应

研究显示，在过去的50年间，世界许多地区的花期提前了大约一个星期（Walkowszky，1998；Bradleyetal，1999）。另外，1900~1997年间在加拿大的埃德蒙顿和阿尔伯达地区，白杨树的始花期提前2.7d/10年（Beaubien，2000），这与线性趋势显示出的此期间加拿大西部的山杨树间开花提前26d的结果一致。温度高低与花期早晚间有一定的数量关系，如在英国，春季平均温度每升高1℃，植物始花期分别提前2~10d；在匈牙利，温度每升高1℃，刺槐花期提前7d；在我国，年平均温度上升1℃，大部分植物始花期提前3~6d。

3. 植物生长季对气候变化的响应

欧洲国际物候园收集的1959~1996年间的资料分析表明，春季物候期提前了6.3d，秋季物候期推迟了4.5d，生长季延长了10.8d。最近的NDVI资料表明，过去20年内，欧亚地区植物生长季长度延长了 18d 左右、北美延长了 12d。近年来，关于气候与生长季变化间关系的研究以欧洲居多，所得结论基本一致，全球气候的暖化导致植物生长季延长。

七、园林树木的主要物候期

人们根据树木一年中生长发育的特点及其要求的自然生态条件划分为生长期和休眠期。从春季开始进入萌芽生长后到落叶前这段时间称为生长期。在整个生长季中都属于生长阶段，表现为营养生长和生殖生长两个方面。到冬季为适应低温和不利的环境条件，树体处于休眠状态，为休眠期。具体来讲是从落叶以后到萌芽前这段时间为休眠期。而在生长期和休眠期之间又各有一个过渡期，即生长期到休眠期以前（落叶后到严冬以前）和由休眠过渡期到生长期（从温度稳定在 3℃ 以上到芽膨大）。生长前期以应用贮藏的营养为主，生长后期则是利用当年同化和吸收的养分进行生长、开花和结果，并贮藏一定营养准备休眠过冬。

亚热带和热带的常绿树木各个器官的物候动态表现极为复杂，各种树木差别也很大，虽然物候项目与落叶树似乎无多大差别，但实际进程不同，有的树种一年抽一次梢结一次果，如金柑；有的一年中可多次抽梢（春梢、夏梢、秋梢和冬梢）；有的一年多次开花结果，如柠檬、四季柑等；有的树种几个物候期同时存在，如芭蕉，同一棵树上有时有花又有果；同一树种不同年龄和不同气候区，物候进程也有很大的差异。如马尾松分布的南带，一年抽二三次梢，而在北带则只抽一次梢；幼龄油茶一年可抽春梢、夏梢、秋梢，而成年油茶一般只抽春梢。有的树种果实生长期很长，如伏令夏橙，春季开花，到第二年春末果实才成熟；金桂于秋天（9～10 月份）开花，第二年春天果实成熟。

常绿树无集中落叶期，落叶是新叶与老叶的交替。常绿针叶树的老叶多在冬春间脱落，刮风天尤甚。常绿阔叶树的落叶，多在萌芽展叶前后逐渐脱落。不同的树种叶龄也不同，松属的针叶可存活 2～5 年；冷杉叶可存活 3～10 年。紫杉叶存活高达 6～10 年，一般都在 1 年以上。但干旱和低温可使它们进入被迫休眠期。

在赤道附近的树木，年无四季，终年有雨，树木全年可生长，而无休眠期，但也有生长节奏表现。在离赤道稍远的季雨林地区，因有明显的干、湿季，多数树木在雨季生长和开花，在干季落叶，因高温干旱而被迫休眠。在热带高海拔地区的常绿阔叶树，也会受低温影响而被迫休眠。

尽管树种千差万别，其物候期特点不同，但园林树木的物候期大体上可分为：①根系活动期；②萌芽和开花物候期；③授粉、受精、坐果和果实发育物候期；④抽枝展叶及新梢生长物候期；⑤花芽分化物候期；⑥叶变期及落叶期；⑦休眠期等。除此以外，有的树种还有伤流期，如核桃、猕猴桃、元宝枫和葡萄等。

八、园林树木物候的观测方法

（一）观测的目的和意义

掌握树木的季相变化，为园林树木学种植设计、选配树种、形成四季景观提供依据，为园林树木的栽培（包括繁殖、栽植、养护与育种）提供生物学依据，如确定繁殖时期；确定栽植季节与先后，树木周年养护管理，催延花期等；根据树木开花习性进行亲本选择与处理，有利于杂交育种和不同品种特性的比较试验等。

（二）观测前的准备工作

了解观测的目的和内容；确定观测人员；选择树种和地点；准备相关工具；做好相应

记录。

（三）观测的方法与步骤

(1) 地点的选择 观测地点必须具备：具有代表性，可多年观测，视野开阔，不轻易移动。观测地点选定后，将其名称、地形、坡向、坡度、海拔、土壤种类、pH 值等项目详细记录在园林树木学物候期观测记录表中。

(2) 物候观测目标的选定 物候观测的木本植物的选定，可按照所附的植物观测种类名单选择其中若干种作为观测目标，进行定株观测。选定后最好挂上小木牌，在小木牌上写上植物名称，再把木牌涂上油，以免雨淋字迹模糊。所选的树种应该是健壮而达到开花结实 3 年以上的中龄林，每种选 3～5 株，作为观测目标。对属雌雄异株的树木最好同时选有雌株和雄株，并在记录中注明雌（♀）、雄（♂）性别。如只有一株，即选定一株。对选定的植株不宜伤害，保持其正常生长和发育。在公园、森林公园或小丛林中，常常是同种的树成为树丛，此时宜选择 5 株以上健壮的树作为观测目标，但要在记录簿上记明选定观测的有多少株树，是独立树，还是树丛。

(3) 观测时间与方法 一般 3～5d 进行一次。展叶期、花期、秋叶叶变期及落果期要每天进行观测，有时植物开花期短，需几小时观察一次。时间在每日下午 2～3 时。冬季休眠可停止观测。

(4) 观测部位的选定 应选向阳面的枝条或中上部枝（因物候表现较早）。高树不易看清，宜用望远镜或用高枝剪剪下小枝观察。观测时应靠近植株观察各发育期，不可远站粗略估计进行判断。

（四）观测内容与标准

(1) 根系生长周期 利用根窖或根箱，每周观测新根数量和生长长度。

(2) 树液流动开始期 从新伤口出现水滴状分泌液为准，如核桃、葡萄（在覆土防寒地区一般不易观察到）等树种。

(3) 萌芽期 树木由休眠转入生长的标志。

① 芽膨大始期。具鳞芽者，当芽鳞开始分离，侧面显露出浅色的线形或角形时，为芽膨大始期（具裸芽者如枫杨、山核桃等）。不同树种芽膨大特征有所不同，应区别对待。

② 芽开放期或显蕾期（花蕾或花序出现期）。树木之鳞芽，当鳞片裂开，芽顶部出现新鲜颜色的幼叶或花蕾顶部时，为芽开放期。

(4) 展叶期

① 展叶开始期。从芽苞中伸出的卷须或按叶脉折叠着的小叶，出现第一批有 1～2 片平展时，为展叶开始期。针叶树以幼叶从叶鞘中开始出现时为准；具复叶的树木，以其中 1～2 片小叶平展时为准。

② 展叶盛期。阔叶树以其半数枝条上的小叶完全平展时为准。针叶树类以新针叶长度达老针叶长度 1/2 时为准。有些树种开始展叶后，就很快完全展开，可以不记展叶盛期。

(5) 开花期

① 开花始。全树有 5% 的花瓣完全展开时为开花始期。

② 盛花期。在观测树上见有 50% 以上的花蕾都展开花瓣或 50% 以上的柔荑花序松散下垂或散粉时，为开花盛期。针叶树可不记开花盛期。

③ 开花末期。在观测树上残留约 5% 的花瓣时，为开花末期。针叶树类和其他风媒树木以散粉终止时或柔荑花序脱落时为准。

（6）果实生长发育和落果期　自坐果至果实或种子成熟脱落止。

① 幼果出现期。见子房开始膨大（苹果、梨果直径 0.8cm 左右）时，为幼果出现期。

② 果实成长期。选定幼果，每周测量其纵、横径或体积，直到采收或成熟脱落为止。

③ 果实或种子成熟期。当观测树上有一半的果实或种子变为成熟色时，为果实或种子的成熟期。

④ 脱落期。成熟种子开始散布或连同果实脱落。如见松属的种子散布，柏属果落，杨属、柳属飞絮，榆钱飘飞，栎属种脱，豆科有些荚果开裂等。

（7）新梢生长期　由叶芽萌动开始，至枝条停止生长为止。

① 春梢开始生长期。选定的主枝一年生延长枝上顶部营养芽（叶芽）开放为春梢开始生长期。

② 春梢停止生长期。春梢顶部芽停止生长为春梢停止生长期。

③ 秋梢开始生长期。当年春梢上腋芽开放为秋梢开始生长期。

④ 秋梢停止生长期。当年二次梢（秋梢）上腋芽停止生长为秋梢停止生长期。

（8）秋季变色期　系指由于正常季节变化，树木出现变色叶，其颜色不再消失，并且新变色之叶在不断增多到全部变色的时期。不能与因夏季干旱或其他原因引起的叶变色混同。常绿树多无叶变色期。

① 秋叶开始变色期：全株有 5％的叶变色。

② 秋叶全部变色期：全株叶片完全变色。

（9）落叶期

① 落叶初期：约有 5％叶片脱落。

② 落叶盛期：全株有 30％～50％叶片脱落。

③ 落叶末期：全株叶片脱落达 90％～95％。

第四节　根的生长及根的物候期

园林树木一般由树根、树干（或藤本树木的枝蔓）和树冠等主要器官构成，树冠包括枝、叶、花、果等。习惯上把树干和树冠称为地上部分，把树根称为地下部分，而地上部分与地下部分的交界处称为根颈。不同类型的园林树木，如乔木、灌木或藤本，它们的结构又各有特点，这决定了园林树木的生长发育规律和在园林应用中的功能性差异。要想更好地达到园林树木栽培和管理的目的，必须首先认识园林树木的结构、功能以及它们之间的关系。

根系是植物进化过程中适应陆生环境而发展起来的一类重要器官。根深才能叶茂，这句话说明了根系与枝叶生长的关系。植物的地下部分往往比地上部分更繁荣、旺盛。植物靠它发达的根系吸收足够的水分和养分，满足植物生长发育需要。

一、根的功能

除了一些热带树木和少数特定的树种具有气生根外，根是树木生长在地下部分的营养器官，它的顶端具有很强的分生能力，并能不断发生侧根形成庞大的根系，有效地发挥其吸收、固着、输导、合成、贮藏和繁殖等功能。

1. 根的吸收功能

根的主要功能是吸收作用，植物体生长发育所需要的各种营养物质，除少部分可通过叶片、幼嫩枝条和茎吸收外，大部分都要通过根系从土壤中吸收。植物所需要的水分基本上是通过根压的作用吸收到植物体内；根还吸收土壤溶液中离子状态的矿质元素、少量含碳有机物、可溶性氨基酸和有机磷等有机物，以及溶于水的 CO_2 和 O_2。根系吸收的物质可以通过树体的输导组织运往地上部分。在移植苗木时应尽量减少损伤细根，保持苗木根系的吸收功能，有利于提高苗木的成活率。

有些园林树木的根系能分泌有机化合物和无机化合物，以液态或气态的形式排入土壤。多数树种的根系分泌物有利于溶解土壤养分，或者有利于土壤微生物的活动以加速土壤养分的转化，改善土壤结构，提高养分的有效性。有些树木的根系分泌物能抑制其他植物的生长而为自己保持较大的生存空间，也有一些树种的根系分泌物对树木自身有害，因此在进行园林树木栽培与管理中，不仅要在换茬更新时考虑前茬树种的影响，而且也要考虑树种混交时的相互关系，通过栽植前的深翻和施肥等措施加以调节和改造。

2. 根的固着和支持作用

园林树木庞大的地上部分，能抵御风、雨、冰、雪、雹等灾害的侵袭，就是由于植物发达的、深入土壤的庞大根系所起的固定与支持作用，根内牢固的机械组织和维管组织是根系固着和支持作用的基础。树木移栽过程中根系往往损伤严重，削弱了根系对树体地上部分的支撑作用，因此，栽植后对树体的支撑和固定是必不可少的。

3. 根的输导和合成功能

由根系吸收的水分和各种营养物质，通过根的维管组织输送到地上部分；而同时根又可以接受来自地上部分所制造的有机营养，以维持根系的生长和发育的需要。根也可以利用其吸收和输导的各种原料合成某些物质，如合成蛋白质所必需的多种氨基酸、生长激素和植物碱，对地上部分生长起调节作用。

4. 根的贮藏和繁殖功能

树木的根内具有发达的薄壁组织，常作为营养物质贮藏的场所。在树木的生长季末期，树木往往将叶片合成的有机养分向地下转运，贮藏到根系中，翌年早春又向上回流到枝条，为树木早期生长提供所需的营养物质。根中贮藏的有机物质可以占到根系鲜重的 $12\% \sim 15\%$，所以树木的根系是其冬季休眠期的营养储备库，而根内贮藏的大量养分也是树木移植后重新生长发育的物质基础。

许多园林树木的根具有较强繁殖能力，其根部能产生不定芽形成新的植株，尤以阔叶树木和大多数灌木树种产生不定芽的能力较强。多数树木在根部伤口处更容易形成不定芽，利用树木根部这种产生不定芽的能力和特性，可采用插根、根蘖等方法进行园林树木的营养繁殖，特别是对于一些种子繁殖困难或种子产量很低的树种来说，除了可以用枝条进行营养繁殖外，用根繁殖也是一条重要途径，而且有些园林树木用根繁殖比用枝条繁殖更容易。

5. 根的再生功能

根具有较强的再生作用，根损伤后能产生愈伤组织并形成新根。一般情况下较细的根（$6 \sim 15$mm）断伤后，在肥水条件较好的情况下，伤口容易愈合，并可以在伤口附近发出较多的新根，但伤根伤口较大超过 2cm，则根系不容易愈合，也不易发新根，因此树木移植以及市政工程中伤断大根过多时，会影响树体的生长和发育。

6. 根系的分泌功能

根能分泌近百种物质，包括糖类、氨基酸、有机酸、固醇、生物素和维生素等生长物质，以及核苷酸和酶等。分泌物对根系的作用体现在以下几个方面：减少根系生长和土壤间的摩擦；使根形成促进吸收表面；抗病害；促进根区微生物的生长，在根际和根表面形一个特殊的微生物区系。

除上述生理功能外，根还有许多生产功能，如食用、药用和做工业原料。在自然界根还具有护坡、涵养水源、防止水土流失的作用。

二、根的类型与结构

（一）根系的发生

种子萌发时，胚根最先突破种皮向下生长形成的根称为主根，它是植物体上最早出现的根。主根长到一定长度时，在一定部分侧向从内部生出许多支根，称为侧根。侧根和主根往往形成一定角度，侧根达到一定长度时，其上又能生出新的侧根。在侧根上形成的较细的根系称为须根。主根和侧根的发生都有一定的位置，称为定根。许多植物除产生定根外，在茎、叶、老根或胚轴上也可生出根，这些根的发生位置不固定，称为不定根。不定根也能不断产生侧根。

（二）根系的类型

1. 园林树木根系的类型

根据根系的发生及来源，园林树木的根可分为实生根系、茎源根系和根蘖根系三个基本类型。

（1）实生根系　通过实生繁殖和用实生砧嫁接的园林树木，根由种子的胚根发育而来称为实生根。实生根的一般特点主要表现为：主根发达，分布较深，固着能力好，阶段发育年龄较轻，吸收力强，生命力强，对外界环境的适应能力也较强，个体间的差异较大。

（2）茎源根系　由植物枝蔓通过扦插、压条等繁殖方式形成新的个体，其根系来源于茎上的不定根，称为茎源根。茎源根的主要特点是：主根不明显，须根特别发达，根系分布较浅，固着性较差，阶段发育年龄老，生活力差，对外界环境的适应能力相对较弱，个体间差异较小。

（3）根蘖根系　有些园林树木能从根上发生不定芽进而形成根蘖苗，与母株分离后形成独立个体，其根系称为根蘖根。根蘖根的主要特点与茎源根相似（图1-4）。

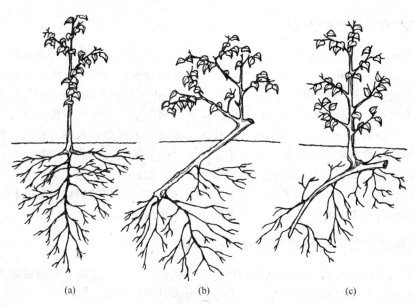

图1-4　树木根系类型（引自张秀英等，2012）

（a）实生根系；（b）茎源根系；（c）根蘖根系

2. 园林树木根系的组成结构

完整的根系包括主根、侧根和须根。主根和侧根构成根系的主要骨架，所以又叫骨干根。须根是着生在各级骨干根上的细小根，一般直径小于 2.5mm，是根系中最活跃的部分，根系的吸收、合成、分泌、输导等主要生理功能都体现在须根上。

根据须根的形态结构及其功能又可以分为生长根、吸收根、过渡根和输导根四个基本类型。生长根是初生结构的根，无次生结构，但可转化为具次生结构的过渡根；具有较大的分生区，分生能力强，生长快，在整个根系中长而且粗，并具有一定的吸收能力，其主要作用是促进根系的延长，扩大根系分布范围并形成吸收根。生长根的不同生长特性使园林树木发育成各种不同类型的根系。

吸收根或营养根是着生在生长根上无分生能力的细小根，也是初生结构，一般不能变成次生结构。吸收根上常布满根毛，具有很高的生理活性，其主要功能是从土壤中吸收水分和矿物质。在根系生长最好时期，它的数目可占植株根系的 90% 或更多。它的长度通常为 0.1～4mm，粗度 0.3～1mm，但寿命比较短，一般在 15～25d。吸收根的数量、寿命及活性与树体营养状况关系极为密切，通过加强水肥管理，可以促进吸收根的发生，提高其活性，是保证园林树木良好生长的基础。

过渡根多数是由吸收根转变而来，多数过渡根经过一定时间由于根系的自疏而死亡，少数过渡根由生长根形成，经过一定时期后开始转变为次生结构，变成输导根。

输导根是次生结构，主要来源于生长根，随着年龄的增大而逐年加粗变成骨干根。它的功能主要是输导水分和营养物质，并起固着作用。

3. 根毛

根毛的生长速度快，数量多，每平方毫毛可达数百根，如苹果约为 300 根/mm²，根毛的存在扩大了根的吸收表面。根毛寿命很短，一般 10～24d 后死亡，表皮细胞也随之死亡。随着根毛的延伸，根在土壤中推进，根毛区不断进入土壤中新的区域，使根毛能够更换环境，有利于根的吸收。

三、树木根系形态的类型

树木根系在土壤中分布范围的大小和数量的多少，不但关系到树体营养与水分状况的好坏，而且关系到其抗风能力的强弱。树木根系在土壤中分布形态变异很大，但可概括为 3 种基本型，即主根型、侧根型和水平根型（图 1-5）。主根型有一个明显的近乎垂直的主根深入土中，从主根上分出侧根向四周扩展，由上而下逐渐缩小。整个根系像个倒圆锥体。主根型根系在通透性好而水分充足的土壤里分布较深，故又称为深根性根系，在松、栎类树种中最为常见。侧根型没有明显的主根，由若干支原生和次生的根所组成，大致以根颈为中心向地下各个方向作辐射扩展，形成网状结构的吸收根群，如杉木、冷杉、槭、水青冈等树木的根系。水平根型是是由水平方向伸展的扁平根和繁多的穗状细根群组成，如云杉、铁杉以及一些耐水湿树种的根系，特别是在排水不良的土壤中更为常见。

四、根系在土壤中的垂直分布和水平分布

树木的根系常因树种、土壤状况和栽培技术不同而有差异，它的生长方式和外部形态具有较大的适应性。根据根系在土壤中生长的方向分为垂直根和水平根。

1. 垂直分布

树木的根系大体沿着与土层垂直方向向下生长，这类根系叫做垂直根。垂直根多数是沿着土壤缝隙和生物通道垂直向下延伸，入土深度取决于土层厚度及其理化特性。在土质疏

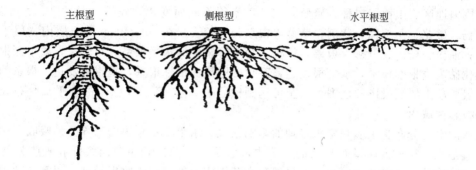

图 1-5 树木根系的形态类型（引自郭学望，2002）

松、通气良好、水分养分充足的土壤中，垂直根发育良好，入土深，而在地下水位高或土壤下层有砾石层等不利条件下，垂直根的向下发展会受到明显限制。如土壤下层有孔隙或孔道，树木根系甚至可深达 10m 以上。垂直根的深浅，因种类、砧木不同而有很大的变化，银杏、香榧、核桃、油松等具有较强的垂直根；而梅花、金银木、连翘等垂直根不发达；乔化砧的垂直根远远超过矮化砧。

垂直根能将植株固定于土壤中，从较深的土层中吸收水分和矿质元素，所以，树木的垂直根发育好，分布深，树木的固地性就好，其抗风、抗旱、抗寒能力也强。它的分支弱，寿命却很长，与水平根之间有过渡类型的根。

不同树种根系的垂直分布范围不同，通常树冠高度是根系分布深度的 2～3 倍，但大多数情况下根系集中在 10～60cm 范围内。因此，在对园林树木施基肥时，应尽量施在根系集中分布层以下，以促进根系向土壤深层发展。

不同的树种根系在土壤中生长的深浅程度不一样，有的生长得深，有的生长得浅，所以根据树木根系在土壤中生长的深浅情况又分为深根性根系和浅根性根系。

（1）深根性根系 这种根系的主根发达，深入土层，垂直向下生长，例如马尾松一年生苗的主根长达 20～30cm，长大后可深达 5m 以上。薄壳山核桃一年生苗的根系比地上部分长 1.2 倍，这种具有深根性根系的树种，称为深根性树种。

（2）浅根性根系 主根不发达，侧根或不定根向四面扩张，长度远远超过主根，根系大部分分布在土壤表层，例如，刺槐和悬铃木一般分布在 30～40cm 的土壤中，这种具有浅根性根系的树种，称为浅根性树种。根系浅而又高大的树木容易被风刮到，在北京刺槐多发生风倒现象，其原因就是因为根系浅、树又高。

根系的深浅决定于植物的遗传性，也受外界环境条件，特别是土壤条件（如土壤水分、土壤类型和质地）的影响。长期适应生长在河流两岸或低湿地区的树种，如柳树、枫杨等，由于地下水位高，根系在较浅的土壤中就能获得足够的水分，因而根系形成浅根性根系的特性；而生长在干旱地区和沙漠地区的各种植物则需要从土壤深层获取水分，因而形成深根性根系特性。同是一种树因为生长条件不同，则根系也会发生变化，如苹果，生长在黄河故道沙地的，因地下水位高，根系深度仅为 60cm；而生长在黄土高原的，因其地下水位低，则根系深达 4～6m。柳树如果生长在地下水位低，排水、通气良好，土质疏松的土壤中，也可形成较深的根系；而生长在土壤较薄的荒山上的马尾松，根系分布较浅。此外，人为活动也影响根系的深浅，实生树主根明显，根系深，而经过移植的苗木，主根被截断，发生大量的侧根；扦插和压条繁殖的苗木，无明显主根，侧根发达，根系浅。

2. 水平分布

沿着土壤表层几乎呈平行状态向四周横向发展的根，叫做水平根。它在土壤中分布的深度和范围因地区、土壤、树种、繁殖方式、砧木等不同而变化。黑松、罗汉松、大叶黄杨、雀舌黄杨、桃花、龙爪槐、紫荆、紫薇等根系分布较浅，在30～40cm的土层内，属于浅根性根系；油松、杨树、旱柳、板栗、核桃、苹果等树种的水平根系分布较深，属于深根性根系。矮化砧为浅根性根系，水平根发达，乔化砧则为深根性根系，垂直根发达。根系的水平分布一般要超出树冠投影的范围，甚至可达到树冠的2～3倍，但60％的水平根分布在树冠的垂直投影区域内。

根系的水平分布受土质和肥水管理的影响很大。水平根系越集中，养分的吸收利用就越多。也就是说，在土壤深厚而肥沃的土壤中，水平分布范围较小，而细根和吸收根特别发达；反之，在干燥瘠薄的土壤中，水平根分布范围大而细根与吸收根较少。根系与地上部的比例，在土壤愈瘠薄的地区，根系与树冠之比就愈大。

水平根大多数占据着肥沃的耕作层，须根多、吸收功能强，对树木地上部的营养供应起着极为重要的作用。在水平根系的区域内，由于土壤微生物数量多及活力高，营养元素的转化、吸收和运转快，更容易出现局部营养元素缺乏，应注意及时加以补充。

五、根颈、菌根及根瘤

1. 根颈

根颈指根和茎的交接处，通常是指树木地上部分与地下部分的交接处。因树木的繁殖不同，又分为真根颈与假根颈。实生树是真根颈，由种子下胚轴发育而成；营养繁殖的树为假根颈，由枝、茎生出不定根后演化而成。根颈是树体营养物质交流必经的通道。

根颈的特点：进入休眠最迟，解除休眠最早；对外界环境条件变化比较敏感，容易遭受低温和高温危害；根颈部分埋得过深或全部裸露，均对树木生长造成不利影响。

2. 菌根

自然界中许多树木的根系与土壤中的真菌形成共生关系，这种同真菌的共生体称为菌根。菌根是非致病或轻微致病的菌根真菌，侵入幼根与根的生活细胞，结合而产生的共生体。

根据菌根的形态及解剖学特征，可分为内生菌根、外生菌根、内外生菌根。

(1) 内生菌根　内生菌根的菌丝通过细胞壁进入表皮和皮导细胞内，形成丛枝状的分枝，加强吸收机能，促进根内的物质运输。这类菌根所在的宿主植物的根一般无形态及颜色变化。自然界中，90％以上的植物都具有内生菌根，如柳杉属、鹅掌楸属、枫香属、山茶属、柑橘类和竹类，以及兰科植物的内生菌根。

(2) 外生菌根　只有少量植物具有外生菌根，如松属、云杉属、冷杉属、杨属、黄杉属、雪松属、落叶松属、栎属、栗属、山毛榉属、桦属、赤杨属、山核桃属的部分树种。形成外生菌根的根一般较粗，顶端分成二叉，根毛稀少或无。外生菌根的菌丝不能进入根的细胞中，常常包在根尖外面形成一个外套，或侵入表皮和皮层细胞的胞间隙内，以菌丝代替了根毛的作用，扩大了根系的吸收面积，提高了树木根系吸收水分和养分的效率。

(3) 内外生菌根　内外生菌根同时具有外生菌根和内生菌根的某些形态学或生理特征。它既可在宿主植物根的表面形成菌套，又可在其根的表皮层细胞间隙形成丛枝菌根，亦可在其皮层内形成不同形状的菌丝圈。具有内外生菌根的树木有桦木属、柳属、苹果、银白杨、柽柳等。

真菌和树木的共生，形成了较大的生理活性表面和较大的吸收面积，可以加强根系的吸收能力，把菌丝吸收的水分、无机盐等供给绿色植物使用可以帮助植物生长；菌根可还能产生植物激素和B族维生素等刺激根的发育，分泌水解酶促进根周围有机物的分解，从而对树木的生长发育有积极作用；真菌还能产生抗性物质，排除菌根周围的微生物，菌壳也可成为防止病原菌侵入的机械组织。树木也会把它所制造的糖类及氨基酸等有机营养提供给真菌，以满足真菌生长发育需要。寄主和菌根菌通过物质交换形成互惠互利的关系。树木很少只与一种菌根菌形成菌根。例如在赤松林内，可查到 22 种以上的菌种与赤松形成菌根，就是在同一支根上通常也可见到数种不同的菌根菌。

有些树木在没有相应真菌存在时，就不能正常生长，如马尾松、栎树、金钱松等在没有与其共生的真菌的土壤中，吸收营养少，生长缓慢，甚至死亡。目前在林业生产中，用人工方法接种真菌，或让种子感染所需要的真菌使其长出菌根，大大提高根的吸收能力，从而提高树苗的成活率，加速其生长发育。现已发现在根上能形成菌根的高等植物 2000 多种，其中许多都可以应用于园林绿化中。

3. 根瘤

豆科植物的根上有各种形状的小瘤状突起，这是豆科植物与土壤微生物根瘤菌相互作用产生的共生体，称为根瘤。根瘤的产生是由于土壤中的根瘤细菌受根系分泌物所吸引，聚集生活在根毛周围，并分泌纤维素酶逐渐溶解了根毛的细胞壁。然后从根毛侵入根的皮层，在皮层薄壁细胞内进行分裂繁殖，同时，皮层细胞也因根瘤细菌分泌物的刺激而进行分裂，于是细胞数目和体积增加，结果在根表面形成瘤状突起的根瘤。

根瘤细菌与豆科植物的关系是一种非绿色植物与高等绿色植物互利共生关系，根瘤菌可以从皮层细胞中取得生活上所需的水分和养分，同时根瘤菌能把空气中的游离氮素转变成氮化合物，这种现象称为固氮作用，根瘤菌提供的含氮化合物可以被植物吸收，合成自身所需的营养物质。

在根瘤生长时，一部分含氮化合物可以从豆科植物的根分泌到土壤中，一部分根瘤也可以自行脱落或随根留在土壤中，这样可以增加土壤的氮肥，为其他植物所用。因此，利用豆科植物与其他植物轮作、间作，可以减少施肥，不仅降低了成本，而且能提高单位面积产量。在生产实践中利用种植豆科植物，如紫云英、苜蓿作为绿肥，就是这个道理。

近年来的研究表明，除豆科植物之外，在自然界还有 100 多种植物能形成根瘤，并具固氮能力。如桦木科、木麻黄科、鼠李科、胡颓子科、杨梅科、蔷薇科等科中的许多种，以及裸子植物的苏铁、罗汉松等植物，有的种类已被应用于固沙、改良土壤。近年来，把固氮菌中的固氮基因转移到农作物和某些经济植物中已成为分子生物学和遗传工程的研究目标，尤其是农业生产上在禾本科作物如玉米和小麦的栽培中推广根瘤菌实用技术，已取得显著成效。

六、影响根系生长的因素

1. 树体内的有机营养

根的生长、吸收、合成等都取决于地上部分供应的碳水化合物。在土壤条件良好时，树木根群的总量主要取决于地上部分供应的有机物质的数量，营养物质丰富，发新根多，发根时间长，根生长旺盛。如果开花、结果过多或是叶片受到伤害时，有机营养供应不足，则根系生长明显受到抑制。此时需要采取针对性的措施，加强施肥、灌水对这种情况无明显的改善效果，需要采取疏花疏果措施，减少对有机营养的消耗或通过保叶改善叶的机能，则可明显恢复和促进根系生长发育。另外，嫁接时砧木的选择也会影响根系的形态和发育周期，如构橘接甜橙，则为深根系；如接以柠檬，则为浅根系；枳在热带地区，因休眠不良，根和茎均发育不良，但在其上接以其他柑橘，则能促进根系发育。可见地上部分供应的有机营养物质，对根的生长发育有重要作用。

2. 温度

树木根系的活动与温度有密切关系，树种不同对温度的要求也不同，温度过高或过低对根系的生长都不利。一般原产北方的树种对土温要求较低，而南方树种对土温要求较高。在冬季土温过低，致使根系生长缓慢与停止。因为在低温下水的扩散速度变慢，影响根系对水分和养分的吸收。最重要的是在低温条件下，原生质黏性增大，有时呈现凝胶状态，使水不能通过，根的生理活动便减弱。土温过高也会造成根系的灼伤与死亡。

3. 土壤的水分与通气状况

树木根系的生长除与温度、树体有机营养有关外，与土壤的通气状况和含水量有密切关系。最适宜树木根系生长的土壤含水量约等于土壤最大田间持水量的 $60\%\sim80\%$。当土壤含水分量低于土壤田间最大持水量的 50% 时，即使温度及其他因子都合适，根系生长也要受到抑制。土壤干旱时，土壤溶液浓度高，根系不能正常吸收水分反而发生外渗现象，所以强调施肥后要立即灌水，以便于根系吸收。在干旱条件下，根的木质化加速，并且自疏现象加重。在严重缺水时，叶片可以夺取根部的水分，根受害远比地上部分出现萎蔫早，这样不仅根系生长和吸收停止，而且开始死亡。但是，轻微的干旱对根系的发育却有好处，因为在轻微干旱时，抑制了地上部的生长，但土壤通气状况得到改善，根系可以优先使用碳水化合物，促进了根系的生长，扩大了根系的吸收面积，使根系趋于发达，同时对生殖生长也有好处。我们常说北京黄土岗花农栽培梅花在 6 月份"扣水"，就是此道理。一般认为，具有大量分枝和深入下层的根系，能有效利用土壤的水分和矿质元素，抗旱性强。

土壤中水分过多，也不利于根系生长，水分过多，则会引起土壤通气不良，根系在缺氧的情况下，就不可能正常进行吸收作用和其他生理活动。如土壤中氧气含量少，会影响对营养元素的吸收，还会使得一些元素成为还原性物质或成为氧化性物质。当土壤湿度较高缺氧时，土壤中的铁不活化，不溶于水，不能被根系吸收；CO_2 氧化还原成 CH_4 等。同时 CO_2 和其他有害气体在根际周围积累，当达到某一浓度时，可能引起根系中毒。土壤中 CO_2 含量升高还会降低根系对营养物质的吸收，其中钾的吸收降低得最快，如果土壤中 CO_2 积累得非常快，钾甚至会从根分泌出来。因此，为了促进新根的发生和充分发挥根的功能，土壤中就必须有足够的氧气。不同树种根系活动对氧气的浓度要求不同，一般苹果根系在氧的浓度为 $2\%\sim3\%$ 时，停止生长；在 5% 时，生长缓慢；正常生长在 10% 以上；发生新根要在 15% 以上。温州蜜柑在含氧量 2% 以下，生长停止；在含氧量 4% 以上时能生长正常。但枳的实生苗在含氧量 2% 时生长还未停止，1% 以下时才渐渐停止。

土壤含氧量还必须与 CO_2 的含量密切相关，如果土壤保持良好的通气性，则土壤中的氧气会保持较高的含量，CO_2 含量也往往会低于 6%。如果土壤中 CO_2 含量不太高，根际周围空气的含氧量即使低到 3% 时，根系仍能正常活动。如果根际周围 CO_2 含量升高到 10% 或更多，则根的代谢功能立即受到破坏。

土壤缺氧所造成的根系损伤还与土壤温度密切相关，据相关报道，当土温低于 $18℃$，土壤中氧气浓度低至 2.2%，根系仍能正常生长；而当土温达到 $31℃$，在相同浓度下根系则不能正常生长。

在树木栽培过程中，除了考虑土壤中空气的含氧量外，更应注意土壤的毛管孔隙度和非毛管孔隙度（通气孔隙度）。通气孔隙度低时，气体交换恶化。植物根系一般在土壤通气孔隙率为 7% 以下时，生长不良；1% 以下时几乎不能生长。为使树木健壮生长，土壤通气孔隙率要求在 10% 以上，$15\%\sim20\%$ 为最佳。土壤的孔隙度主要是由土壤的团粒结构决定的，目前城市园林建设中所用的回填土多源于建设施工工地上的地基土，土壤的团粒结构极差。施工过程中绿化地段的机械碾压较严重，土壤密实度过高，也会降低土壤孔隙度。因此，为了使根系正常生长，运用有机、无机和生物技术改良土壤，提高土壤的理化性质是栽培养护工作中的一项重要任务。

4. 土壤的肥力

在一般情况下，土壤的营养状况不会像温度、水分、通气那样成为影响根系生长的决定因素。在土壤肥沃或施肥条件下，根系发达，细根多又密，生长活动时间长。相反，在瘠薄的土壤中，根系生长瘦弱，细根稀少，生长时间较短。施有机肥可促进树木吸收根的生长；适当增施无机肥料如氮肥可以促进叶片叶绿素的合成，增强叶片的光合能力，提高全树的营养水平，进而促进根的生长；而施用磷肥和其他微量元素如硼、锰等对根的生长都有良好的影响。但如果过量施氮肥会引起树体的不良反应，如枝条徒长，反而削弱了根的生长。此外，在土壤通气不良的情况下，有些元素会转变成有害的离子，如铁、锰会被还原成二价的铁离子和锰离子，提高了土壤溶液的浓度，使根受害。

七、根系的年生长动态

根系在一年中的生长过程一般都表现出一定的周期性，其生长周期往往与地上部分不同，但两者之间又保持着密切的相关性，地上和地下部分的生长往往呈现出交错进行的特点，而且不同树种的表现也存在差异，情况比较复杂。掌握园林树木根系年生长动态规律，对于科学合理地进行树木栽培和管理有着重要的意义。

一般来说，温带树种根系生长所要求的温度比地上部分萌芽所要求的温度低，因此春季根系开始生长比地上部分早。而热带或亚热带树种的根系活动要求温度较高，如果这些地区的树种引种到温带冬春较寒冷的地区，由于春季气温上升快，地温的上升速度慢达不到树木根系生长的要求，也会出现先萌芽后发根的情况，这种情况不利于树木的整体生长发育，有时还会因树木地上部分活动过早，蒸腾作用过强，而地下部分吸收功能不足，引起生理干旱，严重的会导致树木死亡。

原产温带、寒带的树木的根一般在春季开始生长后即进入第一个生长高峰，此时根系生长的长度和发根数量直接取决于上一生长季节树体贮藏的营养物质的水平，如果在上一生长季节中树木生长良好，树体贮藏的营养物质丰富，就可以发出大量的新根，根系的吸收面积和吸收功能增强，这也有利于树体地上部分的生长。在根系开始生长一段时间后，随着气温的升高，树液开始流动，地上部分开始萌芽生长，而根系生长逐步趋于缓慢，此时地上部分的生长出现高峰。当气温下降，树体的新梢生长趋于缓慢时，根系又会加速生长迎来一个新的高峰期。有些树种，在树木落叶后还可能出现一个小的根系生长高峰。

一年中，树木根系生长出现高峰的次数和强度与树种有关，如油松在 4 月和 8 月存在两个生长高峰期；柿树在北方一年中只有一次生长高峰；而侧柏在生长季的每月差不多都有一次生长高峰。树木年龄不同，根系一年的生长态也不相同，如苹果的幼树一年中有三次高峰，而老树虽然也有三次高峰，但萌芽前第一次高峰并不明显。根在年周期中的生长动态还受当年地上部生长和结实状况的影响，同时还与土壤温度、水分、通气及营养状况等密切相关。因此，树木根系年生长过程中表现出高峰和低峰交替出现的现象，是上述因素综合作用的结果，只是在一定时期内某个因素起着主导作用。

树体有机养分和内源激素的积累状况是影响树木根系生长的内因，而土壤温度和土壤水分等环境条件是影响根系生长的外因。夏季高温干旱和冬季低温都会使根系生长受到抑制，使根系生长出现低谷，而在整个冬季，虽然树木枝芽已经进入休眠状态，但根系却并未完全停止活动。另外，在生长季节内，根系生长也有昼夜动态变化节律。许多树木的根夜间生长量和发根量都多于白天。

八、根的生命周期

不同类型的树木都有一定的发根方式，常见的是侧生式和二叉式。树木在幼年期根系生长很快，其生长速度一般都超过地上部分，但树木根系生长的优势会随着树龄的增加而逐渐消失，不同树种根系快速生长的持续时间也存在差异。随着年龄的增加，根系生长速度趋于缓慢，并逐渐与地上部分的生长形成一定的比例关系。

在树木根系的整个生命周期中，根系始终有局部自疏和更新现象。从根系生长开始一段时间后就会出现吸收根的死亡现象，吸收根逐渐木质化，外表变为褐色，逐渐失去吸收功能；有的吸收根演变成起输导作用的输导根，有的则死亡。须根的更新速度更快，从形成到壮大直至衰亡，一般只有数年的寿命。须根的死亡是以离心的方式进行的，最初发生在低级次的骨干根上，其后主要发生在高级次的骨干根上，因此，靠近干基的较粗的骨干根部几乎没有须根。不利的环境条件、昆虫、真菌和其他有机体的侵袭以及树木年龄的增加，都影响根的死亡率。

根系的生长发育很大程度上受树体遗传特性、地上部分的生长状况以及土壤环境的影响。当根系生长达到最大根幅后，会随着树体的衰老根幅逐渐缩小。根系也会发生向心更新，更新所发出的新根，仍按上述规律生长和更新。但由于受土壤环境的影响，根系的更新不那么规则，常出现大根季节性间歇死亡。有些树种进入老年后发生水平根基部隆起。

当树木衰老，地上部濒于死亡时，根系仍能保持一段时期的寿命。利用根的此特性，我们可以进行部分老树复壮工程。

第五节　枝条的生长特性

除了少数具有地下茎或根状茎的植物外，茎是植物体地上部分的重要营养器官。植物的茎起源于种子内胚的胚芽，有时还加上部分下胚轴，而侧枝起源于叶腋的芽。茎是联系根和叶，输送水分、无机盐和有机养料的轴状结构，其顶端具有极强的分生能力。许多园林树木能形成庞大的分枝系统，连同茂密的叶丛，构成完整的树冠结构。

一、茎的功能

(1) 支持作用　茎内的机械组织，特别是纤维和石细胞，以及木质部中的导管和管胞，构成了坚固有力的结构，起着巨大的支持作用。

(2) 输导作用　茎的输导作用是和它的结构紧密结合的。茎维管组织中的木质部和韧皮部担负着输导功能。茎木质部的导管和管胞，把根从土壤中吸收的水分和无机盐运送到树体的各个部位；茎韧皮部中的筛管或筛胞，把叶的光合产物运送到植物的各个部分。

(3) 贮藏作用　茎的基本组织中薄壁组织较发达，其中贮藏了大量的营养物质，变态茎中的根状茎、球茎和块茎等的贮藏物质尤为丰富，既可作为其本身进一步发育的物质基础，又可作为食品和工业原料。

(4) 繁殖作用　茎可作为扦插、压条和嫁接等营养繁殖材料。

(5) 光合作用　绿色幼茎可进行光合作用，而叶片退化、变态的植物，其光合作用主要在茎中进行。

二、芽的类型

芽是多年生植物为适应不良环境条件延续生命活动而形成的重要器官，是枝、花或花序的原始体。枝芽的结构决定着主干和侧枝的关系和数量；花芽决定着花和花序的结构和数量，并决定开花的迟早和结果的多少。因此，了解芽的生物学特征具有重要的现实和理论意义。

依据芽在枝上的位置、芽鳞的有无、将来形成的器官的性质和生理活动状态等特点，可将芽分为以下几种类型。

（1） 按芽在枝上的位置，可分为定芽和不定芽。

（2） 按芽鳞的有无，可分为裸芽和鳞芽。

（3） 按芽形成的器官，可分为花芽、叶芽和混合芽。

三、树木的枝芽特性

芽是树木生长、开花结实、更新复壮、保持母株性状和营养繁殖的基础。了解芽的特性，对园林树木整形修剪和管理具有重要意义。

1. 芽序

定芽在枝条上按一定规律排列的顺序性称为芽序。因为大多数的芽都着生在叶腋间，所以芽序与叶序一致。不同树种的芽序不同，多数树木的互生芽序为2/5式，即相邻芽在茎或枝条上着生部位相位差为144°；有些树种，如葡萄、板栗的芽序为1/2式，即着生部位相位差为180°；另外，有对生芽序，如丁香、洋白蜡、油橄榄等，即每节芽相对而生，相邻两对芽交互垂直；轮生芽序，如夹竹桃、盆架树、雪松、油松、灯台树等，芽在枝上呈轮生状排列。树木的芽序因树龄和生长势而发生变化，如板栗旺盛生长时，芽序变为2/5式；又如枣树的一次枝为2/5式，二次枝为1/2式。由于枝条也是由芽发育生长而成，因此芽序决定着树木的长势和外貌。

2. 芽的异质性

在芽的形成过程中，由于内部营养状况和外界环境条件的差异，会使处在同一枝上不同部位的芽在大小和饱满程度上产生较大差异，这种现象称为芽的异质性。枝条基部的芽多在展叶时形成，由于这一时期叶面积小、气温低，芽一般比较瘦小，且常成为隐芽。此后，随着气温增高，枝条叶面积增大，光合效率提高，芽的发育状况得到改善，到枝条进入缓慢生长期后，叶片累积的养分能充分供应芽的发育，形成充实饱满的芽。许多树木达到一定年龄后，所发新梢顶端会自然枯死，或顶芽自动脱落。某些灌木中下部的芽反而比上部的好，萌生的枝势也强。

有些树木的长枝有春梢、秋梢，即一次枝春季生长后于夏季停长，到秋季温湿度适宜时，顶芽又萌发成秋梢。秋梢的组织常不充实，在冬寒地易受冻害。如果长枝生长延迟至秋后，由于气温降低，梢端往往不能形成新芽。

3. 芽的萌发和生长

许多暖温带和温带树木的芽需经过一定的低温时期解除休眠到第二年春季才能萌发，这种芽被称为晚熟性芽。而另一些树木在生长季节早期形成的芽当年就能萌发（如桃等），有的可多达2～4次，具有这种特性的芽叫早熟性芽，这类树木成型快，有的当年即可形成小树的样子。其中也有些树木，芽虽具早熟性，只有受外界因子的刺激，影响树体内营养的代谢过程才会萌发，如人为修剪、摘叶等措施可促进芽的萌发。

4. 萌芽力和成枝力

不同的树木种类与品种其叶芽的萌发能力不同。有些树木的萌芽力和成枝力强，如杨属的多数种类、柳、榆树、卫矛、小檗、女贞、黄杨、丁香等容易形成枝条密集的树冠，耐修剪，易成型。有些树木的萌芽力和成枝力较弱，如松类和杉类的多数树种，以及梧桐、核桃、苹果、银杏等，枝条受损后不容易恢复，树形的塑造也比较困难，要特别保护苗木的枝条和芽。树木修剪时需要根据树体的萌芽力和成枝力选择合理的修剪方式和强度，进而培养良好的树形。

5. 芽的潜伏力

许多树木枝条基部的芽或上部的副芽，一般情况下不萌发而呈潜伏状态，称隐芽或潜伏芽。当枝条受到某种程度的刺激，如上部或近旁枝条受伤，或树冠外围枝出现衰弱时，潜伏芽可以萌发出新梢。有的树种有较多的潜伏芽，而且潜伏寿命较长，有利于树冠的更新和复壮。树木移植时采用截枝方法减少树冠蒸腾提高成活，就是基于树木的这一特性。

6. 分枝角度

枝条抽出后与其着生枝条间的夹角称为分枝角度。由于树种、品种的不同，分枝角度常有很大差异。一般情况下，单轴分枝的树种顶端优势强，枝条向上生长明显；合轴分枝的树种顶端优势较弱，枝条侧方生长趋势明显。在一年生枝上抽生枝梢的部位距顶端越远，则分枝角度越大，这是顶端优势的表现之一，也是整形修剪可以利用的地方。比如在树木定型的时候，分枝角度大小可以随需要而定，需要角度大的分枝，就选留母枝基部的芽；需要角度小的分枝，就选留靠近母枝梢部的芽。但是也要注意如果选留基部芽时，可能因为芽体质量或刺激过重等原因，枝条的分枝角度不一定就大。

7. 干性与层性

植物的主干生长的强弱及持续时间的长短称为植物的干性。园林植物的干性因树种不同而异。干性较强树种，顶端优势明显，如雪松、水杉、尖叶杜英、南洋杉、大王椰子、银杏、白玉兰等；而有的植物虽然有主干，但是较为短小，如桃、紫薇、丁香、石榴等，这类植物的干性就较弱。

由于植物的顶端优势和芽的异质性，使一年生枝条的萌芽力、成枝力自上而下减小，年年如此，导致主枝在中心主干上的分布或二级侧枝在主枝上的分布形成明显的层次，这种现象称为植物树冠的层性。植物的顶端优势、芽的异质性越明显，则层性就会越明显，如梨、油松、雪松、尖叶杜英、南洋杉、竹柏等。反之，顶端优势越弱，成枝力越强，芽的异质性越不明显，则植物的层性越不明显。

修剪整形时，干性和层性都好的植物树形高大，适合整形成有中心主干的分层树形；而干性弱的植物，树形一般较矮小，树冠披散，多适合整形成自然形或开心形的树形。另外，观花类植物的修剪还应了解其开花习性。因植物种类不同，花芽分化的时期和部位也不相同，修剪时应注意避免剪去花枝或花芽，影响开花，一般多在花芽分化前对一年生枝进行重短截和花后轻短截，以促进更多的花芽形成。

总之，掌握植物的枝芽生长特性是进行园林植物修剪整形的重要依据。修剪方式、方法、强弱都因树种而异，应顺其自然，做到"因树整形，因势修剪"。即使进行植物人工造型时，虽然是依据修剪者的意愿将树冠整成特定的形式，但都是依据该植物的萌芽力、成枝力、耐修剪的能力而定的。

四、新梢的生长

树木每年都通过新梢生长来不断扩大树冠，新梢生长包括加长生长和加粗生长两个方面。一年内枝条生长增加的粗度与长度，称为年生长量。在一定时间内，枝条加长和粗生长的快慢称为生长势。生长量和生长势是衡量树木生长状况的常用指标，也是评价栽培措施是否合理的依据之一。

1. 新梢的加长生长

新梢的延长生长并不是匀速的，一般都会表现出慢-快-慢的生长规律。多数树种的新梢生长可划分为以下三个时期。

（1）开始生长期　叶芽幼叶伸出芽外，随之节间伸长，幼叶分离。此期的新梢生长主要依靠树体在上一生长季节贮藏的营养物质，新梢生长速度慢，节间较短，叶片由前期形成的芽内幼叶原始体发育而成，其叶面积较小，叶形与后期叶有一定的差别，叶的寿命也较短，叶腋内的侧芽发育也较差，常成为潜伏芽。

（2）旺盛生长期　从开始生长期之后，随着叶片的增加和叶面积的增大，枝条很快进入旺盛生长期。此期形成的枝条，节间逐渐变长，叶片的形态也具有了该树种的典型特征，叶片较大，寿命长，叶绿素含量高，同化能力强，侧芽较饱满，此期的枝条生长由利用贮藏物质转为利用当年的同化物质。因此，上一生长季节的营养贮藏水平和本期肥水供应对新梢生长势的强弱有决定性影响。

（3）停止生长期　旺盛生长期过后，新梢生长量减小，生长速度变缓，节间缩短，新生叶片变小。新梢从基部开始逐渐木质化，最后形成顶芽或顶端枯死而停止生长。枝条停止生长的早晚与树种、部位及环境条件关系密切。一般来说，北方树种早于南方树种，成年树木早于幼年树木，观花和观果树木的短果枝或花束状果枝早于营养枝，树冠内部枝条早于树冠外围枝，有些徒长枝甚至会因没有停止生长而受冻害。土壤养分缺乏、透气不良、干旱等不利环境条件都能使枝条提前1~2个月结束生长，而氮肥施用量过大、灌水过多或降水过多均能延长枝条的生长期。在栽培中应根据目的合理调节光、温、肥、水，来控制新梢的生长时期和生长量，加以合理修剪，促进或控制枝条的生长，达到园林树木培育的目的。

2. 新梢的加粗生长

树干及各级枝的加粗生长都是形成层细胞分裂、分化、增大的结果。在新梢伸长生长的同时，也进行加粗生长，但加粗生长高峰稍晚于加长生长，停止也较晚，其生长的次序也是由基部到梢部。形成层活动的时期和强度，依枝的生长周期、树龄、生理状况、部位及外界温度、水分等条件而异。落叶树种形成层的活动稍晚于芽萌动；春季萌芽开始时，在最接近萌芽处的母枝形成层活动最早，并由上而下开始微弱增粗，此后随着新梢的不断生长，形成层的活动也逐步加强，加粗生长量增加，新梢生长越旺盛形成层活动也越强烈，持续时间也越长。秋季由于叶片积累大量光合产物，因而枝干明显加粗。级次越低的枝条加粗生长高峰期越晚，加粗生长量越大。一般幼树加粗生长持续时间比老树长，同一树体上新梢加粗生长的开始期和结束期都比老枝早，而大枝和主干的加粗生长从上到下逐渐停止，而以根茎结束最晚。

五、影响枝条生长的因子

新梢的生长除决定于树种和品种特性外，还受砧木、有机营养、内源激素、环境与栽培技术条件等的影响。

1. 树种和品种

不同的树种和品种由于遗传性不同，新梢的生长强度也不同，如杨树类、柿树、榆树、水曲柳、核桃楸等枝梢生长强度大，基本上为长枝，而无短枝；有的树种枝条生长缓慢，枝粗而短，即所谓的短枝型；而银杏、雪松、金钱松等有长枝和短枝之分，枝条的生长介于前两者之间，称为半短枝型。苹果中的"红星"品种短枝多，而"金帅"品种枝条相对要比"红星"长得多。

2. 砧木

嫁接繁殖的植株新梢的生长受砧木的影响，同一树种或品种嫁接在不同的砧木上，其枝条的长度和生长势有明显的差异，这是砧木对接穗影响的结果。通常砧木可分为三类，即乔化砧、半矮化砧和矮化砧。如将苹果嫁接在山荆子上，则枝条长、树体较大；嫁接在矮化砧M9上则枝条短、树体矮小。

3. 有机营养

树体内贮藏的有机养分对枝梢的萌发、生长有明显影响。贮藏养分不足，新梢生长得短而细；养分多，则枝梢生长得粗壮，生长期长。树冠外围的新梢，因为枝位高，光照充足，蒸腾流大，在营养竞争中处于优势地位，生长旺盛；树冠下部和内膛的枝条因光照条件差，光合能力弱，有机养分较少，新梢生长势较弱。

树体结果的多少对当年新梢生长也有明显的影响，结果过多，当年大部分同化物质为果实所消耗，致使枝梢生长受到限制；反之，则新梢出现旺长。柑橘等常绿果树，除结果影响枝梢生长外，落叶情况与第二年春梢的数量及其生长势有密切的关系。落叶多则春梢细而短，这主要是由于柑橘有40%左右的营养贮存在叶片中。

4. 内源激素

植物体内五大激素都对枝条的生长起到调节作用。一般认为，生长素、赤霉素、细胞分裂素多表现为促进生长；脱落酸和乙烯多表现为抑制生长。植物体内的激素都是合成于一定的器官或组织内，因此器官或组织的发育状况也影响树体内激素的水平与平衡。幼嫩叶片内产生类似赤霉素的物质，能促进植物胞间伸长；成熟叶片内产生的脱落酸有拮抗赤霉素的作用。因此，树体内新叶和老叶的数量和比例，将会对新梢的生长起到复杂性作用。有人用注射法发现，随着苹果体内脱落酸浓度的提高，苹果新梢生长量下降。

枝梢顶端生长素含量高，有利于调动营养物质向上运输，合成蛋白质，并不断形成新叶。幼叶中形成的赤霉素又可促使茎尖形成的生长素增加。生长素和赤霉素共同作用，可以促进新梢节间生长。如摘除幼嫩叶，新梢的节数仍可以保持不变，但节间变短而减少新梢长度。生长素和赤霉素也会促进导管和筛管的分化。理论上生长素和赤霉素的共同作用，会使新梢的加长生长越来越快，然而实际上并非如此。由此可见，新梢加长生长并不完全决定于赤霉素和脱落酸，生长素、细胞分裂素和乙烯都有作用。也就是说新梢加长生长，受幼叶和成熟叶片所产生的不同激素的综合影响。

5. 环境条件

各种环境因子都对新梢生长有影响。在生长季，水是影响新梢生长量的限制性因子，在保证土壤通气良好的前提下，充足的水分可以促进新梢迅速生长；如果只有水分而养分不足，会使新梢生长纤细，组织不充实；缺水能使植物生长减慢。树木生长的早期如果受到干旱的影响，在整个生长季，伸长生长和加粗生长都会降低。

矿质营养中的氮素对芽的萌发和枝梢伸长具有特别显著的促进作用；施用钾肥过多，则会抑制生长，但可促进枝梢充实；磷元素可促进根系生长，提高全树的营养水平，间接促进了新梢的生长。

在树种最适生长温度范围内，新梢年生长量与生长地的温度呈正相关。光照不足时，新梢会发生徒长，新梢细长，并且不充实；强光对枝条的生长有抑制作用，因为紫外线可破坏内源激素，使树体变小，但相应增加了根系活动。一般认为，长日照能促进枝条生长速度和持续时间，而短日照则会降低树体内生长素的可给程度，从而降低新梢的生长速度，但会促进芽的形成。

六、枝条的分枝方式

分枝是园林树木生长发育过程中的普遍现象，主干的伸长和侧枝的形成是顶芽和腋芽分别发育的结果。侧枝和主干一样，也有顶芽和腋芽，可以继续产生侧枝，依次产生大量分枝形成园林树木的树冠，使尽可能多的叶片避免重叠和相互遮阴。枝叶在树干上按一定的规律分枝排列，可接受更多的阳光，扩大吸收面积。各种园林树木在长期的进化过程中，为了适应环境，不同树木的芽的性质和活动情况差异较大，形成不同的分枝方式使树木表现出不同的形态特征。主要的分枝方式有单轴分枝、合轴分枝和假二叉分枝三种类型。

1. 单轴分枝

树木的顶端优势明显，生长势旺，主干由顶芽不断向上伸长而形成高大通直的主干，侧枝由各级侧芽形成，这种分枝形式称为单轴分枝，也称为总状分枝。裸子植物的树木多属于这一分枝方式，如雪松、圆柏、龙柏、罗汉松、水杉等。被子植物中也有大量属于单轴分枝的树木，如杨树、山毛榉、七叶树等，但一般只在幼年阶段较明显。单轴分枝的树木，其主干的伸长和加粗能力比侧枝强得多，在主干上产生各级分枝，但侧枝的分枝能力要比主干弱。单轴分枝的树木树体高大挺拔，在园林绿化中适于营造一种庄严雄伟的气氛。

2. 合轴分枝

主干的顶芽在生长季节中生长迟缓，顶芽瘦小或不充实，在生长季末期干枯死亡，或者顶芽是花芽，花后由紧接顶芽下面的腋芽生长代替原有的顶芽生长，如此每年交替进行，使主干继续延长。这种主干是由许多腋芽伸展发育而成，逐段合成主轴，这种分枝方式称为合轴分枝。合轴分枝使树木或树木枝条在幼时呈现曲折的形状，在老枝和主干上由于加粗生长曲折的形状逐渐消失。合轴分枝的树木其树冠呈开展型，侧枝粗壮，既提高了对宽大树冠的支持和承受能力，又使整个树冠枝叶繁茂，通风透光，有效地扩大光合作用面积，是较为进化的分枝方式。

园林中大多数树种属于这一类，且大部分为阔叶树。合轴分枝的树木有较大的树冠能提供大面积的遮阳区域，在园林绿化和景观美化中适合于营造一种悠闲、舒适的环境，是重要的遮阴树木，如法国梧桐、泡桐、白蜡、菩提树、桃树、樱花、无花果、香椿、苹果、槐树、桃、杏、樱花、杜仲等。

总状分枝在裸子植物中占有优势，而合轴分枝在被子植物中占优势，所以合轴分枝是进化的性状。

3. 假二叉分枝

具有对生叶的植物，在顶芽停止生长后，或顶芽是花芽的树木开花后，由顶芽下两侧腋芽同时发育，向相对侧向分生侧枝的生长方式称为假二叉分枝。自然界中还存在二叉分枝，这种分枝方式多见于低等植物，在部分高等植物中，如苔藓植物中的苔类和蕨类植物中的石松和卷柏等也具有二叉分枝。真正的二叉分枝是由顶端分生组织本身一分为二形成的，而假二叉分枝实际上是合轴分枝方式的一种变化，两种方式差异较大，不能混淆。

具有假二叉分枝的树木多数树体比较矮小，属于高大乔木的树种很少，但在园林绿化中的作用非常广泛。具有假二叉分枝的植物多见于木犀科植物，如丁香、接骨木、石榴、连翘、迎春花、金银木、四照花等。

七、顶端优势和垂直优势

1. 顶端优势

顶端优势是指活跃的顶部分生组织或茎尖常常抑制其下侧芽发育的现象，也包括树木对侧枝分枝角度的控制。一般乔木树种都有较强的顶端优势。顶端优势在树木上的表现是：枝条上部的芽能萌发抽生强枝，依次向下的芽，生长势逐渐减弱，最下部的芽甚至处于休眠状态。如果去掉顶芽和上部芽，即可使下部腋芽和潜伏芽萌发。顶端优势也表现在分枝角度上，枝条自上而下，分枝角度逐渐开张。如果去掉尖端对角度的控制效应，所发侧枝就呈垂直生长的趋势。这种顶端优势还表现在树木的中心干生长势要比同龄的主枝强，树冠上部的枝条要比下部的强。

顶端优势的强弱随树种、品种、植株年龄而变化，同时受营养和环境条件的影响。干性强的树种顶端优势强；乔木树种比灌木树种顶端优势强；幼龄植物顶端优势强，老龄时减弱；强光下，土壤通气不良或水分亏缺，顶端优势减弱；氮素供应充足，顶端优势增强。

许多园林树木都具有明显的顶端优势，不同树种顶端优势的强弱相差很大，在园林树木整形修剪中必须了解与合理运用树木的顶端优势，才能在园林树木养护中达到理想的栽培目的。有些针叶树的顶端优势极强，如松类和杉类，当顶梢受到损害侧枝很难代替主梢的位置，影响冠形的培养，因此对于这类树种必须保持树体的顶端优势；对于观花树种，如月季、白玉兰、紫薇等，应通过调节枝条的生长势，削弱其顶端优势，促使枝条由营养生长向生殖生长转化，促进花芽分化和开花；对于顶端优势比较强的阔叶树种，抑制顶梢的顶端优势可以促进若干侧枝的生长，进而形成广阔圆形的树冠，提高全树的光合面积；而对于顶端优势很强的幼龄树，在一段时间内可保持其顶端优势，防止树冠的过早郁闭。如上所述，要根据不同树种顶端优势的差异，通过科学管理、合理修剪培养良好的树干和树冠形态。

对于顶端优势的机理，目前尚未完全弄清楚，关于顶端优势产生的原因，目前有三种学说。

(1) 生长素学说　生长素对植物的作用表现为低浓度的生长素促进植物生长发育；反之，高浓度的生长素则抑制植物生长发育。期科格（1933）认为顶芽是树木生长素合成的中心，顶芽合成的生长芽沿茎向基部运输，在侧芽积累，因此抑制了侧芽的萌发。相关实验验证了这一推论：除去顶端，侧芽很快生长，如去顶后在切口处涂上含有生长素的羊毛脂，侧芽不能生长，即外施生长素能代替顶芽对侧芽的抑制作用。生长素学说也是目前所有解释顶端优势机理的学说中最被认可的。此外，来自根的细胞分裂素也对顶端优势产生作用。顶芽的生长素可以控制根部合成的细胞分裂素的分配和运输，侧芽由于缺乏细胞分裂素，因而不能从相关抑制中解脱出来。对植物体施用细胞分裂素，可以使侧芽萌发。

(2) 营养学说　格贝尔（1900）总结了植物的相关性抑制现象，认为细胞生长迅速、代谢旺盛，所需营养物质较多。由于顶芽优先应用由根部和叶片运来的营养物质，使侧芽得不到充足的养分，从而生长受到抑制。

(3) 营养调运学说　温特（1936）提出顶端分生组织的细胞生长活跃，代谢旺盛，合成大量激素，顶芽的高浓度激素促使营养物质向顶芽调运，使侧芽得不到足够的营养物质而受到抑制。顶端优势现象中激素的作用与物质调运的关系颇为复杂，可能有不止一种激素发生包括刺激与抑制两类作用。

2. 垂直优势

枝条与芽的着生方位不同，生长势的表现有很大的差异。直立生长的枝条生长势旺，枝条长；接近水平或下垂的枝条，则生长势弱；枝条弯曲部位的上位芽，其生长势超过顶端。这种因枝条着生方位背地程度越强生长势越旺的现象在树木栽培上称为垂直优势。外界环境条件、激素种类和含量的差异是形成树木垂直优势的主要原因。在树木整形修剪时，可以通过改变枝芽的生长方向来调节枝条生长势的强弱，这一操作就是根据树木具有垂直优势这一特征而进行的。

第六节 叶和叶幕的形成

叶是植物重要的营养器官，是植物体中唯一完全暴露在空气中的营养器官，其形态多种多样，是鉴别植物种类的重要依据之一。光合作用是绿色植物叶片最基本的功能，地球生态系统内流动的物质与能量大部分来源于绿色植物的光合作用。除此之外，叶片还有其他对个体以至整个生物圈都至关重要的生理功能。

一、叶片的功能与特性

1. 光合作用

叶片是植物进行光合作用的主要场所，是地球上进行的最大规模的将无机物转化成有机物、把光能转化为化学能的过程，这对于整个生物界和人类生存发展，以及维持自然界生态平衡有极其重要的作用。光合作用有效地维持了大气成分平衡，创造了良好的生存环境。

2. 蒸腾作用

蒸腾作用对于植物的生命活动有重要的作用，如蒸腾作用产生的拉力是植物吸收和运输水分的主要动力，特别是高大植物，如果没有蒸腾作用，较高部分很难得到水分；蒸腾作用引起的上升液流，有助于根吸收矿质元素以及在根中合成的有机物转运到植物体内其他地方；蒸腾作用能够降低叶片温度，避免叶温过高对叶片造成灼伤。

叶片还有吸收功能，如向叶面喷洒一定浓度的肥料和农药，均可被叶表面吸收。有些植物的叶还能进行繁殖，在叶片边缘的叶脉处可以形成不定根和不定芽，当它们自母体叶片上脱离后，便可独立形成新的植株。

有些植物的叶片还有特殊功能，并与之形成特殊形态。如猪笼草属的植物叶形成囊状，可以捕食昆虫；洋葱鳞叶肥厚具有贮藏功能；豌豆复叶顶端的叶变成卷须，有攀缘功能；小檗属植物的叶变态成针刺状，起保护作用。

3. 叶的特性

树木的叶片具有相对的稳定性，但受外境条件、栽培措施的影响，植株上各部位的叶片，大小、厚度和营养物质的含量等方面存在较大差异。如由于树冠内外光照条件的不同，一般树冠内部的叶片多平展，与枝条所成角度大或近水平着生，叶片宽而薄，光合强度较低，在树冠郁闭情况下，易枯黄早落；而树冠外围的叶片，叶片肥厚，含束缚水多，与枝条所成角度小，较直立着生，光合能力强；肥水充足的树木，叶片大而厚，营养含量高，光合能力强，而管理粗放、肥水不足的树木，叶片情况正好相反。

在同一个新梢上不同部位的叶片，由于形成时期的环境条件和所获得营养物质不同，叶片生长状况也不一样，叶腋内腋芽的形成及其充实饱满程度和性状也有差异。一般新梢基部的叶片小，叶柄也短，光合效能低，其寿命一般较短，叶腋中常无正常腋芽；位于新梢中部的叶，叶片大，发育完善而健壮，光合能力强，叶腋内的芽发育充实良好；位于新梢近顶部的叶片渐小，光合能力较弱，由于温度降低，常常生长的不充实。

叶龄不同，光合能力也不同。植物生理学方面的研究表明，随着叶面积的增加，通常净光合速率随之增加，直到叶子完全展开，光合作用能力也就达到了最高峰，以后则随叶的衰老逐渐下降。叶的衰老过程中，光合作用能力的变化同叶内蛋白质含量的变化密切相关。叶的可溶性蛋白随叶的衰老而逐步分解，并以酰胺形式转移到其他器官，逐步表现出氮含量和净光合速率降低等一系列的生理生态特性。

叶片在一定程度上反映了树体的发育状况，国外就有利用"叶片分析法"来诊断树体的营养状况，因此，掌握叶片的生长规律和特征对于树木栽培养护有重要的作用。

二、叶片的寿命

叶片的寿命因树种而异，落叶树种的叶片寿命多为一个生长季（5～10个月），秋末即行脱落。一般认为，长的叶寿命是对高寒及养分、水分贫乏等胁迫环境的适应，而短的叶寿命和（或）落叶性被认为是植物为了快速生长以及对干旱或寒冬等季节性胁迫环境的适应结果。

叶片的寿命与常绿、落叶、森林植被纬度、垂直地带性分布存在一种内在联系机理。同种植物叶片就冠层平均叶寿命而言，常绿植物通常要高于落叶植物；在常绿植物中，针叶植物的叶寿命又往往高于阔叶植物；同种植物分布地的纬度和海拔越高，叶片寿命越长。

叶片的寿命与比叶面积、单位重量的叶氮含量密切相关，一般呈现明显的反比关系，并且这种关系普遍存在于各种针叶、阔叶树种以及草本植物。

常绿针叶植物叶寿命从植株顶部往下有逐步增加的趋势，通常在中下部枝龄较大的枝条上保留有寿命较长的针叶，而这类老叶通常存在于树冠荫蔽部分。叶寿命较短、光合能力较强的叶子则存在于光照充足的树冠上部或林缘树冠。有证据表明，森林叶面积指数与叶寿命大小存在显著正相关。在特定的气候和土壤条件下，植物群落为获得最大的群体光合生产必须保持其冠层具有合理的叶龄结构以维持最佳的氮素利用效率，即不同年龄叶子的合理比例。

因此，叶片的寿命是一个反映植物行为和功能的综合性指标，并被认为是植物在长期适应过程中为获得最大光合生产以及维持高效养分利用所形成的适应策略，综合反映了植物对各种胁迫因子（光、温、水、营养、大气污染等）的生态适应性。

三、叶幕的形成

叶幕是指叶在树冠内集中分布区而言。它是树冠叶面积总量的反映。园林树木的叶幕，随树龄、整形、栽培目的与方式不同，其叶幕形成和体积也不相同。幼年树，由于分枝尚少，内膛小枝存在，内膛通风透光良好，叶片充满树冠；其叶幕的形状和体积与树冠的形状和体积保持一致。叶幕的形态具体依树种而异（图1-6），自然界中，无中心干的成年树，叶幕与树冠体积并不相同，其枝叶一般集中在树冠表面，叶幕往往仅限冠表较薄的一层，一般呈弯月形叶幕。具中干的成年树，多呈圆头形；老年树多呈钟形叶幕。成林栽植树的叶幕，顶部成平面形或立体波浪形。为了使树冠通风透光或因上方有架空线的影响，常将树木整剪成杯状形，如栽培的桃花和架空天线下面的悬铃木、槐树等；用层状整形的，就形成分

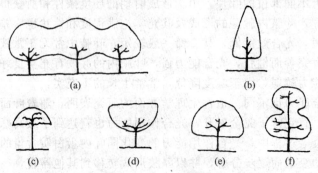

图1-6　树冠叶幕示意图

(a) 波浪形；(b) 塔形；(c) 伞形；(d) 杯状形；(e) 半圆形；(f) 层状形

层形叶幕；按圆头形整的呈圆头形、半圆形叶幕。藤木叶幕随攀附的构筑物形状而异。

落叶树木叶幕在年周期中有明显的季节变化。其叶幕的形成规律也是初期慢、中期快、后期又慢。叶幕形成的速度与强度，因树种、品种、环境条件和栽培技术的不同而不同。一般幼龄树长势强，或以抽生长枝为主的树种或品种，如桃以抽长枝为主，叶幕高峰形成较晚，树冠叶面积增长最快是在长枝旺长之后；树势弱、年龄大或短枝型品种，如梨和苹果的成年树以短枝为主，其树冠叶面积增长最快是在短枝停长期，故其叶幕形成早，高峰出现也早。

叶幕的持续时间因树木生物学特性不同而不同，落叶树木的叶幕，从春天发叶到秋季落叶，能保持5～10个月的时间；而常绿树木，由于叶片的生存期长，而且老叶多在新叶形成之后逐渐脱落，多半可达1年以上，叶幕比较稳定。对生产花果的落叶树木来说，应在生长前期迅速扩大叶面积，后期保持较高的有效叶面积，并要防止过早下降。

第七节　花 芽 分 化

木本植物一旦度过了幼年期就获得了开花结实的能力，此后即保持这种能力并成为一种季节性的物候现象。对于观花观果的树木来说，开花结果不仅是繁衍后代延续种群的需要，而且也是更好地发挥花木观赏功能的需要。这类树木开花结实的好坏，直接关系到园林种植设计效果的体现。

一、花芽分化的过程

1. 花芽分化的概念

对于任何一株在个体发育阶段已达到性成熟的树木，都自然具有形成性器官的能力——成花能力。与叶的起源一样，花也是起源于顶端或侧生分生组织，但导致成花和成叶的基础条件是不相同的。叶芽在满足其对成花生理条件的要求时，可以向成为花芽的方向转化。Loew（1929）曾指出，在一定的营养条件下，任一叶芽均可转化为花芽，但只有营养生长的高峰停止之后才可开始成花，而具体的成花时期则依树势、树种与品种特性以及外界条件的不同而异。但是，开始向花芽过渡的芽，一旦内外条件满足不了成花分化的要求，分化过程就可能中止，使已开始花芽分化的芽转回到叶芽的生理状态，或使已开始花芽形态分化的芽出现部分花器败育或发育不全。因此，在芽的分化过程中，当出现了花原始体——花原基的时候，只能说花芽分化有了基础。

由叶芽的生理和组织状态转化为花芽的生理和组织状态的过程，称为花芽分化。部分或全部花器官的分化完成称为花芽形成。外部或内部一些条件对花芽分化的促进作用称为花诱导。花芽生理分化完成的现象称为花孕育。花芽分化是重要的生命过程，是完成开花的先决条件，但在外形上是不易觉察的。花芽分化受树种、品种、树龄、培育水平和外界条件的影响。

对于观花观果树木来说，了解其花芽分化的规律，对于促进花芽的形成和提高花芽分化质量，增加花果生产具有重要意义，并可为冬季室内花枝瓶插水养催延花期，满足观赏需要提供可靠的和有预见性的生物学依据。

2. 花芽分化期

根据花芽分化的指标，可以把花芽分化期分为生理分化期、形态分化期及性细胞形成期。不同树种，其花芽分化过程及形态指标各异。分化标志的鉴别与区分是研究分化规律的重要内容之一。

（1）**生理分化期**　是指芽内生长点的生理代谢向分化花芽的方向变化的过程。据研究，生理分化期在形态分化期前1～7周（一般是4周左右）。生理分化期是控制分化的关键时期，因而也称为分化临界期。

（2）**形态分化期**　是指花或花器的各个原始体的发育过程。一般可分为分化初期、萼片形成期、花瓣形成期、雄蕊形成期、雌蕊形成期五个时期。上述后两个形成期，有些树种延续时间较长，一般在第二年春季开花前完成。

（3）**性细胞形成期**　这一时期性细胞要经过冬春一定低温（温带树木0～10℃，暖温带树木5～15℃）累积条件，形成花器和进一步分化、完善与生长，再在第二年春季萌芽后至开花前，在较高的温度下，才能完成。如苹果，在花序分离时，其花粉母细胞和雌蕊胚囊才形成。因此，早春树体营养状况很重要。如果条件差，有时也会发生退化现象。一年多次开花的植物，可在较高温度下形成花器和进一步分化、完善与生长。

3. 花芽分化的季节型

树木的花芽分化与气候条件有着十分密切的关系，而不同树种对气候条件有不同的适应性。因此，花芽分化开始时期和延续时间的长短，以及对环境条件的要求，因树种与品种、地区、年龄等的不同而异。根据不同树种花芽分化的季节特点，可以分为以下四种类型。

（1）**夏秋分化型**　绝大多数早春和春夏间开花的树木，如仁果类、核果类的果树和某些观花的树种、变种，如海棠类、榆叶梅、樱花等，以及迎春、连翘、玉兰、紫藤、丁香、牡丹等花木多属此类。它们都是于前一年夏秋（6～8月）间开始分化花芽，并延迟到9～10月完成花器分化的主要部分。但也有些树种，如板栗、柿子分化较晚，在秋天还只能形成花原始体而看不到花器，延续时间更长。这类树木花芽的进一步分化与完善，还需要经过一段低温，直到第二年春天才能进一步完成性器官的发育。有些树种的花芽，即使由于某些条件的刺激和影响，在夏秋已完成分化，但仍需经低温后才能提高其开花质量。如冬季剪枝插瓶水养，离其自然花期越远，开花就越差。

（2）**冬春分化型**　原产暖地的某些树木，如柑橘类，需从12月至次年春季期间分化花芽，其分化时间较短且连续进行。这一类型中的有些树木延迟到年初分化，而在冬季较寒冷的浙江、四川等地，有提前分化的趋势。

（3）**当年分化型**　许多夏秋开花的树木，如木槿、槐、紫薇、珍珠梅、荆条等，都是在当年新梢上形成花芽并开花，不需要经过低温。

（4）**多次分化型**　在一年中能多次抽梢，每抽一次，就分化一次花芽并开花的树木。如茉莉花、月季、枣、葡萄、无花果等，以及其他树木中某些多次开花的变异类型，如四季桂、三季梨等。这类树木，春季第一次开花的花芽有些是前一年形成的，各次分化交错发生，没有明显的停止期，但大体也有一定的节律。

二、树木花芽分化的一般规律

1. 花芽分化的长期性与不一致性

大多数树木的花芽分化期并非绝对集中于一个短的时期内，而是相对集中而又有些分散，是分期分批陆续分化形成的。这就意味着在同一棵树上花芽分化的动态很不整齐，分化成熟的时期当然也不一致。比较一致的看法是，新梢停止生长的早晚是衡量花芽形成与分化进展状况的一个重要标志。因此，形态分化期出现的不均衡性，显然与顶芽停止生长时期出现的早晚有关。

有些树木，如苹果花芽的质量取决于冬前已达到的分化程度。一般情况下，植株落叶休眠之前，大部分花芽已形成雌蕊原基，但也有一部分成花晚的芽，只能达到刚形成雄蕊原基或甚至只形成花瓣原基的程度。这些分化不太完善的花芽，在冬春期间仍可继续分化，翌年可正常开花。但如芽内花原基出现太晚，到休眠时仅能出现花萼原基，那么这些分化极度不完全的芽，翌年只能抽枝长叶，不能开花。

在冬季花芽受一定的低温作用后，翌年春季又继续进行芽内花器分化。首先是雄蕊孢原组织的花粉母细胞分化和雌蕊中开始出现胚珠突起。以后各个花器逐渐完善，相继达到发育完全的程度。到花序开始分离，雄蕊内的花粉母细胞已经形成，并开始进行减数分裂。同时雌蕊中形成了胚珠孢原细胞，数日后雄蕊内四分体出现，雌蕊中胚囊形成。至此，各个花器官均已发育完善，数日后即可开花。

许多研究表明，如果给予有利的条件，已开花的成年树木几乎在任何时候都可进行花芽分化。如山桃、连翘、榆叶梅、海棠类、丁香等开花后适时摘叶可促进花芽分化，秋季可再次开花。

此外，葡萄、枣、四季橘、柠檬、金柑，以及某些梨品种（三季梨、巴梨等）一年多次发枝并多次形成花芽，也就可以在一年内多次结果。

树木花芽分化的长期性，除了为多次结果提供理论根据外，也为控制花芽分化数量并克服大小年提供了更多的机会。

2. 花芽分化的相对集中性和相对稳定性

各种树木花芽分化的开始期和盛期（相对集中期），在北半球不同年份有差别，但并不悬殊。例如桃大多集中在7～8月，柑橘在12～翌年2月。花芽分化的相对集中和相对稳定性与气候条件和物候期有密切关系。通常多数果树在每次新梢停长后（包括春梢、夏梢、秋梢）和采果后各有一个分化高峰，有些树木则在落叶后至萌芽前利用贮藏养分和适宜气候条件进行分化，如栗类和暖地的苹果等。这些特性为制订相对稳定的果园管理措施提供了理论依据。

3. 花芽分化临界期——生理分化期

在此时期生长点原生质处于不稳定状态，对内因、外因均高度敏感，是易于改变代谢方向的时期，因此在花后2～6周（Williams，1973），也就是大部分短枝开始形成顶芽到大部分长梢形成顶芽的一段时期。陕西武功多数苹果品种花芽分化临界期在5月中旬至6月上旬。柑橘花芽分化临界期大约在果实采收前后。

4. 一个花芽形成所需要的时间

一个花芽形成所需时间因树种而异。从生理分化到雌蕊形成所需时间，苹果需1.5～4个月，芦柑需0.5个月，雪柑约2个月，福柑需1个月，甜橙4个月左右。梅花为7月上中旬至8月下旬，牡丹为6月下旬至8月中旬。

5. 花芽分化早晚与树龄、部位、枝条类型和结实大小年的关系

树木花芽分化期不是固定不变的，一般幼树比成年树晚。同一树上短枝早，中长枝及长枝上腋花芽形成的时间依次后延，腋花芽比短果枝要晚半个月。一般停止生长早的枝分化早，但花芽分化多少与枝长短无关，大年枝梢停止生长早，但因结实多，使花芽分化变晚。

三、影响花芽分化的因素

（一）影响花芽分化的内部因素

大多数植物茎尖分生组织的生长模式从营养生长转变为生殖生长是受来自茎尖以外器官组织的各种信号调控的。成花过程不需低温春化的植物在这种转变过程中，叶起关键作用。叶是光的主要感受器官，对光质、光周期和辐射强度很敏感。成花过程需要低温春化的植物的这种转变过程，叶的作用必须建立在茎尖的春化基础上，而茎尖对低温发生反应。此外，根是水分胁迫等的感受器官，其作用可能对各种植物成花都很重要。不同植物在同一条件下或同一植物在不同环境条件下是以不同的方式完成这种转变的，这表明在不同植物的成花过程中，各种器官（茎尖、叶和根）等起的作用以及各器官间的相互作用方式不同。

1. 花芽形态建成的内在条件

由简单的叶芽转变为复杂的花芽，是一种由量变到质变，由营养生长转向生殖生长的过程。根据生物学的一般规律和有关花芽分化的研究成果，这种转变过程需要具备以下条件。

（1）要有比形成叶芽更丰富的营养物质，包括光合产物、矿物质盐类以及由以上两类物质转化合成的各种糖类、各种氨基酸和蛋白质等。

（2）代谢方向的转变，高的 C/N 已认为是许多植物成花转变过程的决定因素之一。

（3）依赖于内源激素的动态平衡或顺序性变化。

（4）遗传基因的控制，基因是代谢方式和发育方向的决定者，花芽形成时 RNA/DNA 比值大。

2. 不同器官的相互作用与花芽分化

（1）枝叶生长与花芽分化　树木花芽的形成，必须是以良好的枝叶生长为基础，以满足根系、枝干以及花果等光合产物的需求，然后才能形成花芽。研究表明，健壮生长的果苗比弱小的果苗，定植后可以早开花结果。这说明良好的营养生长，为幼树转向生殖生长奠定了物质基础。但营养生长过旺，则不能积累足够的营养物质而形成花芽。新梢摘心或去幼叶都有利于花芽分化，这是因为摘心和去幼叶是为了降低生长素和赤霉素的含量，抑制新梢生长，促进营养物质的积累有利于花芽分化。一般认为生理分化期的早晚与枝条停止生长的早晚成正相关。因为新梢生长停止前后的代谢方式不同，在生长停止前是营养消耗占优势，生长停止后是积累占优势。

（2）开花结果与花芽分化　开花和结果会消耗大量的营养物质，从而造成根系生长弱并限制新梢的生长量。所以开花量的多少会间接影响新梢停止生长后花芽分化量和果实的发育。

（3）根系生长与花芽分化　根系生长与花芽分化成正相关，吸收根越多，则根系合成的蛋白质和细胞分裂素就越多，树体内蛋白质和细胞分裂素含量高会促进花芽分化。反之，如果根系生长不良，吸收根少，根系的吸收能力下降，蛋白质和细胞激动素合成受到抑制，则会抑制花芽分化。

（二）影响花芽分化的外部因素

外部条件可以影响内部因素的变化，并刺激有关开花的基因，然后在开花基因的控制下合成特异蛋白质，从而促进花芽分化。

1. 光照

光照对树木花芽形成的影响是很明显的，如有机物的形成、积累与内源激素的平衡等。光对树木花芽分化的影响主要是光量、光照时间和光质等方面。光对花芽分化的作用有广泛的依据，对苹果、桃、蜜柑遮光都减少了花芽的数量，降低了分化率。柏属和葡萄属对光有一定的要求，在强光下花芽分化率较高。

许多树木对光周期并不敏感，其表现是迟钝的。光周期并不影响苹果和杏的成花，只是长日照下花芽多些。黑醋栗等少数树种是短日照植物，当减少日照长度，则赤霉素水平降低，而脱落酸提高。松树的雄花分化需要长日照；而雄花分化需要短日照。

强光对新梢内生长素的合成起抑制作用，这是抑制新梢生长和向光弯曲的原因。紫外线钝化和分解生长素，从而抑制新梢生长，促进花芽形成，所以在高海拔地区，开花早，生长停止得早，树体矮小。

2. 温度

温度影响树木一系列生理活动，如光合作用、根系的生长和吸收及蒸腾作用，也影响激素的水平等。

不同树种花芽分化时需要的温度不同。苹果的花芽分化温度，一般品种要在20℃左右；大体上分化开始期的平均温度在20℃左右，分化盛期（6～9月）平均温度稳定在20℃以上，最适温在22～30℃。秋温降到20～10℃时，分化减慢，平均气温10℃以下时，分化停滞。杏在人工控制环境下，在24℃时比16℃时分化高40%；杜鹃花要求在19～23℃分化花芽，栀子花在15～18℃的夜温条件下才能形成花芽，高于21℃就不行；叶子花需在15℃条件下形成花芽；八仙花在10～15℃并有充足光照时分化，18℃以上则不能。

3. 水分

水分过多不利于花芽分化，夏季适度干旱有利于树木花芽形成。如在新梢生长季对梅花适当减少灌水量（俗称"扣水"），能使枝变短，成花多而密集，枝下部芽也能成花。

对于适度干旱能成花的原因有不同解释：有人认为，在花芽分化临界期行短期适度控水（60%的田间持水量），可抑制新梢生长，使其停长或不使其徒长，有利于光合产物累积，导致碳氮比增加；有人认为，缺水能使生长点细胞液浓度提高，有利成花；也有人认为，缺水能增加氨基酸，尤其是精氨酸水平，有利于成花。缺水也影响内源激素的平衡。在缺水的植物中，脱落酸含量高，抑制赤霉素和淀粉酶，这与苹果花芽分化时淀粉含量高、赤霉素含量低相吻合。

4. 矿质营养

植物生长发育所必需的元素中，多数对植物花芽分化有影响。施硫酸铵，可以促进苹果的生根和花芽分化。此外，氮对黑醋栗、樱桃、葡萄、杏、甜柚等均能促进成花。氮对成花作用的关键是施氮肥的时间以及与其他元素配比是否正确。营养元素相互作用的效果，对成花也是很重要的。董运斋等（2007）采用正交试验设计研究了氮、磷、钾不同用量配比对大花蕙兰花芽分化和开花品质的影响，得出在该试验条件下，钾肥对大花蕙兰花芽分化影响最大，不同水平之间对花芽数的影响达到显著差异；氮肥次之，磷肥最小。

磷对成花的作用因树而异，苹果施磷肥促进成花，而对樱桃、梨、李、柠檬、板栗、杜鹃花等无反应。此外，一些植物的花芽发育和开花还与铁、锰等元素的含量有关，苹果枝条灰分中钙的含量和成花量成正相关。

5. 生长调节剂

植物生长调节剂现已被广泛应用于植物生产中的花芽分化调控。彭桂群等（2000）对"平阴"玫瑰的研究表明，增加植物体内的脱落酸、玉米素的含量或降低生长素、赤霉素的含量，都可以促进玫瑰的花芽分化，反之则抑制其花芽分化。李秀菊（2001）证明，GA可使一些需低温春化的植物在常温下抽薹开花，使一些短日植物在长日下开花。

乙烯对成花是促进还是抑制，与植物有关。凤梨科的植物花的形成被乙烯促进；外施乙烯利可以促进鸢尾和果子蔓属的植物开花。但是，乙烯的促进效应不是单独起作用的，至少与低温有关。多胺作为具有活性的物质，在植物花芽分化转变中起调控作用。Aribaud（1994）发现，在菊花花芽创始时多胺含量增加，多胺抑制浮萍开花的效应随浓度而增加，其中精胺作用最大，腐胺最小。但多胺对花芽分化的作用机理目前还没有统一的认识。

四、控制花芽分化的途径

花芽分化既受树体的内部因素影响，又受外部环境条件的影响。要有效地控制花芽分化，必须通过各种栽培技术措施，充分利用花芽分化长期性的特点，抓住控制花芽分化的关键时期，控制和调节树木生长发育的外部条件和平衡树木各器官间的生长发育关系，从而达到控制花芽分化的目的，例如通过繁殖方法、砧木选择、适地适树、整形修剪、水肥调控及生长调节剂的使用等。

(1) 繁殖方法 可采用营养繁殖的方法，不但可以保持母本的优良性状，成苗迅速，开花结果时间也比实生苗早。如嫁接繁殖可使一树多种、多头、多花，提高嫁接苗的观赏价值。

(2) 砧木的选择 乔化砧可以推迟嫁接苗的开花、结果期；矮化砧则能促进嫁接苗提前开花、结实。

(3) 适地适树 树木根系深入土层的深浅和范围与树木开花结实有很大关系，而影响根系分布深度的主要条件是土层的有效厚度和其他理化性质。通过深挖扩穴，熟化土壤，改善根系的生长环境，促进根系生长，进而促进花芽分化。

(4) 整形修剪 适当开张主枝角度、环剥、摘心、轻重短截、疏剪等修剪措施都会影响树木花芽分化的进程。

(5) 水肥调控 树龄不同，水肥的施用策略也有不同。以苹果为例，幼树生长旺盛，花芽分化期比成年树迟 2～3 个月，应着重施用磷、钾肥，少施氮肥，控制灌水量；对于成年树，特别是大龄树，要抓紧花芽分化临界期施肥（铵态氮肥和磷、钾肥）和保证水分供应，同时又要充分利用采果前后至落叶前的有利时机，采取保叶和加强后期营养（追肥）。

(6) 生长调节剂 生长调节剂种类繁多，对树木的生长发育有不同的作用。使用赤霉素可抑制多种树木的花芽分化，如对苹果、梨、樱桃、杏、柑橘、葡萄、杜鹃属等能促进生长，抑制成花。但花芽减少和促进生长比例间无规律，甚至还有促进生长、同时花芽也多的情况。赤霉素对针叶树的柏科和杉科则有明显的促进成花作用。生长素和细胞分裂素对树木成花无明显效果。而施生长抑制剂，如 B_9（阿拉）、CCC（矮壮素）、乙烯等，可抑制枝条生长和节间长度，促进成花。苹果用阿拉、三碘苯甲酸（TIBA）、青鲜素（马来酰肼，MH）和矮壮素、乙烯利等可促其成花。柑橘类和梨、杜鹃用阿拉、矮壮素可促进成花。

(7) 疏花疏果 花果过多，消耗营养物质多，不利于树体的发育，疏花、疏果调整了营养物质的分配，有利于新梢的生长和花芽分化。

对于任何以开花结果为主要栽培目的树种，都要抓住"分化临界期"这一关键时期，合理进行修剪，改良土壤理化性质，加强肥水管理，适当使用生长调节剂，控制花芽分化。

五、树木的开花

树体上正常花芽的花粉粒和胚囊发育成熟，花萼和花冠展开，这种现象称为开花。不同树木开花顺序、开花时期、异性花的开花次序以及不同部位的开花顺序等都有很大差异。

1. 开花顺序

(1) 不同树种的开花顺序 同一地区的不同树种在一年中的开花时间早晚不同，除特殊小气候环境外，各种树木每年的开花先后有一定顺序。

(2) 不同品种开花早晚不同 同一地区同种树种的不同品种之间，开花时间也有一定的差别，并表现出一定的顺序性。有些品种较多的观花树种，可按花期的早晚分为早花、中花和晚花三类。在园林树木栽培和应用中也可以利用其花期的差异，通过合理的配置来延长和改善其美化效果。

（3）同株树木上的开花顺序　同一树木个体上不同部位开花早晚有所不同，同一花序上的不同部位开花早晚也可能不同。这些特征多数是有利于延长花期的，掌握这些特性也可以在园林树木栽培和应用中提高其美化效果。

2. 开花类型

树木在开花与展叶的时间顺序上也常常表现出不同的特点，常分为先花后叶型、花叶同放型和先叶后花型三种类型。在园林树木配置和应用中也应了解树木的开花类型，通过合理的配置，提高总体的美化效果。

（1）先花后叶型　此类树木在春季萌动前已经完成花器分化。花芽萌动前不久即开花，先开花后展叶。如银芽柳、迎春花、连翘、山桃、梅、杏、李、紫荆等，有些能形成一树繁花的景象，如玉兰、山桃花等。

（2）花叶同放型　此类树木开花和展叶几乎同时完成，花器也是在萌芽前已完成分化，开花时间比前一类稍晚。多数能在短枝上形成混合芽的树种也属此类。混合芽虽先抽枝展叶后开花，但多数短枝抽生时间短很快见花。

（3）先叶后花型　此类树木多数是在当年生长的新梢上形成花器并完成分化，萌芽要求的气温高，一般于春秋开花，是开花最迟的一类，有些甚至能延迟到晚秋。如木槿、紫薇、凌霄、槐、桂花、珍珠梅、荆条。

3. 开花次数

多数园林树木每年只开一次花，特别是原产温带和亚热带地区的绝大多数树种，但也有一些树种或栽培品种一年内多次开花，如月季、柽柳、四季桂、佛手、柠檬等，紫玉兰中也有多次开花的变异品种。

每年开花一次的树木种类、如一年出现第二次开花的现象称为再度开花、二度开花，我国古代称作"重花"。常见再度开花的树种有桃、杏、连翘等。偶见玉兰、紫藤等出现再度开花现象。树木出现再度开花现象有两种情况：一种是花芽发育不完全或因树体营养不良，部分花芽延迟到夏初才开，这种现象一般发生在某些树种的老树上；另一种通常是由于气候原因导致的再度开花，如进入秋季后温度下降但晚秋或初冬发生气温回暖，一些树木花开二度。

第八节　树木各器官生长发育的相关性

植物个体生长发育过程中，个体的某一部分或器官往往会相互作用，表现为互相抑制或互相促进，这种现象在植物生理学上称之为植物生长发育的相关性。植物的相关性是由于树体内营养物质的供求关系和激素等调节物质共同作用的结果。树木各器官间生长发育的这种互相依赖又互相制约的表现，是树木有机体整体性的表现。

最普遍的相关现象包括地上部分与地下部分、营养生长与生殖生长、各器官间的相关等。

树木生长的相关性是制定合理栽培措施的重要依据之一。例如在控制树木花芽分化的过程中，通过夏季摘心，可以促进花芽分化，而这个栽培目的的实现就是通过抑制枝条生长、改变树体营养物质的分配和激素的合成而达成的，这一过程充分体现了树体各器官间的相关性。因此，掌握和利用树木各器官间的相互关系，可以实现栽培目的，获得理想的栽培效果。

一、地上部分与地下部分的相关

地下部根系与地上部各器官的相关性是树木各器官相互关系中最为显著的，"本固则枝荣"，这充分显示了两者间辩证统一的关系。实际上，地上部与地下部关系的实质是树体生长交互促进的动态平衡，是存在于树木体内相互依赖、相互促进和反馈控制机制决定的整体过程。

根系能合成多种蛋白质和激素，直接或间接影响树体地上部分的代谢过程，促进枝条生长。如果地下部根系遭到破坏，常常会导致地上部枝叶生长弱或偏心生长等现象，严重时不能恢复平衡而导致死亡。根系生长发育所需的营养物质和某些特殊物质，主要是由地上部叶子进行光合作用所制造的。在生长季节，如果在一定时期内，根系得不到光合产物，就可能因饥饿而死亡，因而必须经常进行上下的物质交换。树木地上部分和地下部分是一个整体，它们之间存在着密切的相关关系，在生长量上保持着一定的比例，称为冠根比或枝根比（T/R）。冠根比越大，根的活性越强。如果受外界环境件和人为因素的影响，如病虫害、自然灾害及修剪等，使原有的协调关系遭到破坏，则常出现新器官的再生，以恢复其平衡。

在壤土中，一般树木的冠根比（T/R）多为3～4，但树木的冠根比（T/R）常随树种或品种、树龄、土壤条件及其他栽培措施而变化，特别是土壤的质地与通透性对树木的冠根比有明显的影响。土壤通透性越好，冠根比越小，如生长在沙地上的苹果树，冠根比为0.7～1.0；黏土地上则为2.1。冠根比还随树龄而变化，通常从幼年起随树龄的增长，冠根比有所增加，至成年期后，保持相对稳定的状态。栽培技术措施也可以调节地上部和地下部的生长。在土壤通气良好、磷肥供应充足、水分较少、氮肥适当、温度较低疏花疏果等条件下有利于根系生长。反之，如适当疏枝、短截修剪、提供充足氮肥和水分、减少磷肥、在较高温度条件下，则有利于地上部枝叶的生长。

树木的冠幅与根系的水平分布范围也有密切关系。这种关系虽因树种和环境条件而异，但一般根系的水平扩张大于树冠，而垂直伸长则小于树高。地上部分的主枝与地下部分的骨干根有局部对应关系。即在树冠同一方向，如果地下部枝叶量多，则相对应的根也多。俗话说"那边枝叶旺，那边根就壮"。这是因为同一方向根系与枝叶间的营养交换有对应关系之故。

地上部与根系间存在着对养分相互供应和竞争关系。但树体能通过各生长高峰错开来自动调节这种矛盾。根常在较低温度下比枝叶先行生长。当新梢旺盛生长时，根生长缓慢；当新梢渐趋停长时，根的生长则趋达高峰；当果实生长加快，根生长变缓慢；秋后秋梢停长和采果后，根生长又常出现一个小的生长高峰。

二、营养生长与生殖生长的相关

树木的根、枝干、叶和叶芽为营养器官，花芽、花、果实和种子为生殖器官。树木的营养生长是生殖生长的物质基础，树木需经过一段时间的营养生长才能进行生殖生长，生殖器官所需要的营养物质是由营养器官供应的，树木营养器官的发达是开花结实丰盛、稳定的前提。虽然营养器官和生殖器官在生理功能上有区别，但它们的生长发育都需要大量的光合产物，因此，在营养物质上两者存在明显的竞争关系。园林树木栽培和管理中，为了实现不同园林树木的栽培目的和要求，通过合理的栽培和修剪措施，调节两者之间的关系，使营养生长与生殖生长之间形成一个合理的动态平衡。

如果枝条生长过旺或停止生长过晚，造成营养消耗多而积累少，运往生殖器官的营养量少，会抑制花芽分化和花器发育，影响树木花、果的数量和质量。树木的营养生长受气候、土壤条件和栽培措施的影响，在干旱或长期阴雨、光照不足、水肥施用不合量、修剪不当等情况下，树体的营养生长都会受抑制，进而影响生殖器官的生长发育。但如果结实过多，就会对全树的长势和花芽分化起抑制作用，并出现开花结实的"大小年"现象，大量结实对营养生长的抑制效应，不仅表现在结实的当年，而且对下一年或下几年都有影响。所以在树木养护过程中，在控制肥水的基础上，花芽和叶芽需要保持适当的比例，以调节养分需求矛盾。

三、各器官间的相关

树木各器官间是互相依赖、互相制约和互相作用的，这种相关的表现是普遍存在的。它也体现了树木整体的协调和统一。

(1) 根端与侧根相关　根端的生长对侧根的形成有抑制作用。切断主根先端，有利促进侧根，断侧生根，可多发些侧生须根。苗圃中的实生苗从播种开始到最后的出圃，经过多次移植，根系中须根数量较多，因此栽植成活率较高；一些壮、老龄树，土壤深翻时切断一些一定粗度的根，有利于促发吸收根，提高根系的吸收能力，增强树势，有利于老树的更新复壮。

(2) 顶芽与侧芽相关　幼年树木具有明显的顶端优势，顶芽通常生长较旺，侧芽相对较弱。除去顶芽，则优势位置下移，并促使较多的侧芽萌发。短截可以削弱树体的顶端优势，促进分枝。

(3) 枝量与叶面积相关　枝是叶片着生的基础，在相同树种或相同砧木上，某一品种的节间长度是相对稳定的，因此就单枝来说，枝条越长，叶片数量越多；从总体上看，枝量越大，相应的叶面积也就越大。

(4) 枝条生长与花芽分化相关　枝条生长与花芽分化之间存在着密切的关系。枝条是进行花芽分化的物质基础，随着枝条的生长，树木的光合能力增强，为花芽分化提供了丰富的营养物质，有利于花芽分化。在自然生长发育过程中，树木的花芽分化多在枝条生长缓慢和停止生长时开始，如果枝条生长过旺或停止生长过晚，消耗营养物质过多，又能抑制花芽分化。枝条的发育状况也对花芽分化有影响，一般来说，发育比较粗壮且分枝适当平斜的中、短枝，在生长前期如果可以及时停止生长则容易形成花芽；相反，生长细弱和过量的直立性长枝，难以形成花芽。在实践中可以通过改变枝向或角度，使用矮化砧，以及利用生长调节剂等，都可以减弱和延缓枝条的生长势，促进花芽分化。

(5) 叶面积与果实相关　增加叶果比可增加单果重量，许多试验证明了这一点，但叶果比与单果重量的关系并非是简单的线性关系，叶与果的数量需要保持一定比例，才可以既可增加果实的重量，也能保证正常的产量。一般认为，叶（片）果比为 20～40 时，可以保证果实的品质和产量。在实际栽培应用中，需要根据树种、气候、土壤条件的差异，保持相应的叶果比。

综上所述，树体各部位和器官的相关性有以下特点。

① 树木生长发育具有整体性，各器官间相互依存。
② 在不同的物候期，树木的生长具有阶段性。
③ 因结构和功能的不同，各器官的生长保持相对独立性。

第二章　园林树木的选择与生态配置

第一节　园林树木的树种选择

城市园林建设中，合理选择树种是影响树木栽植成败的关键环节，直接关系到园林树木的绿化质量及其各种效应的发挥，因此了解如何正确选择树种是学习园林树木栽培的重要内容。树种选择合理，立地或生境条件能够满足树木生态要求，树木就可以旺盛生长，发育正常，提高绿化、美化效果，更可以节约前期建设投入和后期的养护管理费用；反之，如果选择不当，树木栽植成活率低、后期生长不良，不仅影响观赏特性的正常发挥，同时也难以发挥其美化环境及改善环境的功能，并且会浪费劳力、种苗和资金。树种选择上必须建立在了解树木生态习性的基础上进行，盲目追求某种效果而做出的错误决定，有可能造成无法弥补的损失。在我国，这方面的教训十分深刻，如一些城市为了营造所谓的热带、亚热带情调，不顾地域上的差异大量引种热带树种带来了无穷的隐患。树木生长周期长，而且要长期发挥效益，从某种意义上讲，树木越老，价值越高。因此，栽植树种的选择，可以说是"百年大计"，甚至"千年大计"的开端，必须认真对待。

一、树种选择的基本原则

长期的园林树种栽培实践和科学研究已证明，园林树种的选择，一方面要考虑树种的生态学性，另一方面要使栽培树种最大限度地满足生态与观赏效应的要求。前者是树种的适地选择，后者则是树种的功能选择。园林建设树种的选择应能够适应栽植地的立地条件，满足栽培目的，所选择的树种应来源广、成本低、繁殖和移栽较容易。也就是说，园林树种的选择应满足适应性、功能性、经济性三条基本原则。

（一）适应性原则

《园冶》中开始就提到"相地合宜，构园得体"，造园首先要因地制宜，树种的选择也应该这样。先要根据不同的环境条件、不同的气候条件、不同的绿地性质、功能和造景要求或不同景区的特点，合理地选择树种，做到"适地适树"。

适地适树就是使栽植树种的特性，主要是生态学特性与栽植地的立地条件相适应，以充分发挥生产潜力，达到该立地在当前技术、经济条件下的较高水平，以充分发挥所选树种在相应立地上的最大的生长潜力、生态效益与观赏功能。"适地适树"是园林栽培工作的一项基本原则，是其他一切养护管理工作的基础。

适地适树中的"地"，是指树种所生存的环境因子的综合，包括气候、地形、土壤、水文、生物、人为因子等。"地"和"树"是矛盾统一的两个方面，它们之间的平衡是相对的、动态的，既不可能有绝对的融洽，也不可能有永久的平衡。树木与生境的某些矛盾贯穿于树木整个生长过程。达到适地适树要求，就是要求园林工作者通过采取有效的措施，使"地"和"树"之间的矛盾在树木生长的主要过程中相互协调，使树木生长的需求与立地环境达到平衡，产生好的生物学和功能效应。但是这种人为措施的作用受一定的经济与技术条件制约，其作用不应被过度夸大。

衡量适地适树的标准有两种。第一种是生物学标准，即树木栽植后能够成活，可以正常进行营养生长和生殖生长，适应定植环境，对不良环境因子具有较强的抗性，具有相应的稳定性。第二种是功能标准，包括生态效益、观赏效益和经济效益等栽培目的的要求达到最大程度的满足。生物学标准是功能标准的基础，只有树木栽植成活，健康生长，才能完成各种功能效益要求；反之，如果功能标准达不到要求，栽植也失去了意义。

需要指出的是，我国许多地区栽植树种都过分看重人的力量，片面强调通过各种人为措施来改造立地环境以满足树木生长的需求，忽视"适地适树"这一基本原则，导致栽植成活率低，树木生长不良，树木的功能效益无法发挥。

（二）功能性原则

所选择的树种应具备充分满足栽培目的的功能要求，生活水平的日益提高导致对园林绿化的要求也不断提高，园林绿化的效果不仅要给人以"美"的享受，更要符合提供最大生态功能的要求。园林树木的观赏特性是植物造景的基本要素，主要由树形、叶色、枝干和花果的形状、色泽、香气等要素构成。鉴于当前城市生态环境的严峻形势，要特别注意改变以往只注重观赏效果、过分强调观赏植物造景的做法，从充分发挥树木的生态价值、环境保护价值、保健休养价值、游览价值、文化娱乐价值、美学价值、社会公益价值、经济价值等方面综合考虑，有重点、有秩序地以不同植物材料组织空间，在改善生态环境、提高居住质量的前提下，满足其多功能、多效益的目的。

（三）经济性原则

城市园林绿化以生态效益和社会效益为主要目的，但这并不意味着可以无限制地增加投入。任何一个城市的人力、物力、财力和土地都是有限的，需遵循经济原则，才可能以最少的投入获得最大的生态效益和社会效益。

树种或品种确定后，应尽量在与栽植区生态条件相似的地区选择树苗，避免远途购苗。如果确实需要从外地调运苗木，必须细致做好苗木包装保护工作，严防根系失水过度，影响定植成活率。

多选用寿命长、生长速度中等、耐粗放管理、耐修剪的植物。除了某些特殊地段外，少用阴性植物或采用阳性植物和耐荫植物混种。在街道绿化中将穴状种植改为带状种植，尤以宽带为好。这样可以避免践踏，为植物提供更大的生存空间和较好的土壤条件，并可使落叶留在种植带内，避免因焚烧带来的污染和养分流失，还可以有效地改良土壤，同时对减尘、减噪有很好的效果。

合理组合多种植物，配置成复杂层结构，并合理控制栽植密度，以防止由于栽植密度不当引起某些植物出现树冠偏冠、畸形、树干扭曲等现象，严重影响景观质量和造成浪费。

二、树种特性与树种选择

在城市园林绿化建设中，应注意选择乡土树种和外来树种相结合。乡土树种能很好地适应当地条件，生长良好，并因乡土树种具有地域文化的内涵，所以最能突出地方特色，最容易形成独特的城市园林风格和城市个性。然而城市的发展则常常促使人们愈来愈热衷于从外地引种新、奇、特的植物，这就要求除了掌握上述树种选择的几个主要原则外，还应注意树体的大小、特性和叶、花、果的特点以及养护成本。

（一）养护成本

在特定的环境及管理条件下，不存在完美的树种，每一种园林树木都有它的优点和缺点，因此选择树种时要考虑它的功能效益与养护成本的关系。例如，有些野生大树移植成活率低，栽后需复杂养护措施；有些树种极易遭受病虫害的危害而防治工作量大；有些树种对水分需求过高，需经常灌溉；而有些树种其木质部强度较低，容易受到风、雪等自然因素的干扰，而必须加强管护等。因此，不同树种的组合与今后投入的养护费用有密切的关系，如果在养护经费上不能保证，就应该放弃那些今后必须投入大量人力、物力来进行养护管理的树种，而选择其他具有相似美学特性的养护成本相对较低的树种，如此才能保证园林绿地植物群落的稳定并发挥预期的功能。

（二）树体大小

树体大小一般是指处于生长发育盛期的乔木或灌木达到壮龄时的树木高度、树冠的大小。树种不同，达到壮龄时树体的大小也不同，种植设计时必须依据树种达到壮龄时树体的大小，否则若干年后设计时预留的空间就无法满足树木的需要，此时，必须采取额外的措施才能控制树体的大小，维持原有的景观效果。例如过度生长的乔木、灌木，常因阻挡了附近建筑的视野和景色而破坏设计效果；植株过大可能会影响围栏、排水沟、人行道和地面铺装，也会导致林冠下层植物的水分和光照条件的进一步恶化。

目前，为了可以尽快达到绿化效果，园林树木的栽植密度较大，但过于密植的后果是树木对空间、水分、养分会发生激烈竞争，这种竞争往往会导致一部分树木生长不良，甚至死亡。如果不采取必要的措施来协调树木之间的竞争关系，园林景观的效果将不复存在。因此，密植需考虑树木生长速度、树体大小与景观设计要求之间的关系。

（三）根系特性

根系是植物在进化过程中适应定居环境而发展起来的重要器官。根据树木根系分布特征，可分为浅根型和深根型两种类型。浅根的大树易被风刮倒，还会抬高表层土壤，造成对地表铺装与建筑物的破坏。

柳、白杨、白玉兰等深根型树种根系因扩展迅速而容易损害城市的地下设施，能穿过下水道管内的裂缝并很快形成纤维状的大块根堵塞管道，由此澳大利亚水利工程法规曾列出100种禁止在离下水道2m内栽植的乔灌木树种。

（四）观赏特点

主要指树形以及叶、花与果的观赏效果。不同大小、形状、颜色的树叶丰富了树木的观赏性，目前园林建设中流行运用金叶女贞、金叶黄杨、火炬树、金叶接骨木、紫叶李、中华金叶榆、花叶复叶槭等彩叶树木。

观花、观果的树木历来是园林的首选树种，但有些植物的花易引起过敏反应；有些浆果招惹鸟类，使树下的环境脏乱；还有些果实破碎后很臭或者难以清除，这些因素都应成为树种选择的考虑因素。一个典型的例子是银杏，其秋季叶色金黄、树形优美、抗污染、病虫害少、适应性广，一直是园林树木中的珍品，但在美国树木价值评价体系中，银杏雄株和雌株的价值系数要相差2倍，原因就是银杏的假果皮散发难闻的气味，不适合作行道树和种植在庭院中，由于经常发生居民抱怨而不得不更新，错误的选择成为城市树木群落的不稳定因素。

（五）树木的功能

就生态功能而言，主要包括对小气候的影响及减少大气污染等作用，不同树种的生态功能有很大的差异，主要取决于树冠的大小、叶量的多少以及树木的生长与生产特点。厚的、有软毛的、蜡质的叶能提高植物抗旱能力，大而稠密的叶能提供良好的遮阳效果，并有良好的降尘作用；常绿树种因冬季有叶片而防风效果好。需特别注意的是，有些树木会释放污染大气的物质，如一些易挥发性有机物，从而导致臭氧和一氧化碳的生成。

三、适地适树的途径和方法

为了使"地"和"树"基本相适，可以通过两条基本途径。第一是对应选择，既包括选树适地，如干旱少雨地区要选择抗旱性强的树种，寒冷地带要选择抗寒性强的树种等；也包括选地适树，如水曲柳要选择土壤水分充足的立地种植，鹅掌楸要选择在排水良好的立地种植。第二是改造，包括"改地适树"和"改树适地"。"改地适树"是指通过整地、换土、灌水、排水、施肥、覆盖等措施改变栽培地环境，使之适合于树木生长；而"改树适地"是指通过选种、引种、育种等方法改变树种的某些特性，使树木与其生长立地相适应。但是，"改树"是一项具有一定难度的工作，因为驯化一个新品种，不但受技术条件的制约，而且还需要花费较长的时间。在这两条途径当中，"选择"是最关键的，"改造"必须以第一条途径为基础，因为在当前的技术、经济条件下，改树和改地的程度都是很有限的，而且改树及改地措施也只是在"地"、"树"尽量相适的基础上才能收到好的效果。

（一）选树适地

基本点是必须充分了解"地"和"树"的特性，即全面分析栽植地的立地条件，尤其温度和降雨情况，树种的分布主要受水分和热量的影响；同时了解候选树种的生物学、生理学、生态学特性。根据立地条件，在强调功能性的同时，首先应以乡土树种为主（本地区天然分布树种或者已引种多年且在当地一直表现良好的外来树种），充分挖掘乡土树种种质资源，以产生最大的综合效益。乡土树种具有特殊的栽培价值，有利于在城市中创造自然或半自然的绿化景观。因此，在树种数量上，乡土树种要形成一定的优势，体现地方特色。其次引进外来树种，外来树种必须是经过引种试验表明能很好地适应本地立地条件的树种。

（二）选地适树

在已确定植树的前提下，根据树种的生物学特性、生态学特性，去选择适合该树种生长的特定生境。生境的选择不仅关系到栽植的成活率，而且关系到树木的生态和景观效益，只有选择了能满足某个树种生物学特性的立地条件，才能使其正常生长发育而达到栽培目的。如果"地"选择不当，不仅树木不易成活，即使成活也生长不良，最终成为"小老树"。如南洋楹适宜种植区域多在北回归线以南，且应选择山坡中下部土层厚的地方。

（三）改地适树

改地适树是指通过一系列措施，包括整地、施肥、灌溉、混交、土壤管理等，改变树木栽植区域的立地条件，使之满足树木成活、生长的需要，达到适地适树的目的。如通过排灌洗盐，能使一些不太抗盐的速生杨树品种在盐碱地上顺利生长。又如通过与马尾松混交，使杉木有可能向较为干热的造林地区发展等。应该指出的是，改地适树适用于小规模的绿地建设；除非特别重要的景观，一般园林绿化项目不宜动用大量的投入来改地适树，因为可供选择的树种很多，必然能发现替代的树种，从而减少不必要的投资。

（四）改树适地

这是"选树适地"的延伸，即在地和树之间某些方面不太相适的情况下，通过选种、引种驯化、育种等方法改变树种的某些特性，使它们能够相适。如通过育种工作，增强树种的耐寒性、耐旱性或抗盐性，以适应在寒冷、干旱或盐碱化地区生长。

四、主要绿化类型的树种选择

（一）观赏树种选择

（1）观形树种　不同树种具有不同的树冠类型，这是树种遗传特性和生长环境条件影响的结果。园林树木的树形在园林构图、布局与主景创造等方面起重要作用。例如冲天柏、杜松、钻天杨等尖塔形、圆锥形的树给人以严肃端庄的感觉，适宜与高耸的建筑物、纪念碑、塔相配；新疆杨等柱状窄冠树具有高耸静谧的效果；如龙爪槐等具垂枝的树种，常形成优雅和平的气氛；如耐修剪的黄杨、冬青、女贞、桧柏等常修剪成人们喜爱的各种形状。

（2）观叶树种　叶色被认为是园林色彩的主要创造者。叶色呈现的时间长，能起到突出树形的作用，群体观赏效果显著。叶片中各种色素，受外界条件的影响和树种遗传特性的制约，因此导致了叶色变化多端、五彩缤纷。树木的基本叶色为绿色，给人朴实、端庄、厚重的感觉。树木除了绿色外，也可呈现其他叶色，丰富了园林景观，给观者以新奇感。如深秋叶色变红或紫的树种有鸡爪槭、枫香、乌桕、石楠、盐肤木、山楂、漆树、五叶地锦、元宝枫等。秋天叶色呈黄色或黄褐色的树种有银杏、金钱松、落叶松、白桦、无患子、白蜡、悬铃木等。彩色叶树种在园林中群植还可配置成大的色块图案，这是 20 世纪 80 年代以后在国内外园林种植绿地设计中的流行手法。

有些树种的叶片在整个生长期均有绚丽的色彩，如红枫、金叶雪松、紫叶桃、红叶李等在园林中能起到很好的点缀作用。不同树种叶片的大小、形状、萌芽期和展叶期也不尽相同，可根据人们的喜爱和园林构景需要加以选择。

（3）观花树种　园林树木的花是最引人注目的特征之一。园林树木的花朵有各式各样的形状和大小，在色彩上更是千变万化，层出不穷。在以观花为主的园林树木，单朵花的观赏性以花瓣数目多、重瓣性强、花径大、形体奇特为突出特点，如牡丹、鸡蛋花、鸽子树等。有些园林树木，单朵花小，形态平庸，但形成样式各异的花序，使形体增大，盛开期形成美丽的大花团，观赏效果倍增，如珍珠梅、接骨木、八仙花等。通常依花色不同将观花树分为红色花系、黄色花系、紫色花系、白色花系四大类，不同花色的合理搭配，能显著提高其观赏效果。选择观花树种时，除考虑上述因素外，还应考虑开花时间，以创造四季有花开的环境。但有些树种因产生过多的花粉而污染环境，这也是必须要考虑的因素，特别是在人群密集、宾馆、疗养院等地更应注意。

（4）观果树种　果实形状的观赏体现在"奇、巨、丰"三个方面。"奇"指形状奇异，特别有趣；"巨"指单体果形较大；"丰"就全树而言，无论单果或果序均应有一定的数量，果虽小，但数量多果序大，以数量取胜。如火棘、山楂、石楠、荚蒾、四照花等果色鲜艳；栾树淡黄色的果实，犹如一串串彩色小灯笼挂在树梢；金银木、冬青、南天竹红透晶莹的果实可一直挂树留存到白雪皑皑的冬季。

（5）观枝树种　有些树种干、枝的外皮具有特殊的颜色，在园林景色中起到一定的观赏作用。有些树木的枝干表现为红色，如红瑞木、赤枫、山桃等；黄色，如金竹；灰白色，如白皮松、蓝桉等；以及斑驳色彩，如黄金嵌碧玉竹等。一些树木的树皮以不同形式开裂、剥落，古树常悬根露爪，充分显示了生命的苍古；另外，如榕树等热带、亚热带树种，具板根以及发达的悬垂状气生根，能形成根枝连地、独木成林的奇特景象；而水松、池杉等湿地树种的呼吸根，红树科树木的支柱根，又都别具一格。

（二）行道树树种选择

行道树是城市绿化的重要组成部分，它遍布全城，最能表现地方特色。随着生活水平的提高，人们的艺术欣赏水平也在不断提高，这就要求街道绿化不仅要为人们创造一个能发挥园林多种功能的绿色环境，同时，还必须用绿色植物的形体、姿态、线条、色彩创造出形式多样、繁花似锦的"景观"，给人以美的享受，为此，行道树的树种选择就显得十分重要。

行道树的选择一般要求具备以下条件：乔木树种主干通直，枝叶繁茂，根系深，枝下高2.5m以上；具有美观的树形或花、果及秋色叶可供观赏；寿命长，病虫害少；耐瘠薄、耐高温，抗逆性强；叶、花、果不散放不良气体或污染空气的绒毛、种絮、残花；繁殖容易，易于获得大苗，生长较快并耐修剪；有减尘、降噪、清洁卫生等特点。

行道树的选择应做统一规划，根据道路级别、位置等具体条件确定树种。在主干道上选用的树种要有代表性、能反映城市风貌，而且要避免树种单一化，遵从人性化的原则。一般行道树以种植有一定冠幅的高大乔木为主，常绿与落叶树种比例适当，既能遮蔽夏季的阳光，又不影响冬季的采光，同时不妨碍交通。

（三）绿篱树种选择

将树木密植成行即成为绿篱，它是园林植物配置中的重要成分。绿篱可以是不经修剪的自然式绿篱，也可以是人工修剪成一定形状的规则式绿篱。在园林中，绿篱主要起分割空间、遮蔽视线、衬托景物、美化环境以及保护作用等。

绿篱按高矮可分为高篱（1.0~1.6m以上）、中篱（1m以下）和矮篱（0.5m以下），按特点可分为花篱、果篱、彩叶篱、枝篱、刺篱。绿篱树种应具备以下特征：生长缓慢，叶片较小，枝叶稠密；耐修剪、萌蘖性强，适于密植；易大量繁殖，抗性强。

常用的绿篱树种有桧柏、侧柏、冬青、榆树、水蜡、雪柳、小叶女贞、小叶黄杨、大叶黄杨、山梅花、小叶丁香、珍珠绣线菊、土庄绣线菊、三裂绣线菊、东北扁禾木、金露梅、珍珠梅、黄刺梅、刺蔷薇、红花锦鸡儿、小檗、花椒等。

（四）林带树种选择

（1）风景林带的树种选择　风景林带可作为风景局部的界限，也可作为背景起衬托作用，使重点景物的观赏效果更为突出。应在保护原有植物种类的基础上，因地制宜地进行人工维护、设计、改造，让游人感到不仅风景优美，而且非常舒适。因此，必须有供游人嬉戏、小憩的片林。风景林带树种选择应注意常绿与落叶树种、乔木与灌木树种、观花观叶与观果树种的搭配。

（2）防护林带的树种选择　应就地取材，选择当地适应性强、生长迅速、树冠高大的乡土树种；同时要注意乔、灌、草相结合，宽林带，多行树种间以带状、行状或块状形式混交，林下配置适生的灌木树种。此外，应根据主要防护目的来选择树种，如防风固沙树种应具备根系穿透力强、根系发达、耐瘠薄等特点；防噪吸声树种应树形高大，树冠浓密；厂矿周围防污染树种应选择具有抵抗及吸收 SO_2、HF、Cl 等有害气体的树种。

（3）滨水绿化树种的选择　滨水景观是园林水景设计中的一个重要组成部分，由于水的特殊性，决定了滨水景观的异样性。在进行树种选择时要充分把握水的特性以及水与树种之间的关系。无论大小水面的植物配置，与水边的距离一般要求有远有近，有疏有密，切忌沿边线等距离栽植，避免单调呆板的行道树形式。水旁绿化树种主要选择涵养水源、保持水土、杀菌滞尘能力强、根深叶茂、生命力旺盛、自繁能力强的树种，树种间大密度栽植，增强护坡阻淤能力，形成紧密型或通透型结构，减少外部干扰。

（五）其他

（1）宅旁绿化树种选择 除了考虑一般的观赏及生态功能外，应注意树木与建筑物间的相互关系，如在1~2层的住宅旁需避免栽培树体大、需水量多的树木，不宜在朝南的窗边栽植常绿的大乔木，应选择耐人为干扰、减噪声、杀菌、滞尘、降温效果好、花粉量少、分泌释放物对人体健康无影响的树种等。该区建筑密集，在平面绿化的同时要注意垂直绿化，乔、灌、草要科学搭配，创造"春花、夏荫、秋实、冬青"的四季景观。

（2）广场树种的选择 城市广场是公共休闲聚会的场所，要体现大视野和特色景观的完美结合。选择树形高大、优美的针叶阔叶树种为主线，林木栽培整齐，疏密有致，点簇成景。灌木树种选择常绿及花期长的树种，结合周围建筑及小地形的特点，修剪成型，并配置大面积的草坪及模纹花坛，做到绿树成荫，三季有花，四季常青，给人开阔的视野及美的享受。

（3）工厂区的树种选择 工业区内工厂向大气排放大量的 SO_2、HCl、Cl、NH_3 及烟尘等污染物，因而要选择对这些污染物有较强的吸收及抵御能力的树种，以乔木为主，乔、灌、草相结合，注意常绿与落叶树种的配比，既净化空气吸收有害气体、又有较强的压尘、滞尘能力，使环境赏心悦目，优美宜人。

（4）城市废弃地的绿化树种选择 城市废弃地的类型多样，一般包括有粉煤灰、炉渣地、含有金属废弃物的土壤、工矿区废物堆积场地、因贫瘠而废弃的土地等。其共同的特点是由于废弃沉积物、矿物渗出物、污染物和其他干扰物的存在，土壤中缺少自然土中的营养物质，使得土壤的基质肥力很低，另外，由于有毒化学物质的存在，导致土壤物理条件不适宜植物生长。因此，在栽植计划上应首先经过土壤改良，然后以草本植被为主，再选择抗污染、耐瘠薄、耐干旱性的树种。如在以粉煤灰为主的废弃地中，抗性较强的树种有桤木属、柳属、刺槐、桦属、槭属、山楂属、金丝桃属、柽柳属等。

第二节 园林树木的引种驯化

一、引种驯化的意义

植物引种驯化是一个庞大的理论与实践课题。在约7000年前，人类就从野生植物中不断地寻求利用和驯化可食用的经济植物。至今，世界各国在植物引种驯化的实际工作方面业已取得重大成就。随着历史的发展，不同国家的学者对植物引种驯化的概念都有自己独到的见解。达尔文认为植物引种驯化是植物本身适应了新的环境条件和改变对生存条件要求的结果，选择则是人类驯化活动的基础。陈俊愉对引种驯化的定义为：植物的引种驯化，或称风土驯化，就是通过人类的培育，使野生的植物成为栽培的植物，使外地的植物变为本地的植物的措施和过程。而程金水则把引种驯化定义为将野生或栽培植物的种子或营养体从其自然分布区域或栽培区域引入到新的地区栽培。并且根据引种驯化过程的简单与否将其分为简单引种和驯化引种，如果引入地区与原产地自然条件差异不大或引入观赏植物本身适应范围较广，或只需要采取简单的措施即能适应新环境，并能生长发育，达到预期观赏效果的即为简单引种；如果引入地区自然条件和原分布区自然条件差异较大，或引入物本身适应范围较窄，只有通过其遗传性改变才能适应新环境或必须采用相应的农业措施，使其产生新的生理适应性的方式为驯化引种。

没有植物的引种驯化就不可能有人类的文化发展。植物的引种驯化导致了农业的诞生和发展，并且推动着人类物质文明和精神文明的不断发展。植物引种驯化给人类带来的利益是多方面的，主要表现在以下几个方面。

(1) 丰富植物种资源、园林植物种类　某些植物在当地没有分布但十分需要，如能成功地开展引种驯化工作，就可以增加该地的资源种类。如我国正在开展的茶树、竹类和柑橘的北移、苹果的南迁，都显示了一定的经济效益和社会效益。砂仁、金鸡纳、毛地黄等植物的引种驯化成功已经能满足国内市场需要，改变了过去这些药材依赖进口的局面。引种驯化是迅速而有效地丰富城市园林绿化植物种类的一种有效方法，与培育新品种比较起来，它所需时间短，见效快，节省人力、物力。沈阳林业科学研究所已成功地引种野生花卉70余种，并在公园推广20多种。引进的各种新的种质资源，还可用于杂交创造新品种。

(2) 优化植物品种　某些植物生长缓慢，有效成分低，或因病虫害危害严重及其他缺点，经济效益和生态效益差，通过引进优良种类即可克服上述不利因素。如我国的马尾松因遭受松毛虫危害严重，生长缓慢，不能达到速生、产脂等栽培目标。近五六十年来，引进抗松毛虫能力强、生产快、产脂量高的湿地松和火炬松，在我国亚热带低山丘陵地区推广种植，生长良好。

(3) 保护濒危植物　有些珍贵植物生长范围小，繁殖速度慢，存活概率小，人们对这类植物进行引种驯化可以扩大其生长范围，优化其生存环境，增加物种数量，使珍贵物种脱离濒临灭绝的境况。孑遗植物和其他珍稀濒危植物的引种，如水杉、银杉、珙桐等珍稀植物的引种和推广种植，已使这些植物脱离了灭绝的险境，并且带来了一定的经济效益和生态效益。

(4) 发挥植物的优良特性　通过引种可以使某些种或品种在新的地区得到比原产地更好的发展，表现更为突出。如橡胶树原产巴西，引种到马来西亚和印度尼西亚后，现在该地区的产胶量占全世界的90%，而巴西不及1%；又如原产中国的猕猴桃，引种到新西兰后，现在其产量占世界第一位。

但是，在看到植物引种驯化对人类的生产和生活所产生的诸多积极意义的同时，它给人类带来的消极影响却也不容忽视。如现广布于中国热带和亚热带地区的紫茎泽兰是从南美引进的，给我国西南地区带来了沉重的生态灾难；飞机草现今也成为影响人类生产活动的恶性杂草。另外，目前我国园林建设中的一个倾向也值得引起注意，就是在热衷于从国外、外地引种的时候，却常常忽略了发掘与开发我国自身或本地的树种资源。我国的一些优良珍稀树种，如珙桐、连香树、领春木、香果树等在国内的园林中很少见到，但在欧洲却是十分普通，这不能不引起我们的思考。

二、引种驯化的主要理论

植物引种驯化的历史虽然悠久，但长期以来一直处于实践多而理论少的状态，由于没有一个比较正确的理论作为指导，植物的引种工作都是在盲目地或是单凭经验地进行，因此蒙受了惨痛的失败。直到达尔文学说及随后的气候相似论的提出才打破了这种混乱的局面，接着米丘林提出了关于植物引种驯化的理论和方法，将植物引种驯化理论提到了一个较高的层次，随后又陆续地有植物地理学差示法、专属引种法、生态历史分析法等方法的提出。

1. 达尔文学说

达尔文在《物种起源》一书中阐述了其进化理论，认为生物通过适应性而生存下来，物种又在不断演化之中，一切生物类型都是由过去的生物进化而来的。他对于植物引种驯化的观点可归纳为如下几点。

（1）植物在自然条件下有适应风土的能力　在植物自然迁移时，往往抑制它和其他有机体的竞争，而首先适应新的环境条件。驯化是在长期的进化中进行的。

（2）有机体的地理分布不仅决定于现代因子，还决定于历史因子　引种时要研究植物的历史及其生物学特性形成的历史。

（3）在自然和栽培条件下通过自然选择和人工选择保持新的变异能促进植物驯化　因此，无论在自然界还是在栽培条件下都能发生植物的驯化。有机体的遗传性不管如何巨大，都能够在改变了的条件下产生变异，不断出现新的性状。

（4）当植物的各个个体在不同的生存条件下发育时就能产生变异，进而形成变种，再用选择的手段就能获得新类型的植物。驯化是植物本身适应于新环境条件和改变生存条件要求的过程，选择是人类驯化活动的基础。

2. 气候相似论

这一理论是由德国著名林学家、慕尼黑大学教授迈尔在 1906 年和 1909 年发表的《欧洲外地园林树木》和《自然历史基础上的林木培育》两部著作的基础上提出的。迈尔的主要思想是：森林培植和木本树种的引种应当建立在自然科学基础之上，根据一定的原则来进行，而这些原则与长期以来占有统治地位的经验主义的方法相矛盾。他还号召大家去研究想引种的树木的原产地的气候，然后再做栽培试验，以反对并扭转当时盲目引种的混乱局面。该理论认为树木引进时，引进地和原产地的气候必须相似，引进的树木才能正常生长、发育。他把北半球划分为 6 个"引种带"，在这些带之间的引种可以获得较为理想的结果。这一理论明确了气候对树木引种驯化的制约作用，对树木引种驯化的实践有一定的指导意义，是现代树木引种驯化理论的一个重要组成部分。气候相似论对植物引种驯化工作产生了巨大的影响，但它也有自己的缺点和不完整的地方，该理论对待从根本上改造木本树种持十分怀疑的态度，坚持木本树种本性和要求不变，低估了植物的可塑性和育种的可能性，因此遭到了严厉的批判。

3. 并行植物指示法

并行植物指示法是一个生态学的方法，它建立在植被类型、群体生态和个体生态的研究基础上，依据某些植物可以代表某些地区的气候条件，我们可以利用植物作为指示植物来解决植物引种的区划问题，并为栽培这些植物选择最有利的条件。这个方法考虑到植物与整个环境的相互关系，在某种意义上比气候相似论及其方法又发展了一步，但是却忽视了环境条件对可能改变植物本身遗传的影响。

4. 米丘林学说

米丘林的引种驯化理论是建立在达尔文的进化论观点之上的，并进行了创造性的发展，把植物引种驯化事业推向了一个新的发展阶段。这个理论的基础是有机体与环境是矛盾的统一体，通过改变环境和遗传育种两条途径能够改造植物的本性，创造新的类型，以满足人类的需要。这一理论的提出，米丘林主要是依据他在果树园艺方面的引种驯化经验，所创造的一套研究方法和他所揭示的一系列规律，对于各类植物的引种驯化工作都具有普遍的理论指导意义。例如，他确定的实生苗法、斯巴达式锻炼法、定向培育法、逐级驯化法、亲本选择法、远缘杂交（包括营养体接近法、混合花粉授粉法、媒介法、杂种培育法及蒙导法）等都是我们现在还在应用的方法。对于植物驯化的定义，米丘林始终认为，驯化必须与改造植物的本性联系在一起。同时，米丘林提出的有关植物引种驯化的许多观点，至今在我们的工作中仍具有重要的参考价值。

5. 植物地理学差示法

这个方法是根据栽培植物起源中心理论制定而成的。它的主要观点是在收集世界上各种栽培植物的种、品种及类型，在一个具体的生态条件下进行栽培试验、观察和选择，以供选种、育种或初级引种之用。这一理论可以帮助我们认识栽培植物的进化历史和掌握其进化的规律，虽然它不足以指导引种实践，但在对个别非常有经济价值的作物中进行引种驯化时，我们也可以借鉴这种方法。

6. 专属引种法

这一方法与植物地理学差示法比较接近，但研究对象主要是自然区系植物。它以分类上的一个属为单位，尽可能地收集该属不同地理起源的一切种类，把它们种植在一个地点，观察它们的表现，包括适应性及变异性等，并研究其生物学、生态、生理、经济及其他观赏性状和特性，以及种属的系统发育历史。然后，在这样的基础上，选出优良的有希望的类型进行杂交育种工作。

7. 生态相似法

这一方法由中国学者朱彦丞提出，认为植物引种驯化应从整个植物生态环境出发来分析，在生态条件相似时所选择的植物材料引种就容易成功，生态条件相差悬殊的植物材料引种不易成功。我国劳动人民在植物引种驯化的理论和方法上也有自己的贡献，早在汉武帝元鼎6年（公元前111年），就提出了因地制宜、因时制宜的引种原则。北魏贾思勰在《齐民要术》中总结出"顺天时，量地利"和"人力之至，抑或可以回天"的引种驯化原理，指出了植物是可以驯化的，这一观点后来被称作"风土论"。在此基础上又发展起来另外一个观点——"排风论"，它提出土壤和各种气候因素对植物生长的作用，同时也指出植物遗传性的可变异性，提倡通过人为的努力去改造植物，让植物为人类服务。"排风论"既承认天时地利，也承认人类的主观能动性，主张积极创造条件，去改变植物的本性。

20世纪30年代庐山植物园的建立使得植物引种驯化进入了一个新的起点，有了专门从事植物引种驯化的机构，为理论研究提供了条件，在此之后，我国的植物引种驯化理论方法研究方面取得了较大的成就。陈俊愉总结出"直播育苗，循序渐进，顺应自然，改造本性"的引种方法。梁泰然提出"节律同步论"，周多俊提出"生态综合分析法"，董保华提出"地理生态学特性综合分析方法"等。

三、影响植物引种驯化的因子

依据上述有关植物引种驯化的原理，要成功地引种驯化一种植物，其关键是要从内因和外因两个方面来考虑。从内因上选择适应的基因型，使引种地区的综合生态环境条件能在所引种植物的基因调控范围之内，外因上要采取适当的技术措施，使其能正常地生长发育，符合生产要求。通常，影响植物引种驯化成败的因子有下面几个方面。

（一）生态环境

正确掌握植物与环境关系的客观规律在植物引种驯化工作中相当重要。我们在开展植物引种驯化工作的同时，既要求原产地和引种地区的生态条件相似，但又不可严格要求完全一致；既要承认气候条件对植物的重要影响，又要考虑自然的综合因素和植物可以改造的一面。所以，引种时一定要注意植物与生态环境条件的综合分析，慎重选择小气候和土壤条件，尽可能在新的条件下为植物提供近似原产地的条件。

对植物引种驯化影响较大的生态因子主要有温度、光照、湿度（包括空气湿度和土壤湿度）、土壤等。对于这些主导生态因子的分析和确定对于植物引种常常起到关键的作用。

(1) 温度 温度因子最显著的作用是支配植物的生长发育，限制植物的分布。其中主要是年平均温度、最高温、最低温、季节交替特点等。各种植物的生长发育需要一定的气温，所以在引种时必须考虑自然的地理分布及其温度条件；有些植物从原产地与引种地区的平均温度来看是有希望成功的，但是最高、最低温度却成为限制因子；季节交替特点往往也是限制因子之一，如一些植物的冬季休眠是对该地区初春气温反复变化的一种特殊适应性，它不会因为气温的暂时转暖而萌动。不具备这种适应性的植物，当引种地区初春的天气不稳定的转暖就会引起冬眠的中断，一旦寒流再袭击，就会遭受冻害。

(2) 光照 光照的长短和光照的质量随纬度的变化而不同。一般纬度由高变低，生长季的光照由长变短；相反，纬度由低变高，生长季的光照由短变长。在植物由南往北或是由北往南移动的引种过程中光照长短变化的情况对植物能否正常生长及生长的状况都有着很大的影响，因此，我们在进行引种驯化工作的同时，应该充分考虑光照对其影响。

(3) 湿度 水分是植物生长的必要条件。引种地区的湿度主要与当地的降雨量相关，降雨量在不同的纬度地区相差悬殊，降雨量的季节分配情况也影响植物引种驯化成功与否。

(4) 土壤 土壤能为植物的生长提供必需的养分，同时土壤的酸碱度和温、湿度决定了植物的分布。"风土驯化"中的"土"即指土壤，可见土壤因子在植物引种驯化中的重要性。对于那些对光照、湿度等条件要求幅度都很广而唯独对土壤的性质要求严格的植物，土壤生态条件的差异就成了引种成败的关键。

(5) 生物因子 生物之间的寄生、共生，以及与其花粉携带者之间的关系也会影响引种的成败。

（二）植物的生态型

所谓生态型，是指同一种（变种）范围内在生物学特性、形态特性与解剖结构上，与当地主要生态条件相适应的植物类型。因此，在植物分类学上同一物种（变种）可以由于生态型的差异而具有各种不同的抗旱性、抗寒性、抗涝性等。引种驯化时如选择合适的生态型，则较容易驯化成功。所以从引种驯化的角度来分析分布区的主要生态条件以及植物本身的生物学特性和形态解剖特征，进而选择合适的种源是很有必要的。

（三）植物进化史

从上述各种植物引种驯化的理论和方法中可知，植物适应性的大小不仅与当前分布区的生态条件有关，而且与系统发育中历史上的生态条件有关。在系统发育中经历的生态条件较为复杂的植物，其潜在的适应能力也会大一些，引种工作一般较易成功。

四、引种驯化的方法

植物引种驯化主要是利用植物本身的适应性和变异性。当引入种适应新的环境条件并发挥预期效益，我们称之为直接引种；反之，当引入种不适应新的环境，必须采用分阶段或逐级驯化或过渡驯化（即选择与原产地气候相似的地带作为引种中转站），或者采用特殊的栽培措施进行驯化，或者进行人工育种时，我们称之为间接引种或称为过渡引种。

(1) 直接引种 遵循气候相似论，在相同的气候带内或两地气候条件相似的情况下，将植物从一个地区引入另一个地区，这就属于直接引种。如地处亚热带高山的庐山植物园从日本、北美环境条件下引种亚热带山地植物获得成功。另外，在生态历史方法指导下进行的子遗植物的引种也属于直接引种。直接引种的另一种情况是，被引种的植物自身的适应能力较强，通过形态生理上的变化来缓解与新环境条件的矛盾，进而正常地生长、发育。

（2）间接引种（过渡引种） 采用特殊的栽培措施来解决那些不能适应新地理环境条件的植物引种驯化问题，就属于间接引种。如在不同时期对引种植物进行保护；改变植物生长节奏；改变植物的体态结构；选用遗传可塑性大的材料；采用嫁接技术；实生苗多代选择；将所引种植物的种子分阶段地逐步移到所要引种的地区，逐级进行驯化。

五、植物引种驯化成功的标准

随着植物引种驯化工作的开展，如何判断一种植物是否引种驯化成功也成了一个有争议的问题。一般来讲，判断一种植物的引种驯化成功与否，标准是所引种的植物能否在引种地区完成"由种子（播种）到种子（开花结实）"的生理过程。然而这一提法有些过于笼统，在不断地研究与实践过程中，针对不同的具体情况，又出现了一些相对具体的标准。

对于园林植物的引种驯化，程金水提出：与在原产地比较时，不需特殊的保护能够露地越冬或越夏而生长良好；没有降低原来的经济或观赏品质；能够用原来的有性或营养繁殖方式进行正常的繁殖，就是引种驯化成功。

当前，植物引种事业尚处于不断前进之中，特别是对植物的种质保存和利用，对珍稀、受威胁及濒危植物的保护尤为重视。国家公园、自然保护区以及高水平植物园的建立、专业研究人员及现代化设备的配备、规范化的管理、新方法的使用都将使得植物引种驯化工作蓬勃发展，这将促进植物引种驯化自身的进一步发展，同时也将促进当今相关领域研究的进一步发展。

第三节　园林树木的生态配置

一、树种的种间关系

在园林绿地中，不同树种的种间关系是一种生态关系，即一方面每个树种都以其他树种为自己的生态条件，同时它们又都与其他外界环境条件发生联系。树种种间关系十分复杂，它们之间相互作用的性质与表现形式多种多样。

种间关系的表现形式，是指生长在一起的两个或两个以上的树种之间产生的相互影响、相互依赖、相互制约的作用。理论上讲，在树种种间关系的性质上，实际存在着互助、竞争、偏利、偏害、无利又无害等多种情况。任何两种以上的树种邻接时，都可能同时表现为互助或竞争两方面的关系，只是互助或竞争作用的强化程度，因树种对生态条件的要求而有不同。从生态学特性来说，生态习性悬殊或生态要求不严、生态适应幅度较宽的树种混交，种间多显现出以互利促进为主的关系；相反，生态习性相似或生态要求严格、生态幅度狭窄的树种混交，种间多显现出以竞争、抑制为主的关系。如以加杨为例，与刺槐混交，互利；与榆树混交，互害；与黄栌混交，对加杨有利，对黄栌有害。

总之，树种种间关系的表现，就生物学特性而言，速生树种与慢生树种、高大乔木与低矮灌木、宽冠树与窄冠树、深根树种与浅根树种混交，从空间上可减少接触、降低竞争程度。

（一）种间关系的表现形式

树种种间关系的表现形式有直接关系与间接关系之分，前者主要包括机械关系、生物关系；后者包括生物物理关系和生物化学关系。

（1）机械关系 指一树种对另一树种造成的物理性伤害，如树冠、树干的摩擦，根系的挤压，藤本或蔓生植物的缠绕和绞杀等。在种间关系的各种表现形式中，这种表现形式是较次要的，当树木种植密度过大或以乔木树种为依附的藤木造景时，才会明显地发生作用。

（2）生物关系 是指不同树种通过授粉杂交、根系连生以及寄生等发生的一种种间关系。如某些亲缘关系较近的树种根系连生后，发育健壮的植株会夺走发育较弱树种的水分、养分，抑制后者的生长发育，最后可能导致弱树的死亡。

（3）生物化学关系 是指树种各器官在生命活动中向外界分泌或挥发某些化学物质，进而对相邻的其他树种产生影响的作用方式，称为植物的他感作用。植物他感作用物质的传播途径主要是淋洗、植物体分解、根系分泌物和挥发作用等，尽管这些物质很少，但对其他植物生长的作用效果却非常明显。如蜡杨的叶、芽、枯落物的水浸液强烈抑制绿桤木的种子发芽、幼苗根茎和下胚轴的生长、根瘤产生的数量和固氮能力，导致美国加拿大北部荒地上的先锋树种绿桤木组成的群落正受蜡杨的抑制并逐步被它所代替。林秀贤发现核桃楸苗木浸出液可大幅度降低红松、樟子松、兴安落叶松、红皮云杉等树种苗木的高生长，并使兴安落叶松苗木全部死亡，但对水曲柳等阔叶树种影响不大，这说明植物分泌物具有选择性，因而不同树种对其反应也有差异。

在种间关系中，生物化学作用虽然不是最主要的作用方式，但在有些情况下，必须根据树种分泌物毒性的大小与反应，做好树种搭配。

（4）生物物理关系 是指由于不同树种间在生长速度与吸收能力存在差异，一种树种通过改变环境因子，如光照、热量、水分和矿物质等条件而对另一树种产生影响的作用方式。如生长迅速的树种可以较快地形成稠密的冠层，使群落内光量减少、光质异度，对下层耐荫树种的生长有利，而对不适应低水平光照条件的阳性树种的生长产生不利影响。当然，也存在着一个树种的枯落物归还土壤，或一个树种的固氮作用给另一树种创造较好营养条件的情况。

（二）种间关系的动态变化

首先，种间关系随着年龄的增加，树木的生长速度发生变化，对外界的环境要求不断变化，改变环境条件的能力也在发生变化，树种之间的生态关系也发生变化。有时原来有利的关系向有害方向转化。如阳性树种与中性树种混交，在幼年期，阳性树种生长速度快，为中性树种遮阳，有利于阳性树种生长；随着树龄的增长，中性树种对光照条件的要求逐渐提高，阳性树种的过度遮阴，不利于中性树种的生长。

其次，树种种间关系随立地条件不同而不同。不同立地条件的环境对每个树种的生长会产生不同影响，每个树种对环境条件都有需求，在其适生条件下，树木生长良好，竞争能力强，具有成为主要树种的优势；而在其不适生条件下，往往表现出生长不良，树体衰弱，并受到其他树种的抑制。如在北京低山山地上常见有油松与元宝枫的混交林，海拔稍高，立地条件较好时，油松生长势优于元宝枫，或与之相平，两树种能同时生存，形成较稳定的混交林群落；而当立地条件较差时，土壤干旱、贫瘠，不适于油松生长，耐旱的元宝枫生长则超出油松，造成对油松生长的压抑，甚至导致油松被淘汰。由于立地条件不同而形成种间关系变化，可将其作为增配伴生树种的参考。

树种的种间关系变化还与树种搭配、栽植密度、树种组成比例、混交方法及树种在群落中的位置有关，与绿化养护措施影响有关。

二、配置方式

园林树木的配置，是指在栽植地上对不同树木按一定方式进行种植，包括树种搭配、排列方式以及间距的选择。一方面应遵循景观美学的原则，另一方面更需考虑树木的生态学特性及生物学特性，才能使规划设计的景观生态系统持续、稳定经营，同时也大大减少今后的维护费用。

（1）自然式配置 自然式配置是运用不同的树种，以模仿自然、强调变化为主，具有活泼、愉快、幽雅的自然情调。有孤植、丛植、群植等种植类型。

① 孤植：是指将乔木单株栽植，也可以是多株紧密栽植，形成单株栽植的效果，其功能是遮阳和观赏，往往在全景中起画龙点睛的作用。一般应选择比较开阔的地点，如草坪、花坛中心、道路交叉或转折点、岗坡及宽阔的湖岸边等处种植。孤植树应具有高大开张的树冠，并在树姿、树形、色彩、芳香等方面有特色，寿命长、成荫效果好。

② 丛植：是指一定数量的观赏乔、灌木自然地组合栽植在一起。构成树丛的树木株数由数株到十几株不等，以遮阳为主要目的的丛植全部由乔木组成，且树种单一；以观赏为主的丛植应以乔、灌木混交，并配置一定的宿根花卉，使它们在形态和色调上形成对比、构成群体美。丛植在公园及庭院中应用较多。

③ 群植：通常是由十几至几十株树木按一定的构图方式混植而成的人工林群体结构，其单元面积比丛植大，在园林绿地中可做主景、背景之用。在配置时应注意树群的整体轮廓以及色相和季相效果，更应注意种内和种间的生态关系，必须在长时期内保持相对稳定性。

（2）规则式配置 多以某一轴线为对称排列，以强调整齐、对称或构成多种几何图形，有对植、行列植等种植类型。

① 对植：一般指用两株或两丛树，按照一定的轴线关系，相互对称或均衡地种植。主要用于公园、道路、广场、建筑的出入口，左右对称、相互呼应，在构图上形成配景或夹景，以增强透视的纵深感。对植的树木要求外形整齐美观，严格选择规格一致的树木；可用两种以上的树木对植，但相对应的树木应为同种、同规格。

② 行列植：指将乔、灌木按一定株行距成行成排地种植，在景观上形成整齐、单纯、统一的效果，可以是一种树种，也可以是多树种搭配。它是园林绿地中应用最多的基本栽植形式，如行道树、防护林带、风景林带、树篱等。

（3）混合式配置 在某一植物造景中同时采用规则式和自然式相结合的配置方式，称为混合式配置。一般以某一种方式为主而以另一种方式为辅结合使用。要求因地制宜，融洽协调，注意过渡转化自然，强调整体的相关性。

三、树种的选择与搭配

（1）合理选择基调树种 基调树种是构成园林景观的主体，在树木与环境、树种间相互关系以及景观价值方面，都处于主导地位。因此，根据目的性、适应性、经济性等原则选择生长适应性广、观赏价值以及生态效益高的树种作为基调树种。在选择基调树种时必须严格做到适地适树，并大力推广应用乡土树种。

（2）依据种群互益原则，配置次要树种 次要树种又称伴生树种，是在一定时期与主要树种相伴而生，并为主要树种的生长创造有利条件的树种。次要树种应具备以下条件：一是次要树种应具有一定的观赏效果；二是与基调树种在生长特性和生态等方面有较大的差异，对资源的利用最好互补；三是次要树种应具有良好的生态效益，可以改良主要树种的生长环境，提高群体的稳定性，充分发挥其综合效益。避免用与主要树种有相同病虫害源的树种。

(3) 体现多样性，合理确定种间比例　多样性是进行植物配置的一条重要法则。无论是纯林或是不断重复运用某一树种或少数树种，都会使人们感觉到单调和乏味，而且会影响群落的稳定性和生态效益。在园林植物配置中，应充分体现植物的多样性，但应注意不同园林植物种类之间的合理配比，保持一定的节奏与韵律，避免在园林绿地中出现过多的种类而造成视觉上的混乱以及养护上的不便。在不同树种的配置中，一般情况下主要树种比例应较大，但在不影响景观效果的前提下，速生、喜光的乔木树种，可适当缩小比例；次要树种所占比例，应以有利于主要树种为原则，往往初植密度可以适当加大，以利于早成景且提高防护能力，但随着树龄的增大，种间竞争通常日益激烈，需及时通过一定的人为措施加以调节，保证群体的稳定性。

第三章　园林树木的栽植

园林绿地，特别是城市绿地中的树木，绝大多数都是根据需要人为选择、安排和栽植的。树木栽植成活的原理和技术，是每个园林工作者必须掌握的基本理论和基本技术的重要组成部分。

第一节　树木栽植的意义及其成活原理

一、树木栽植的概念与意义

园林树木栽植的概念常被狭义地理解为植物的种植，事实上园林的栽植是一个系统的、动态的操作过程。严格地讲，栽植包括起（掘）苗（树）、搬运和种植三个基本环节。起苗是将苗木（树木）从生长地带根掘起；搬运是将挖（掘）出的苗木进行合理的包装，用一定的交通工具运到计划栽植的地点；种植是按要求将植株放入事先挖好的坑（或穴）中，使树木的根系与土壤密接。

种植又分定植、假植和寄植。定植是按设计要求，将树木种植在预定位置，以后再不移动，永久性地生长在栽种地；假植是起（挖）的苗（树）木，不能及时运走，或运到新的地方后不能及时栽植而将植株的根系埋入湿润土壤，防止失水的操作过程；寄植是建筑或园林基础工程尚未结束，而结束后又需及时进行绿化施工的情况下，为了贮存苗木，促进生根，将植株临时种植在非定植地或容器中的方法。

树木从起掘、搬运至种植，通常只需几小时或几天就可完成栽植的全过程，即使需要长途运输和进行大树移栽，所花费的时间也只是树木生命周期中一段很短的时间。然而，栽植质量对树木的一生有极其重要的影响。栽植后的健康状况、发根生长的能力、对病虫等灾害的抗性、艺术美感及养护成本等都可能受到挖掘、运输及定植中所用方法与措施的极大影响。因此，树木栽植是否成功，不仅要看栽植后树木能否成活，而且要看以后树木生长发育的能力，受到的干扰是否最小。栽植不科学、不规范，技术不当，尽管土壤和材料都很好，也可能导致相当严重的后果，甚至造成树木死亡。

为了获得理想的栽培效果，达到树木栽培的目的，园林工作者在起（挖）苗（树）开始之前就应认真地考虑树木生长发育与周围环境条件的相关性，做到适地适树，当然这需要花费较多的时间和成本。园林树木养护中的许多问题，实际上来源于某些园林工作者栽植时的责任心的缺失。他们只考虑把树栽上就可以了，而不关心树木的成活及成活后树木对生长发育的需求。

二、树木栽植成活的原理

乔灌木树种的移栽，不论是裸根栽植，还是带土栽植，对于操作者来说，不但要懂得挖掘植株和操作器具的合理程序，而且要充分了解植株继续生长发育的生物学过程。这些过程对于移栽成功与否具有极其重要的影响。

树木在系统发育过程中，经过长期的自然选择，逐渐适应了现有的生存环境条件，并把这种适应性遗传给后代，形成了对环境条件有一定要求的特性——生态学特性。栽植树木时，立地的生境条件满足其对生态的要求，树木就能旺盛生长，发育正常，稳定长寿，不断发挥其功能效益。反之，如果立地条件不能满足树木的生态要求，轻者成活率低，即使成活也生长不良，功能效益低劣；重者树木不能成活，结果会造成"年年造林不见林，岁岁栽树难见树"的情况，白白浪费了劳力、种苗和资金。栽树时更不能违背树木的生物学特性，必须维持树木地上与地下部分水分代谢的相对平衡，树木才能栽植成活。忽略哪一方面，均会出现栽植树木生长不良或是死亡。所以，保证栽植成活的原理有生态学原理和生物学原理。

1. 生态学原理

生态学原理实际就是适地适树。适地适树主要是树木的生态学特性和栽植地点的生态条件相适应，达到在当前技术、经济条件下较高的生长水平，以充分发挥树种在相适应的立地生态条件下的最大生长潜力、生态效益与观赏功能。这是树木栽培工作的一项基本原则，是其他一切养护管理工作的基础（具体内容详见第二章）。

2. 生物学原理

植物体的大部分水是通过根系的吸收而获得的。植物吸收水分的方式有两种。第一种方式是主动的生理过程，通常认为是由根部代谢活动而引起离子吸收和运输，造成了根系内外的水势差，从而使得水分按照依次下降的水势梯度，从外界环境通过表皮、皮层和内皮层进入中柱导管，并进而向上运输。一般植物的根压不超过 $0.1 \sim 0.2 MPa$。如有些植物的吐水现象及桦木、槭树、美国鹅掌楸和葡萄等产生的伤流就是主动吸水的反映。第二种方式是被动的物理过程。这一过程是指由蒸腾作用而引起的根部吸水现象。实际上，由于叶片进行蒸腾作用，引起了叶细胞水分亏缺，水势下降并与相邻细胞造成了水势差，其结果使茎及根导管中水柱拖拽上升，并最终引起根部细胞水势下降，从而促进根部细胞从土壤中吸收水分。因此，蒸腾拉力是被动吸水的动因。在被动吸水过程中，根系只是作为水分进入植物体内的被动吸收表面，因此，这种吸水方式为被动吸水。

树木蒸腾失水的途径有气孔、表皮及皮孔等，但以气孔为主。气孔可通过保卫细胞调节其开闭程度，控制水分的蒸腾。

无论在什么环境条件下，只要是一棵正常生长的树木，其地上与地下部分都处于一种生长的平衡状态，地上的枝叶与地下的根系都保持一定的比例（冠/根比），枝叶的蒸腾量可得到根系吸收量的及时补充，很好地维持树体的养分和水分代谢的平衡，不会现出现水分亏损。

树木栽植过程中，植株受到的干扰首先表现在树体内部的生理与生化变化，总的代谢水平和对不利环境抗性下降。这种变化开始不易觉察，直至植株发生萎蔫甚至死亡则已发展到极其严重的程度。

在树木栽植过程中，植株挖出以后，根系、特别是吸收根遭到严重破坏，根幅与根量缩小，树木根系全部（裸根苗）或部分（带土苗）脱离了原有协调的土壤环境，根系主动吸水的能力大大降低，相应地供给树体地上部分的水分和养分也大大减少。在运输中裸根植株甚至根本吸收不到水分，而地上部却因气孔调节十分有限，还会蒸腾和蒸发失水。在树木栽植以后，即使土壤能够供应充足的水分，但因在新的环境下，根系与土壤的密切关系遭到破坏，减少了根系对水分的吸收表面。此外，根系损伤后，虽然在适宜的条件下具有一定的再生能力，但发出较多的新根还需经历一定的时间，若不采取措施，迅速建立根系与土壤的密切关系，以及枝叶与根系的新平衡，树木极易发生水分亏损，甚至导致死亡。因此，树木栽植成活的原理是保持和恢复树体以水分为主的代谢平衡。

3. 保证树木栽植成活的关键措施

树木的栽植是一个系统工程，要保持和恢复树体的水分平衡，必须抓住关键，采取得力措施才能达到。

首先，要尽可能地做到"适地适树"。

第二，在苗（树）木挖运和栽植的过程中，操作尽可能快，要严格保湿、保鲜，防止苗（树）木过多失水。有人试验，一般苗木的含水量达70%以上，其栽植成活率随苗木失重的增加而急剧下降（表3-1）。因此，保湿、保鲜防止苗木过度失水是栽植成活的关键之一。

表 3-1　苗木失重率与栽植成活率的关系（引自郭学望，2002）

苗木失重率/%	10	10	20	30
栽植成活率/%	90	70	40	0

第三，具有一定规格、未经切根处理的树木栽植后，常常会发生大量吸收根死亡，能否成活的标志就是是否发出足够的新根。因此，尽可能地多带根系，并促进苗木伤口的愈合和发出更多的新根，短期内恢复和扩大根系的吸收表面与能力，是保证树木栽植成活的核心环节。实际工作中可用 ABT-3 号生根粉处理根部，可以有利于树木在移植和养护过程中损伤根系的迅速恢复。

第四，栽植中使树木的根系与土壤颗粒密切接触，栽植时一定将土踩实，并在栽植以后保证土壤有足够的水分供应，才能使水分顺利进入树体，补充水分的消耗。但是土壤水分也不能过多，否则会因根系窒息而导致整株死亡。

以上四点相互联系，缺一不可。第一点是根本，水分管理是基础，根系是否成活是核心。防止苗（树）木过度失水发生萎蔫和避免包装材料水分过多发生霉变，是保鲜的前提。只有保鲜才能保证苗（树）木有较强的生活力和发根能力，才能从土壤中吸收较多的水分，恢复树体水分代谢平衡，促进成活。

明确了苗（树）木栽植成活的原理以后，就应在挖、运、栽及栽后管理的过程中，抓住这些关键，采取相应措施，以保证栽植树木的成活。

不同树种对于栽植的反应有很大的差异。一般须根多而紧凑的侧根型或水平根型的树种比主根型或根系长而稀疏的树种容易栽植。一般易于成活的树种有银杏、柳、杨、梧桐、臭椿、槐、李、榆、梅、桃、海棠、雪松、合欢、榕树、枫树、罗汉松、五针松、木槿、暴马丁香、梓树、忍冬等；较难成活的树种有柏类、油松、华山松、金钱松、云杉、冷杉、紫杉、泡桐、落叶松、核桃、白桦等。

第二节　树木的栽植季节

"种树无时，惟勿使树知"是我国一句古农谚，是我国古代劳动人民对种植时期最精辟的总结。也就是说，栽植树木要选在树木休眠期进行，才有利于成活。确定某种树最适宜移栽时期的原则：选择有利于根系迅速恢复的时期和选择尽量减少因移栽而对树体的新陈代谢活动产生不良影响的时期。根据这个原则，园林树木栽植一般以晚秋和早春最为理想。

在晚秋，树木地上部分正在进入或已经进入休眠，但根系仍进行生长。在早春时节，气温回升，土壤刚刚解冻，根系生长需要的温度较低，因此已经开始生长，而树体地上部分尚未萌芽。树木在这两个时期内，因气温较低，地上部分处于休眠期，蒸腾较少；同时在春、秋两个时期，树体营养贮藏丰富，土温适合根系生长，大部分树种的根系有一个生长高峰，损伤的根系易恢复（或产生愈伤组织）并长出新根，容易保持和恢复以水分代谢为主的平衡。同时，从降低栽植成本来说，同样是以早春和晚秋为好。至于春栽好还是秋栽好，世界各国学者历来有许多争论，主张秋栽优越于春栽的占多数。但因我国幅员辽阔，各地区的气候条件差异很大，树木种类又多，加之市场经济的需要，不可拘泥于一说，只要措施得利，一年四季均可栽植树木。目前，由于城市建设的发展，按春、秋两季节栽植远远不能满足需要，所以大量进行反季节栽植。

树木水分的消耗是正常的生理过程。这一过程的变化取决于大气条件，树木的类型及其从土壤吸收水分的速度。树木对水分的消耗量和土壤的蒸发量，主要受枝叶周围空气流动速度的影响。如果空气温度高、湿度低、流速快，植株表面的湿度明显高于周围的空气，植株失水就快。带叶栽植因蒸腾面积大，比无叶栽植失水更多。在休眠期树木虽然消耗水分少，但也要有适量的水分供应。因此，为了提高树木栽植的成活率，必须根据当地气候和土壤条件的季节变化，以及栽植树种的特性与状况，进行综合考虑，确定适宜的栽植季节。根据树木栽植成活的原理，最适的栽植季节和时间，首先应有适合于保湿和树木愈合生根的气象条件，特别是温度与水分条件；其次是树木具有较强的发根和吸水能力，其生理活动的特点与外界环境条件相协调，有利于维持树体水分代谢的相对平衡。同时还要根据当地园林单位或施工单位的经济条件、劳力、工程进度、技术力量等决定栽植时期。如果某个工程要求在"十一"前完工，该工程经费和其他条件允许，可以在夏季带土球进行移植，以按时完成绿化任务；如条件缺乏，只好等到秋季或第二年春季进行栽植。

一、树木的栽植季节

1. 春季栽植

春栽的时间，一般在土壤解冻以后至树木发芽前进行。在冬季极寒冷地区和当地不甚耐寒的树种宜采用春栽，特别是春雨连绵的地方，春季栽植最为理想，这时气温回升，雨水较多，空气湿度大，土壤水分条件好，地温转暖，有利于根系的主动吸水，从而保持水分的平衡。

一些具有肉质根的树种，如木兰属、鹅掌楸、山茱萸等春栽比秋栽好。此时地温逐渐升高，树木地上部还未开始活动，仍处于休眠状态，蒸腾量小，消耗水分也少。同时，一般树木的根系在此时有一个小的生长高峰，所以新栽的树木根系容易恢复并发新根。春季栽植还能避免冬季严寒之害，节约防寒费用和劳力，有利于越冬性较弱树种的成活，是植树的黄金季节。但春栽也有不足之处，早春是我国多数地方栽植的适宜时期，但持续时间较短，一般为2～4周，常导致劳动力缺乏。若栽植任务较大而劳动力又不足，很难在适宜时期内完成。因此，春植与秋植适当配合，可缓和劳动力的紧张状况。

在西北、华北等地往往由于树木栽后不久，气温迅速升高，地上部分很快进入旺盛生长阶段，需要的水分逐渐增多，可是根系还来不及完全恢复和发新根，结果会出现吸收的水分不能满足地上部分生长的需要，致使根冠水分代谢不平衡而造成成活率降低。

春天栽植应立足一个"早"字。只要没有冻害，便于施工，应及早开始，其中最好的时期是在新芽开始萌动之前2周或数周。此时幼根开始活动，地上部分仍然处于休眠状态，先生根后发芽，树木容易恢复生长。尤其是落叶树种，必须在新芽开始膨大或新叶开放之前栽植。若延至新叶开放之后，常易枯萎或死亡，即使能够成活也是由休眠芽再生新芽，当年生长多数不良。如果常绿树种植偏晚，萌芽后栽植的成活率反而要比同样情况下栽植的落叶树种高。虽然常绿树在新梢生长开始以后还可以栽植，但远不如萌动之前栽植好。

2. 夏季栽植

夏季栽植最不保险。夏季气温高，树木生长最旺，枝叶蒸腾量很大，根系需吸收大量的水分供地上部分生长；而土壤的蒸发作用很强，容易缺水，如果天不下雨，易使新栽树木在数周内遭受旱害；加之气温高，伤根不易产生愈伤组织和发新根，吸收的水分远远不能满足地上部分的需要，所以，树木在夏季栽植成活率往往不高。然而，随着城市建设事业的发展，要求迅速绿化城市，仅依靠春植和秋植往往是不够的，要利用一切可能利用的时间进行栽植。夏季栽植必须选择合适的时机，如在雨季栽植，由于供水充足，空气湿度大，蒸发减少，所以，成活率会相对提高。但必须选择树木春梢停止生长时，抓紧在连阴雨天栽植，或配合其他减少蒸腾的措施，如喷水、遮阴、喷抗蒸剂等，才有利于成活。在北方，夏季移栽常绿树最好在 7 月份，因为在此时常绿树有一段短短的休眠时间。最理想的是在下完一场透雨后栽植，栽完后如再有几场透雨并结合灌水管理，非常有利于成活。

在夏季移栽树木时，大部分树种要求进行带土球栽植，并使土球保持最大的田间持水量，加大种植穴的直径（通常比土球要大 30cm 左右）；树冠要重剪。树栽好后，要注意灌水，还要特别注意树冠喷水和树体遮阴、喷抗蒸剂或喷蜡等。在夏季高温地区或南方地区栽植后，最好在树干的第一主枝以下缠草绳，防止日灼。夏季树木移栽成本较高，往往树冠经过重剪后对树形有影响，所以尽量不在此时移植。

3. 秋季栽植

秋季气温逐渐下降，土壤水分状况稳定，许多地区都可以进行栽植。特别是春季严重干旱和风沙大或春季较短的地区，秋季栽植比较适宜。但在易发生冻害和兽害的地区不宜采用秋植。从树木生理来说，由落叶转入休眠，地上部的水分蒸发量小，而根系在土壤中的活动仍在进行，甚至还有一次生长的小高峰，栽植以后根系的伤口容易愈合，甚至当年可发出少量新根，容易保持树体以水分为主的代谢平衡。此时土壤水分状态较稳定，树体养分贮藏较丰富，翌年春天发芽早，在干旱到来之前可完全恢复生长，增强对不利环境的抗性。秋季栽植的时期较长，从落叶盛期以后至土壤冻结之前都可进行，有利于劳动力的分配和大量栽植工作的完成。

关于春栽和秋栽孰优孰劣的问题，历来存在争议。国内外的多数学者认为，秋栽优于春栽。近年来许多地方提倡秋季带叶栽植，取得了栽后愈合发根快，第二年萌芽早的良好效果。但在一些秋季短暂、冬季严寒的地区，秋季不能进行大规模绿化工程，而且秋栽树木易受严冬冻害及其他伤害，如东北地区秋季只能种植耐寒、耐旱的树种，而且要选用规格较大的树木。

近年来的实践证明，部分常绿树在精心护理下一年四季都可以栽植，甚至秋天和晚春栽植的成功率比同期栽植的落叶树还高。在夏季干旱地区，常绿树根系的生长基本停止或生长量很小，随着夏末秋初降雨的到来，根系开始再次生长，有利于成活，更适于采用秋植，但在北方一般常绿树不宜秋栽。

4. 冬季栽植

冬季土壤不结冻或结冻时间短，天气不干燥的地区，可以进行冬季栽植。我国东北寒冷地区，土壤冻结较深，也可在冬季可进行冻土移栽。在土层未完全冻结时（土层冻结 5～10cm）就开始挖坑和起苗，此时下层土壤未冻结，挖坑、起苗效率比冻结深时显著提高，四周挖好后，先不要切断主根，放置一夜，可以往球上洒水，以加速土球的冻结，待土球完全冻好后，再把主根切断打下土球。冻土移栽要避开东北地区冬季气温最低的一段时期，可以提高成活率。

冻土移栽比春季移栽成活率低。因为气温低，起苗时伤的根不能及时愈合，需要等到翌年春季温度上升后，根系才能逐渐恢复生长。到第二年春天，根系还没有完全恢复正常的吸收能力，吸收的水分和养分较少，同时东北春季干旱少雨，结果使树木地上部分生长发育所需要的水分和养分不能得到满足，因而会拖延地上部分萌动的时间，并容易引发生理干旱。东北地区生长季短，树体在春季不能及时萌芽、生长会影响树木的年生长量。另一方面，虽然东北地区冬天温度很低，但树木地上部分仍有蒸腾作用，苗木损失的水分不能及时补充，而且运苗和栽植均在寒冷的季节，苗木根系容易受冻；此时枝叶木质化程度高，含水量较低，质地脆硬，运输和栽植过程中被碰极易脱落或折断，使苗木严重受损。

据张秀英介绍，哈尔滨在冻土移栽樟子松中总结了很好的经验，移栽成活率平均达到96％。移栽的经验如下。

(1) 尽量缩短起苗至重新定植的时间 起苗时间大约在 11 月中旬（立冬后）到冬至后12 月底结束。开工早，土层冻结不深，挖坑打球省力，工效高。如果采用突击挖球，边包装、边运输的办法，将各道工序紧密结合起来，则可大大地缩短工期。

(2) 起球前，要用草绳将树冠拢好，千万不要损坏树尖。一般土球的大小是移栽树木胸径的 10～15 倍，起挖的深度要在根系主要分布层。

(3) 正确收球 当起挖到一定的深度，开始内收土球，其深度必须在 40cm 以下，因为自土壤表面向下 40cm 土层内，集中了绝大部分水平根系，保证有足够大的土球体积，对樟子松成活极为有利。

(4) 当土壤冻结层没有达到土球要求的深度时，挖好四周和树球内收后，不要立即打球稍冻 1～2d，待土壤刚好冻至需要的深度时，再行打球。因为这时土球受力最易从冻化层断开，省工、省力、质量又好。在国外，如日本北部及加拿大等国家，也常采用冻土移栽树木。

在纬度较高、冬季酷寒的东北和西北地区还应注意，建筑物北面和南面土壤解冻时间的差异。因为建筑物北面终日见不到阳光，温度低，常有积雪，所以土壤解冻要迟于南面，大约相差 1 周。因此北面栽植时间也应晚于南面。当然也可以与南面一起栽植，但因土壤没有解冻，挖坑非常困难工又费时。

阔叶常绿树种除华南产的极不耐寒种类外，一般的树种自春暖至初夏或 10 月中旬至 11中旬均可栽植，最好避开大风及寒流侵袭。

二、我国各大区栽植季节

某一个地区的栽植季节应根据当地的气候特点、树种类别、工程量和技术条件（劳动力、机械条件等），以及经费而定。

1. 华南地区

本区四季气温相差不大，一年中罕见霜雪，本区虽仍受西伯利亚冷空气南下影响，但为时甚短，南部（如广州市等）没有气候学的冬季，仅个别年份绝对温度最低可达 0℃。年降雨量丰富，每年 2～3 月份进入梅雨季节，至 9 月份结束。此区年降雨量丰富，主要集中在春、夏两季，而秋季雨量较少，故秋季干旱较明显。树种以常绿树为多；栽植以春栽、夏栽、雨季栽植为主，春栽要相应提早，2 月份即可全面开展栽植工作，栽植成活率较高；秋季干旱，栽植时间应适当推迟。因该地区冬季土壤不冻结，可进行冬季栽植，从 1 月份就可以栽植具有深根性的常绿树种（樟、松等），一直延续到 2 月份，与春栽相连接。

2. 西南地区

此区主要受印度洋季风影响，有明显的干、湿季节之分。冬、春为旱季；夏、秋为雨季。由于冬、春干旱，土壤水分不足，气候温暖且蒸发量大，春栽往往成活率不高。其中，落叶树可以春栽，但宜尽早进行，并应有充分的灌水条件。夏、秋为雨季，延续时间较长，该区海拔较高，气候凉爽，不炎热，栽植成活率较高，常绿树尤以雨季栽植为宜。四川盆地比较特殊，除夏季常有"伏旱"期外，只要保证操作程序，随栽随管，在其余时段栽植均能成活。

3. 华中、华东、长江流域地区

本区冬季不长，土壤基本不冻结，除夏季酷热干旱外，其他季节雨量很多，特别是梅雨季节，空气湿度很大。除干热的夏季外，其他季节均可栽植。根据树种习性可分别进行春栽、梅雨季栽植、秋栽和冬栽。春栽可于寒冬腊月过后，树木萌芽前半个月栽植。但对早春开花的梅花、玉兰等为不影响一年一度的花期，可于花后栽植；对春季萌芽展叶迟的种类，如枫杨、苦楝、无患子、合欢、乌桕、栾树、喜树、重杨木等，经实践证明宜于晚春栽植，即见芽萌动时栽植为宜。过早栽植则因尚处于休眠期，栽后易发生枯梢、枯干现象。但在晚春栽植时，因天气已较暖，应配合起苗前灌足水，随起、随运、随栽等技术措施，才容易成活。对一些常绿阔叶树，如香樟、柑橘、广玉兰、枇杷、桂花等也宜晚春栽植，有时可延迟到4～5月份，开始展叶时栽植，只要栽后养护管理及时、正确，仍可保证成活。至于该区的竹类，栽植期因种类而异，一般应不迟于出笋前1个月。在此区，落叶树也可晚秋栽植，时间为10月中旬至11月中、下旬，有时延至12月上旬栽植。此时气候凉爽，类似春天，故有"小阳春"之称，同时此时落叶树木地上部分大多停止生长，并逐渐进入休眠，水分蒸腾小；而此时地温尚高，有利于栽后根系恢复生长，而且冬季不寒冷也不干旱，故该区晚秋栽植效果更佳。萌芽早的树木，如牡丹、月季、蔷薇、珍珠梅等宜秋季栽植。

4. 华北大部与西北南部

本区冬季时间较长，有2～3个月的土壤封冻期，且少雪多风，尤其是春季多风，空气较干燥。由于该地区雨水较集中在夏、秋，土壤一般为深厚壤土，贮水较多，故春季土壤水分状况仍然较好。所以，该区域的大部分地区和多数树种以春季栽植为主，有些树种也可以进行雨季栽植和秋栽。春栽时以土壤化冻返浆至树木发芽前，时间约在3月上、中旬至4月中、下旬进行。多数树种以土壤解冻尽早栽植较好，栽植时间较早的树木，根系恢复的时间相对要长，根扎得深，利于提高移植成活率。在该地区凡易受冻和易干梢的边缘树种，如泡桐、紫荆、忍冬、月季、锦熟黄杨、小叶女贞以及竹类和针叶树种宜春栽。少数萌芽展叶晚的树种，如白蜡、柿、花椒、紫薇、悬铃木、梧桐、木槿、栾树、合欢等在晚春栽植较易成活，即在其芽开始萌动将要展叶时为宜。本区夏、秋气温高，降雨量集中，常绿针叶树也可以在此时栽植，但要选择合适的种植时机，在当地雨季第一次下透雨开始，或以春梢停长而秋梢尚未开始生长的间隙进行栽植，尽可能地缩短栽植过程的时间，要随起、随运、随栽；最好选在阴天和降雨前进行。本区秋冬时节，雨季过后土壤水分状况较好，气温下降，原产本区的耐寒的落叶树，如杨、柳、榆、槐、香椿、臭椿以及须根少而来年春季生长开花旺盛的牡丹等以秋栽为宜，时间以这些树种大部分落叶至土壤封冻前，约9月下旬至10月中、下旬前后为宜。华北南部冬季气候较暖，适宜秋季栽植的树种较多，目前华北地区秋季栽植量很大。

5. 东北大部和西北北部、华北北部

本区因纬度较高，冬季严寒，故以春季栽植为好，成活率较高，又可免去防寒之劳。春栽的时期，以当地土壤刚化冻，尽早栽植为佳，大约在4月初至4下旬（清明至谷雨）。在一年中栽植任务量如果较大时，也可以秋栽，秋栽以树木落叶至土壤冻结前进行，约在9月下旬至10月底左右，但其成活率较春栽低，又需防寒、防风，费工费料。另外，对当地耐寒力极强的树种，也可利用冬季进行"冻土球移植法"，可节省包装并可利用冰场河道、雪

地滑行等方式运输。

我国幅员辽阔，自然特征各异，不论是温度、湿度、日照等条件，还是树种资源都有很大的差异。经过多年的栽植实践总结，各地都有适应本地区的相应栽植季节。即使在同一个季节中，不同树种的栽植也有先后之分。一般而言，对气候条件反应敏感的树种应该先栽，如落叶树比常绿树敏感，落叶树应该先栽；萌芽力弱的树种应该先栽，如针叶树的萌芽力比阔叶树弱，针叶树种应该先栽。在同一季节中，各树种栽植先后的一般规律为：落叶针叶树→落叶阔叶树→常绿针叶树→常绿阔叶树。

第三节　树木的栽植技术

树木栽植成活都要经历起（挖）、运、栽及栽后管理四个重要环节。为了提高栽植成活率，应紧紧抓住苗（树）木的保湿保鲜、促发新根和保证土壤有充足的水分供应三个关键，保持和尽决恢复地上与地下部分的水分平衡，使四个环节密切配合，尽量缩短操作时间，做到随起、随运、随栽和适时管理，使各个环节的具体措施真正落实。

一、栽植前的准备

（一）了解设计意图与工程概况

首先应了解设计意图，向设计人员了解设计思想、所达预想的目的或意境，以及施工完成后近期所达到的目标。通过设计单位和工程主管部门了解工程概况，包括：植树与其他有关工程（铺草坪、建花坛以及土方、道路，给、排水，山石、园林设施等）的范围和工程量；施工期限（开始和竣工日期，其中栽植工程必须保证不同类别的树木在当地最适栽植期内进行）；工程投资（设计预算、工程管理部门批准投资数）；施工现场的地上（地物及处理要求）与地下（管线和电缆分布与走向）情况与定点放线的依据（以测定标高的水准基点和测定平面位置的导线点或与设计单位研究确定的地上固定地物作依据）；工程材料来源和运输条件，尤其是苗木出圃地点、时间、质量和规格要求。

（二）现场踏勘与调查

在了解设计意图和工程概况之后，负责施工的主要人员必须亲自到现场进行细致的踏勘与调查。应了解如下内容。

（1）各种地物（如房屋、原有树木、市政或农田设施等）的去留及需保护的地物（如古树名木等）。要拆迁的如何办理有关手续与处理方法。

（2）现场内外交通、水源、电源情况，如能否使用机械车辆，若不能使用则应开辟的线路。

（3）施工期间生活设施（如食堂、厕所、宿舍等）的安排。

（4）施工地段的土壤调查，以确定是否换土，估算客土量及其来源等。

（三）编制施工的管理与组织设计

园林工程属于综合性工程，为保证各项施工项目的相互合理衔接，互不干扰，做到多、快、好、省地完成施工任务，实现设计意图和日后维修与养护，园林工程需有工程管理的组织机构，明确责任制，对施工任务和施工现场进行全事务性的管理。

目前，我国园林工程项目的管理形式最常见的是工作队式，即项目由项目经理全权负

园林树木栽培养护学

责，绿化分项工程由项目经理指定的人员负责，形成相对独立的工作队，工作队下设技术组、苗木组、后勤组、统计和质量安全员等。

绿化工程是园林工程重要的组成部分，为了实现对绿化工程的科学管理，需要编制施工组织设计。施工组织设计一般包括以下几方面内容。

（1）工程概况　是对拟建工程的基本性描述，目的是通过对工程的简要说明了解工程的基本情况，明确任务量、难易程度、质量要求等，以便合理制订施工方法、施工措施、施工进度计划和施工现场平面布置图。

（2）施工方法和施工措施　施工方法应做到技术上先进，经济上合理，生产上实用有效。施工措施主要包括：施工技术规范；质量控制标准；施工安全措施及消防措施等。

（3）施工计划　施工计划主要包括：确定工程量；计算劳动量和机械台班数；确定工期；编制施工进度；按施工进度提出劳动力、材料及机具的需要计划。

（4）各项工程的费用与总投资金额。

（5）大型及重点绿化工程除编制施工组织计划外还应画出现场平面布置图。在图上用各种不同符号标出苗木假植地、容器囤苗地、运输路线、灌溉设备及办公室等的位置。

（6）绿化种植施工的进程程序　主管施工人员必须了解种植工程与园林工程的关系，绿化施工的程序与园林工程进程的程序不能混淆，因为种植工程是园林工程的一部分。

① 合理的园林工程进程程序是：征收土地→搬迁→整理地形→安排给、排水管→修园林建筑→道路、广场的铺设→栽植树木→种植花卉→铺设草坪。

② 种植施工的进程程序是：整地→定点放线→挖坑→修剪→起苗→打包→换土施肥→装车、运苗、卸车、假植→复剪→栽植→做堰→灌水→树池覆盖。

（四）施工现场的清理

对栽植工程的现场进行清理，拆迁或清除有碍施工的障碍物，然后按设计图纸进行地形整理。

（五）苗木的准备

关于栽植的树种及其年龄与规格，应根据设计要求选定。栽植施工之前，对苗木的来源、繁殖方式与质量状况进行认真的调查。

1. 苗木的质量

苗木是园林绿化建设的物质基础，是园林绿化效果的关键，质量优良的苗木，栽植后成活率高，扎根早，生长快，抵抗力强。因此，应确保出圃苗木为优质壮苗，在园林绿化中充分发挥其绿化效果和观赏价值。有些地区和部门非常重视出圃苗木的质量标准，如北京市园林局提出"五不出"的严格要求，即不够规格的不出；树形不好的不出；根系不完整的不出；有严重病虫害的不出；有机械损伤的不出。

通常根据以下各项指标评定苗木的质量，如苗高、地径、相对苗高（高径比）、根系发育状况、苗木重量、冠根比（茎根比）、病虫害和机械损伤等。

（1）苗高　苗高是指苗木从根颈到顶梢的高度，是苗木分级的重要根据之一。优良的苗木应具有一定的苗木高度。如果苗木高度达不到要求的标准，则属等外苗。但因徒长而造成苗木生长细高，是属于生长不正常。

（2）地径（根径）　地径是指苗木主干靠近地面处的根颈部直径，通常称为地际直径或根径。它是苗木地上部与地下部的分界线。一般在苗龄和苗高相同的情况下，地径越粗的苗木质量越好，栽植成活率越高。据调查结果表明，地径与根系的发育状况及苗木的其他质量指标成正相关。所以，地径能够比较全面地反映出苗木的质量，是评定苗木质量的重要指标。一般生产上主要根据苗高和地径两个指标来进行苗木分级。

（3）相对苗高（高径比）　相对苗高为苗高与苗木地径之比。在苗高相同的情况下，地径越大则相对苗高的数值越小，说明苗木粗壮。不同树种相对苗高具有很大差异，如核桃等树种播种苗相对苗高的数值比较小，而杨树等数值则比较大。同一树种，由于育苗技术和圃地条件的影响，相对苗高的数值也不完全一样，如油松移植苗，因根系发达，地径较粗，相对苗高数值较小；油松留床苗则因根系发育较差，地径较细，地上部生长旺盛，因而相对苗高数值较大。又如，苗木过度遮阴或追施氮肥过多，容易引起苗木徒长，往往相对苗高的数值过大，苗木细长，发育不匀称，质量较差。

（4）根系发育状况　苗木根系包括主根、侧根和须根。调查根系发育要测定主根长度，统计侧根条数，量出根幅大小。苗木的主根长度对栽植成活率和栽植后幼树生长都有一定影响，如侧柏1年生播种苗试验证明，主根20cm比10cm的苗木栽植后成活率高5.5%，高生长增加34.8%，径生长加粗31%。所以，起苗时要保持一定的根长，根系不宜剪得太短。但主根过长栽植困难，容易造成根系卷曲、窝根打辫或根系露出地面，影响栽植成活率和栽植后幼苗生长。

适宜的主根长度因树种和苗龄而异，针叶树播种苗不应小于18～20cm，阔叶树种播种苗不应小于20～25cm。侧、须根数量较多，根幅较大为苗木根系发达的标志。

（5）苗木重量　苗木重量包括苗木总重量、地上部分重量和根系的重量，通常以g（克）来表示。苗木愈重，说明苗木组织充实，生育健壮，苗木体内贮藏的营养物质多，品质优良。

（6）冠根比　冠根比值的大小反映出地下部根系与地上部苗茎生长的均衡程度。在同一树种、同一苗龄的情况下，冠根比值小，表明苗木根系发育良好，根系多、粗壮，栽植后容易成活。

冠根比因树种而异，根系发达的树种则苗木冠根比小。同一树种的冠根比随苗龄的增加而增大。同时，也受环境条件和育苗技术的影响而发生变化。苗木密度过大或过度遮阴，由于光照不足而降低光合作用，使茎叶徒长，供给根系的有机养料减少；土壤通气不良，影响根的呼吸作用，根系生长减缓，都会造成冠根比增大。增施磷肥则有利于促进根系生长，因而冠根比值变小。

（7）病虫害和机械损伤　病虫害严重的苗木和根系、皮部受机械损伤的苗木不能用于栽植，一般属于等外苗。在生产上评定苗木的质量时，对于上述各项苗木质量指标必须加以全面的综合考虑。然后，根据各地苗圃的实际情况和各树种的特点制订出苗木出圃的规格标准。

出圃的优良苗木具有一定高度，苗干粗壮通直，充分木质化而无徒长现象，根系发达，侧、须根多，冠根比值小，无病虫害和机械损伤，色泽正常，针叶树种要具有发育正常的饱满顶芽。总之，出圃的园林苗木应具有优美的树形和健壮的树势，充分发挥其观赏价值和园林绿化的效果。

综上所述，高质量园林苗木应具有以下特点：根系发达而完整，主根短直，接近根颈一定范围内要有较多的侧根和须根，起苗后大根系应无劈裂；苗干粗壮通直（藤木除外），有一定的适合高度，不徒长；主、侧枝分布均匀，能构成完美树冠，要求丰满；无病虫害和机械损伤；植株健壮苗木通直圆满，枝条苗壮，组织充实，不徒长，木质化程度高；顶芽健壮具有完整健壮的顶芽（顶芽自剪的树种除外），对针叶树更为重要，顶芽越大，质量越好。

2. 选苗的注意事项

（1）最好选用苗圃培育的苗木　因为在圃期间，苗木经过多次移栽，须根多，栽植容易成活，缓苗也快；山上野生的树木、自播繁衍的树木及农村、田边用种子繁殖的实生苗，大多没有经过移栽，主根发达，须根少，移植成活率相对要低，必须采取相应的措施，才能保证移栽成活。

（2）根据设计的要求和不同用途进行选苗　如选择行道树苗木时应注意树干要通直、无弯曲、分枝高度应基本一致、主干不能低于 3m（个别的在 2.5m 以上），树冠要丰满、匀称，要具有 3～5 个分布均匀、角度合适的主枝，个体之间高度差不能大于 50cm。庭荫树的苗木枝下高不能低于 2m，树冠要开阔；孤立树要求树冠广阔，树干高 2m 以上，树势雄伟，树形美观，孤植的常绿树要求枝叶茂密，有新枝生长。花灌木高度在 1m 左右，有主干或主枝 3～6 个，分布均匀，根系有分枝，冠丰满。藤木类要有 2～3 个多年生主蔓，无枯枝现象；绿篱株高至少要 50cm，个体要一致，下部不秃，球形苗木枝叶要茂密丰满。重点地方栽植的树木要求更严格，应按设计要求严格挑选。

公园及大片绿地用苗，树干不一定特别直，分枝高度也可以不一致，树高也允许有出入；选择组成树丛的苗木应注意树丛中央的一棵树最高，周围的树高要逐渐降低，所以选苗时要注意苗木大小的搭配。做林带用的苗木分枝高度基本一致，树干基本通直即可；林带内的苗木分枝可以少些，分枝角度小些。

（3）选苗时要特别注意苗木的来源　绿化用的苗木一般有三种来源：当地培育、外地购进及从园林绿地、山野和村庄搜集的苗木。

当地苗圃培育的苗木，种源及历史清楚，树种对栽植地的气候与土壤条件都有较强的适应能力，可以做到随起苗随栽植，这不仅可以避免长途运输对苗木的损害和降低运输费用，而且可以避免病虫害扩大和传播。这类苗木一般质量较高，来源也较广，是园林绿化用苗的主要来源。

当地苗圃培育的苗木供不应求时，就应从外地购买苗木，必须在栽植前数月派有经验的专业人员到气候相似的区域去选苗。在选苗时要对苗木的种源、来源、繁殖方法、栽植方式和时间、生态条件、苗木年龄、生长状况等进行详细的调查。要按规定进行苗木检疫，防止将严重病虫害带入当地；在运输过程中，要注意保鲜、保湿，防止机械损伤。此外，要将种源和栽植的时间调查清楚。因为目前苗木市场较为混乱，在生长季有些苗商从南方买来苗木，经过短时间的栽植培养就出售，这样的苗木在北方不能越冬，有少量的能够越冬，但也生长不良。

从园林绿地、山野搜集的苗木，也是园林绿化用苗的一种来源。山野里的苗木，大部分是自播繁衍的，多为实生苗，没有经过移植，主根发达，须根少，因此对这两个类型的苗木，应根据具体情况采取相应的有利的处置措施，做好移栽前的准备工作，才能保证移栽成活。现在有些绿地，为了尽早形成绿化效果，在建设初期，苗木栽植较密。苗木长大后，在不影响绿化景观效果的前提下，进行移植，这样既有利于前期效果，又为后来的绿化准备了苗木。但是这种苗木树龄一般偏大，如果是树丛、片林，往往因为早期栽植过密，根系生长发育的空间小，生长发育受到限制，根盘小、须根少。树冠受周围相邻植株的庇护，枝条发育不充实，移植到空旷的地方后，受阳光的照射和旱风的影响，易发生抽条和日灼。

近年来，各级政府对城乡园林绿化工作高度重视，城乡园林建设加快，城乡园林建设投入资金连年增加，绿化苗木需求量大增，价格看涨，极大地调动了生产积极性。新品种和先进栽培管理技术的推广，提高了生产效率；新品种绿化苗木刺激和带动了苗木生产规模的扩张和技术水平的提高。苗木生产得到地方政府的扶持与推动，从而迅速发展。但是随着我国苗木产业的发展，当前行业中存在的问题也日益突出：一是种植规模饱和，结构矛盾突出；二是苗木生产缺乏前瞻性和地方特色；三是管理粗放，苗木质量有待提高；四是缺乏统一的绿化苗木质量标准，营销误区太多。目前，园林绿化苗木尚无统一、规范、适用的质量标准，这给生产、销售、质量验收等增加了难度，同时也给不良经营者投机提供了机会。

因此，我国要加快园林绿化苗木产业的发展步伐，从根本上解决产业中存在的无序生产、无序竞争等问题，政府部门、行业协会、专家学者和园林绿化苗木生产单位必须齐心协力，科学布局、统筹规划，采取积极稳妥和切实可行的发展措施。如加强政府的宏观调控力度，加强苗木行业的法制建设，加强行业协会建设，深化苗圃经营管理体制改革，建立适应市场经济要求的苗圃产业实体等。

(4) 苗（树）龄与规格　苗木的年龄对栽植成活率的高低有很大的影响，并与成活后对新环境的适应性和抗逆性有关。

幼龄苗木，株体较小，根系分布范围小，起掘时对根系损伤率低，栽植过程（起掘、运输和种植）也较简便，并可节约施工费用。由于幼树根盘小，起苗时容易保留更多的须根，对树体地下部与地上部的平衡破坏较小。幼龄苗整体上营养生长旺盛，栽后受伤根系再生力强，恢复期短，故成活率高，对栽植地环境的适应能力较强。此外，地上部枝干经修剪留下的枝芽也容易恢复生长。但由于株体小，也就容易遭受人畜的损伤，尤其在城市条件下，更易受到外界损伤，甚至造成死亡而缺株，影响日后的景观。幼龄苗如果植株规格较小，绿化效果发挥亦较差。

壮、老龄树木，根系分布深广，吸收根远离树干，起掘伤根率高，对树体地下部与地上部的平衡破坏较大，故移栽成活率低。为提高移栽成活率，对起、运、栽及养护技术要求较高，必须带土球移植，施工养护费用高。但壮、老龄树木，树体高大，姿形优美，移植成活后能很快发挥绿化效果，对重点工程在有特殊需要时，可以适当选用，此时必须采取大树移植的特殊措施。针对目前我国绿化中日益增多的"大树进城"的现象，建设部在 2007 年发布了《关于建设节约型城市园林绿化的意见》，建设部表示，在当前我国城市土地、水资源和生态环境等面临巨大压力的情况下，一些地方违背生态发展和建设的科学规律，急功近利，盲目追求所谓"森林城市"，移种大树、古树等高价建绿、铺张浪费的现象，破坏了城市的自然环境和生态资源。建设部提倡在园林绿化中要优先使用成本低、适应性强、本地特色鲜明的乡土树种，反对片面追求树种高档化。所以，树木栽植时最好用幼年、青年阶段的苗木。这个年龄时期的苗木，既有一定的适应能力，又具有快速生长能力，栽植容易成活，绿化效果发挥得快。

园林绿化工程选用的苗木规格，落叶乔木最小胸径为 3cm，行道树和人流活动频繁的地方要加大，常绿乔木最小也应选树高为 1.5m 以上的苗木。目前在园林绿化生产实际中应用的苗木比这里提的标准要大得多。

(5) 在选苗时需要查看根颈埋得深浅，要求卖苗方在苗木根颈距地面 10cm 处做一记号（通常用油漆在南面标记），作为栽植时掌握深浅的依据，因为根颈埋得过深和过浅对树木生长均不利。

二、栽植的程序与技术

栽植的具体程序包括：栽植前的准备、栽植穴的准备，苗木的起挖、包装、运输、栽植、修剪、栽后管理与现场清理等。

（一）栽植前的准备

园林树木栽植地的土壤条件十分复杂，因此，园林树木栽植前的整地工作既要做到严格细致，又要因地制宜。同时整地应结合地形处理进行，除满足树木生长发育对土壤的要求外，还应注意地形地貌的美观。平整土地工作包括以下几方面内容：根据设计要求做微地形、深翻、客土、去除杂物、碎土过筛、扒平、镇压土壤，以及土壤改良等。

1. 地形塑造

绿化施工用地范围内，根据绿化设计的要求塑造出一定起伏的地形。地形塑造应做好土方的合理调度，要先挖后填，尽可能做到土方的场内平衡。在地形塑造的同时，要注意绿地的排水问题，绿地的排水往往是利用地面的坡度，以地表径流的形式排到路旁的下水道或排水沟。因此，要根据本地排水的设计，将绿化地块适当加高，再整理成一定的坡度，使其满足排水设计要求。还要做好绿地与四周道路、广场标高的合理衔接，做到排水流畅。低洼地填土或大量客土回填时，应注意要对新填土分层夯实，并适当增加土量，以免雨后自行下沉，造成凹凸不平排水不畅，且影响树木的生长。

2. 整理表面土壤

地形塑造完成之后，还要在绿化地块上整理地面土壤。原为农田地的一般土质较好、土层较厚，只要略加平整即可。这类土壤平整时要捡出大的树根及不利树木生长的废弃物，还应将大的土块打碎，并施有机肥，借以更好地改良土壤，然后按一定的倾斜度将土壤扒平，以利排除过多的雨水。

如果在市政工程的场地和建筑周围等地修建绿地的，由于这些地段常留下大量的灰槽、灰渣、砂石、砖头瓦块、木块及其他建筑垃圾等，所以需要彻底清除渣土，按要求换上好土并达到应有的厚度并深翻，以增加孔隙度。但应尽量防止重型机械进入现场碾压土壤，对符合质量要求的绿化地表土应尽量利用和复原，为绿化创造良好的生长环境。此时，在确保地下没有其他障碍物时，最好结合施有机肥，应用深耕机对种植地面进行全面翻耕、耙碎、整平。

人工新堆的土山，要令其自然沉降，然后才可整地种树，因此，通常土山堆成后，至少要经过一个雨季，始行整地。如工程紧迫不能耽搁时间，也可以在堆土山的同时大量喷洒水，令其尽快地沉降。因人工堆的土山多数情况下都不太大，也不太陡，土壤又是翻过的，如果土质好只需要按设计要求局部扒平整理，即可栽树。但有的土山土质不明，在这种情况下，需要先探测一下土山的土质情况，若发现土质过差，如为盐碱土、深层阴土（没有很好风化的底土）或水湿的阴土，必须进行改土或客换好土，不然会影响树木的成活和以后的生长发育。有的地方用挖地基的心土或清淤的河泥堆土山，其土质含盐量较高，排水与通气都很差，结果栽植的树木几乎无一株成活，造成很大的麻烦和浪费。

3. 土壤处理

施工前应对施工地区的土壤理化性质进行监测化验，应根据土层的有效厚度、土壤质地、酸碱度和盐分等采取相应的施肥消毒和改良土壤等措施。覆土 60cm 以内、粒级为 1cm 以上的渣砾和覆土 2m 以内的沥青、混凝土及有毒有机垃圾必须清除。所有种植地与回填土均应达到种植土的要求：应保持疏松，容重不得高于 $1.3g/cm^3$；应保证排水良好，非毛管孔隙度不得低于 10%；土壤 pH 值为 6.0～8.0；土壤含盐量不得高于 0.12%；土壤营养元素应基本平衡，其中有机质含量不得低于 10g/kg，全氮量不得低于 1.0g/kg，全磷量不得低于 0.6g/kg，全钾量不得低于 0.7g/kg。

4. 整地季节

整地季节的早晚对整地的质量有直接关系。在一般情况下应提早整地，以便发挥蓄水保墒的作用，并可保证植树工作及时进行，这一点在干旱地区，其重要性尤为突出。一般整地应在栽树前 3 个月以上的时期内（最好经过一个雨季）进行，如果现整地现栽树其效果会受到一定的影响。

如果此地段除种植树木外，还要铺草坪，则翻地、过筛和耙平等程序要反复进行 2~3 次。施工精细的地段有的还同时进行施肥和土壤消毒等工作。

（二）定点放线

根据种植设计图纸，按比例放样于地面，确定各种树木的种植点。种植方式有自然式种植和规则式种植之分。定点的标记可用白灰点点或画线；精确的定点可用木桩做标记，其上写明树种、规格及穴的大小。

1. 自然式种植的定点放线

（1）网格法　多见于公园绿地。如果在较大范围内、地势平坦的环境中定点放线，可采用"网格法"，即按比例在设计图纸上和相应的现场分别画出相应且距离相等的方格（如 20cm×20cm）。定点时先在设计图上量好树木在其某个方格的纵横距离，在现场相应的方格中确定好位置，撒白灰或钉木桩加以标明。

（2）交会法　如果施工面积不大，施工现场有与设计图纸相符的固定地物（如电杆、建筑物等），可采用"交会法"定点放线，以定出种植点。在设计图上找出两个固定物或建筑边线上的两个点，再量出要定点的树木距此两点的距离。然后在施工现场，从相应的两点出发，再相应地放大尺寸，量出两条线的长度，两线的交点，则为该树的种植点。此放线方法最好由两个人合作进行。

（3）纵横坐标定点法　首先在设计图纸上找一个与要定点的树木相距最近的永久性固定物为极点建立坐标系，通过计算机测算出自然式种植各栽植树木位置点的坐标，由此可以进行定点放线。这种定点的方法适用于小面积的种植施工，同时具有较多的永久性的固定标记物。

（4）仪器定点法　在范围较大、测量基点准确的绿地，可以采用经纬仪或小平板，依据地上原有的基点或固定物，根据设计图上相应的位置和比例，定出每株树的种植点，并撒白灰或钉木桩加以标明。

自然式栽植对于孤植树和带状栽植的树木，应逐一定出其种植点，并用白灰或木桩标明，应记清种植的树种名称及挖穴的规格。对于自然式的树丛不需要将每一棵树的种植点都定出来，只需要将此树丛的范围定出来，并用白灰标画出范围线。其内部，除了主景需要精细定点并标明外，其他次要树种可用目测法确定种植点，但要注意树种、数量都要符合设计要求。

丛植片林树种位置要注意层次，以形成中心高、边缘低或由高渐低的曲折的林冠线。树林内应注意配置自然，切忌呆板，尤应避免平均分布、距离相等，邻近的几棵不要成机械的几何图形或者成一条直线。否则，就失去了自然式配置的灵魂。

2. 规则式种植的定点放线

多见于行道树、花坛等绿地，应以地面固定设施（如路、桥、广场和建筑物等）为基准进行，要求做到横平竖直、整齐美观。其中，行道树可以按照道路设计断面图的中心线为基准进行定点放线。道路已经铺成的应依据路牙距离定出行道树行位，再按照设计定出株距，用白灰做出标记。为有利于栽植行笔直，可每隔 10 株定一个木桩为行位控制标记。具体栽植时，一定要有专人冲行使栽植行笔直。如果按照设计要求定点放线遇到障碍时，应立即与设计人员和有关部门协商解决。

3. 弧线栽植定点放线

绿化中常常会遇到弧线栽植，如街道曲线转弯的行道树，放线时可以路牙或路的中心线为准，从弧的开始到末尾每隔一定距离分别画出与路牙垂直的直线。在此直线上，按设计要求的树与路牙的距离定点，把这些点连起来成为近似道路弯度的弧线，在此线上再按比例放大的株距定出各种植点。种植点定出后，用白灰或木桩做标记，如用木桩做标记，在其上应写明树种、种植坑的规格。

实践中发现，在工期紧的大面积植树工程中，工程进度往往受定点放线的制约。定点放线机的应用可以提高定点放线的效率，缩短工期。定点放线机是由定向、定距、印记以及驱动等装置构成，特别是对于规则式种植设计的定点放线可大大提高工效且准确无误。对于自然式的种植设计利用定点放线机稍微复杂一点，但也可取得良好的效果。

4. 种植点与市政设施和建筑物的关系

在街道和居住区定点放线时，要注意树木与市政设施和建筑物之间的距离，一定要遵循有关规定，具体规定数据见表3-2～表3-7（引自张秀英，2012）。

表3-2　路树基干中心与地下管线的外缘一般最小水平距离　　　　单位：m

项目	直埋电缆	管道电缆	自来水管	污水、雨水管	煤气管	热力管
乔木	1.5	1	1	1	2	2
灌木	1	—	—	—	1.5	1.5

表3-3　路树基干中心与地下管线的探井等边缘一般最小水平距离　　　　单位：m

项目	电信电力探井	自来水闸井	污水、雨水探井	消防栓井	煤气管探井	热力管探井
乔灌木	3	1.5	1.5	2	2	2

表3-4　路树枝条与架空线（最近一根）的一般水平与垂直距离　　　　单位：m

项目	一般电力线	电信明线	电信架空电缆	高压电力线
乔、灌木	3	2	0.5	5

表3-5　路树基干中心与附近设施的外缘一般最小水平距离　　　　单位：m

项目	道牙	边沟	房屋	围墙	火车轨道	桥头	涵洞	农田南侧	菜园南侧
乔木	0.5	0.5	1.5	8	6	3	2	3

表3-6　路树基干中心与交叉口边缘的延长线一般水平距离　　　　单位：m

项目	机动车路口	非机动车路口	机动车出入口	非机动车出入口	火车路口
乔木	30	10	2	1	50

表3-7　树木与建筑物的适宜距离

建筑物名称	适宜距离/m	
	至乔木中心	至灌木中心
有窗建筑物外墙	3～5	1.5～2
无窗建筑物外墙	2～3	1.5～2
围墙	0.75～1	1～1.5
陡坡	1	0.5
人行道边缘	0.5～1	1～1.5
灯柱电线杆(不包括高压线)	2～3	0.5～1
冷却池外缘	1.5～2	1～1.5
冷却塔	其高的1.5倍	—
体育场用地	3	3
排水明沟边缘	0.5～1	0.5～1

建筑物名称	适宜距离/m	
	至乔木中心	至灌木中心
厂内铁路边缘	4	2
望亭	3	2~3
测量水准点	2~3	1~2
人防地下室出入口	2~3	2~3
架空管道	1~1.5	—
一般铁路中心线	3	4

树木栽植时除应与各项市政地上、地下管线和道路设施保持一定的距离外，还应注意以不妨碍机动车辆驾驶人员的视线，不损坏路面、路基质量为原则。

在种植点与各种管道、收水井口、市政设施及建筑物等的距离不符合以上要求时，应与设计人员进行协商变更设计，在规定变动的范围内仍有妨碍者，即可不栽。

（三）种植穴的准备

树木栽植之前的种植穴准备，是改地适树，协调"地"与"树"之间的相互关系，创造良好的根系生长环境，提高栽植成活率和促进栽植后树木生长的重要环节。

1. 种植穴的规格

挖穴就是严格按照定点放线的标记，依据一定的规格、形状及质量要求，破土完成挖穴任务。

种植穴的大小一定要依据苗木的规格决定，各种规格树木种植穴的大小符合中华人民共和国行业标准《城市绿化工程施工及验收规范》CJJ/T 82—1999 的规定。常绿乔木类、落叶乔木类、花灌木类、竹类、绿篱等的种植穴规格分别见表3-8~表3-13。

表3-8　植物与地下管线及地下建筑物的距离

名称	适宜距离/m	
	至乔木中心	至灌木中心
上水管闸井	1.5~2	1.5~2
污水、雨水管探井	1.5~2	1.5~2
电力电缆探井	2~3	2~3
热力管	3	1.5~2
弱电电缆沟	1.5~2	0.5~1
消防龙头	3	3
煤气管及探井	3	1.5~2
乙炔氧气管	1.5~2	1~1.5
压缩空气管	1~1.5	0.5~1
石油管	1~1.5	0.5~1
天然瓦斯管	1~1.5	0.5~1
排水沟	1~1.5	0.5
人防地下室外缘	1.5~2	1~1.5
地下公路外缘	1.5~2	1~1.5
地下铁路外缘	1.5~2	1~1.5

表 3-9　常绿乔木类种植穴规格　　　　　　　　　　　　　单位：cm

树高	土球直径	种植穴深度	种植穴直径
150	40～50	50～60	80～90
150～250	70～80	80～90	100～110
250～400	80～100	90～110	120～130
400 以上	140 以上	120 以上	180 以上

表 3-10　落叶乔木类种植穴规格　　　　　　　　　　　　单位：cm

胸径	种植穴深度	种植穴直径	胸径	种植穴深度	种植穴直径
2～3	30～40	40～60	5～6	60～70	80～90
3～4	40～50	60～70	6～8	70～80	90～100
4～5	50～60	70～80	8～10	80～90	100～110

表 3-11　花灌木类种植穴规格　　　　　　　　　　　　　单位：cm

冠径	种植穴深度	种植穴直径
200	70～90	90～110
100	60～70	70～90

表 3-12　竹类种植穴规格　　　　　　　　　　　　　　　单位：cm

种植穴深度	种植穴直径
盘根或土球高(20～40)	比盘根或土球大(40～60)

表 3-13　绿篱类种植槽规格　　　　　　　　　　　　　　单位：cm

苗　高	种植方式(深×宽)	
	单　行	双　行
50～80	40×40	40×60
100～120	50×50	50×70
120～150	60×60	60×80

2. 种植穴的要求

种植穴应有足够的大小，以容纳植株的全部根系，避免栽植过浅和窝根。其具体规格应根据树木根系的分布特点、土层厚度、土壤类型、肥力状况、紧实程度及土壤剖面状况等条件而定。种植穴的直径与深度一般比根的幅度与深度或土球大 20～40cm，特别在贫瘠的土壤中，种植穴则应更大更深些，有时甚至加大到 1 倍。在绿篱等栽植距离很近的情况下应抽槽整地。穴或槽周壁应光滑，上下大体垂直，而不应成为"锅底"形或"V"形。在挖穴与抽槽时，肥沃的表层土壤与贫瘠的底层土壤应分开放置，除去所有的石块、瓦砾和妨碍生长的杂物，如需在种植穴底部设置排水层，则可保留部分碎石，也可填入珍珠岩等其他排水材料。贫瘠的土壤应换上肥沃的表土或掺入适量的优质腐熟有机肥。

不同树种对土壤水分的适应情况不同，如黑皮油松需要排水良好的土壤，如果栽植在通透性差、内渍严重的黏土上，而又不注意改善排水条件使之逐渐适应，就会在 1～3 年内死于氧气供应不足。因此，在排水不良的立地上，应避免栽植松树及其他不耐低氧的树种，否则要进行土壤改良，并采用瓦管和盲沟等土壤排水措施。

在挖穴过程中如发现土层过浅或土质过差应再扩大种植穴的规格，加入优质土壤或全部换土。如发现有管道、电缆等，就立即停止施工，及时与有关部门协调解决，防止野蛮施工。地下如有严重影响施工的障碍物时，经设计人员同意，可以改动种植穴的位置。

（四）苗木的挖掘与包装

苗（树）木的合理挖掘与处理应尽可能多地保护根系，特别是较小的侧根与较细的支根。这类根吸收水分与营养的能力最强，其数量明显减少，会造成栽植后树木生长严重障碍，降低树木恢复的速度。

根据苗木的根系暴露状况，可分为裸根挖掘和带土球挖掘。

1. 挖掘前的准备工作

挖掘前的准备工作包括挖掘对象的确定、包装材料及器械的准备等。

（1）号苗　首先要按计划选择并标记中选的苗（树）木，按设计要求到现场进一步选择苗木，并做出标记，通称"号苗"。所选苗木其数量应留有余地，以弥补可能出现的损耗。在选好的苗木上，做出明显的标记如漆色、拴绳、挂牌等。

（2）圃地准备　苗圃地的土壤过于干燥或过于潮湿，对起苗都不利，因此，起挖苗木前，应调整苗圃地土壤水分状况。如过于干燥，应提前几天灌水，以利于挖掘和少伤根系。如果土壤过湿，应提前开沟排水，或松土晾晒。

（3）拢冠　即对于分枝较低、枝条长而比较柔软的苗（树）木或丛径较大的灌木，应先用粗草绳将较粗的枝条向树干绑缚，再用草绳打几道箍，分层捆住树冠的枝叶，然后用草绳自下而上将各横箍连结起来，使枝叶收拢，以便操作与运输（图 3-1），而且会减少损伤树冠枝条。

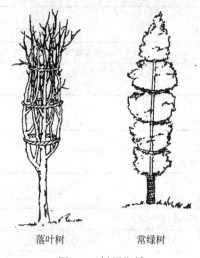

落叶树　　　常绿树

图 3-1　树冠绑缚
（引自郭学望，2002）

（4）标明树体朝向　对于分枝较高、树干裸露、皮薄而光滑的树木，因其对光照与温度的反应敏感，若栽植后方向改变易发生日灼和冻害，故在挖掘时应在主干较高处的北面用油漆标出"N"字样，以便按原来的方向栽植。

（5）人力、工具及材料的装备　起苗前应组织好劳动力，并准备好锋利的起苗工具和包扎材料及运输工具。

2. 苗木根系或土球挖掘的规格

苗木挖掘、包装应符合现行行业标准《城市绿化和园林绿地用植物材料　木本苗》（CJ/T 34）的规定。

研究和控制苗木根系的规格或土球的大小和形状的目的是为了在尽可能小的挖掘范围内保留更多的根量。某种意义上讲，范围越广或土球越大，根量越多，移栽对树木生命活动所造成的干扰越小，越易成活；但另一方面，带根越多，操作越困难，重量越大，成本也越高。因此，应将苗木的保留根系控制在一个恰当的范围内。苗木起挖保留根系或土球规格的大小，因树木种类、苗木规格和移栽季节而定，在实践中应在保证苗木成活的前提下灵活掌握。

苗木挖掘时，根据根系是否裸露可分为带土球挖掘和裸根挖掘两种。乔木树种挖掘的根幅或土球规格一般以树干胸径而定，乔木树种根系或土球挖掘直径一般是树木胸径的 10～12 倍，其中树木规格愈小，比例愈大；反之，愈小。土球的高度大约为土直径的 2/3。灌木树种可按灌木丛高度的 1/3 确定。

一般而言，能用裸根起苗的树木不采用带土球起苗，除非用裸根起苗栽植不活的树种和特殊需要及反季节栽植。一般常绿树都带土球起苗，特别是在北方（在南方有的不需要）。

3. 裸根挖掘与包装

裸根起苗需要的工具和材料少，方法简单，成本低，经济实惠，但有的树种采用裸根起苗栽植后缓苗较慢或不成活。落叶树可以裸根或带土栽植。一般情况下，常绿树或干径超过10cm的落叶树通常都应带土移栽。

干径不超过8cm或10cm的多数落叶树种，都可裸根栽植。树种不同，树体的抗性不同，裸根移植成活率也不同。如悬铃木、杨树、柳树及榆树等抗性强，萌芽力高，裸根栽植的成活率高，同时生长受到的干扰也小；而另外一些树种，如鹅掌楸、玉兰等在成活和恢复中，几乎要耽误1年左右的时间，才能恢复正常生长。

裸根挖掘应保证树木根系有一定的幅度与深度，乔木树种的根幅可按胸径10～12倍、灌木树种可按灌木丛高度的1/3确定；根深应按其垂直分布密集深度而定，对于大多数乔木树种来说，60～90cm深就足够了，而对于浅根型树木，挖掘深度达到20～40cm即可。

挖掘开始时，先以树干中心为圆心，以胸径的5～6倍为半径画圆，于圆外绕树起苗，垂直挖至一定深度，切断侧根。然后于一侧向内深挖，适当摇动树干查找深层粗根的方位，并将其切断。如遇难以切断的粗根，应把四周土壤掏空后，用手锯锯断，切忌强拉树干和硬切粗根，造成根系劈裂，对已劈裂的根应进行修剪。根系全部切断后，放倒苗木，轻轻拍打外围土块，根部的大部分土壤可去掉，但是如果根系稠密，能带护心土的，则应尽可能保留。如不能及时运走，应在原穴用湿土将根覆盖好，进行短期假植。如较长时间不能运走，应集中假植；干旱季节还应设法保持覆土的湿度。

4. 土球苗的挖掘与包装

一般常绿树和直径超过8cm或10cm的落叶树，应带土球移栽。带土球起苗需要的工具和材料多，技术性强，成本较高。虽然带土栽植增加了成本，树木根系范围也有一定程度缩小，但土球内的根系完整，并保持着与土壤的密切关系，栽植后的成活与生长受干扰很小。土球的直径、深（或高）度在很大程度上取决于土壤的类型、根的习性及树木的种类等因素。落叶树土球的直径与裸根挖掘一样，为胸径的10～12倍；常绿树须根多，根系比较紧凑集中，因此土球直径可以稍小，一般为胸径的8～10倍。

开始挖掘时，先铲除树干周围的表层土壤，直到不伤及表面根系为准。然后绕干基画圆，圆的半径要比规定的土球半径大5～6cm，以便于后期的土球修整。在圆外垂直开沟，宽度以便于施工为准，一般为50～60cm。边挖边削平土球边缘，使之平滑，便于捆扎草绳，并切除露出的根系，使之紧贴土球，伤口要平滑，大切面要消毒防腐。当挖掘深度达到土球高度1/3时，逐渐向内收底，使土球底部半径为土球表面半径的1/3左右，最终整个土球应呈"倒圆台"形。土球直径少于50cm的，将底土掏空，将土球抱到坑外进行包装；而土球大于50cm的，则不挖断底土，在坑内包装。

挖好的土球是否需要包扎，视土球大小、质地松紧及运输距离的远近而定。一般近距离运输，土质紧实、土球较小的树木不必包扎；土球直径在30cm以上一律要包扎，以确保土球不散。包扎的方法有多种，最简单的方法是用草绳上下绕缠几圈，称为简易扎或"西瓜皮"包扎法，也可用塑料布或稻草包裹。较复杂的还有井字式（古钱包式）、五星式或橘子包式3种。

有些地区用双股双轴的土球包扎法，即先用蒲包等软材料把土球包严实，再用草绳固定。包扎时以树干为中心，将双股草绳拴在树干上，然后从土球上部稍倾斜向下绕过土球底部，从对面绕上去，每圈草绳必须绕过树干基部，按顺时针方向距一定间隔缠绕，间距8cm

图 3-2 扎腰箍

（土质疏松可适当加密），边绕边敲，使草绳嵌得紧些。草绳绕好后，留一双股的草绳头拴在树干的基部。江南一带包扎土球，一般仅用草绳直接包扎，只有当土质松软时才加用蒲包、麻袋片包裹。

（1）扎腰箍　大土球包扎，土球修整完毕后，先用1～1.5cm粗的草绳（若草绳较细时可并成双股）在土球的中上部打上若干道，使土球不易松散，避免挖掘、扎缚时碎裂，称为扎腰箍。草绳最好事先浸湿以增加韧性，届时草绳干后收缩，使土球扎得更紧。扎腰箍应在土球挖至一半高度时进行，2人操作，1人将草绳在土球腰部缠绕并拉紧，另1人用木槌轻轻拍打，令草绳略嵌入土球内以防松散。待整个土球挖好后再行扎缚，每圈草绳应按顺序一道道地紧密排列，不留空隙，也不重叠。到最后一圈时可将绳头压在该圈的下面，收紧后切断。腰箍的圈数（即宽度）视土球的高度而定，一般为土球高度的1/3～1/4（图3-2）。

腰箍扎好后，在腰箍以下由四周向泥球内侧铲土掏空，直至泥球底部中心尚有土球直径1/3左右的土连接时停止，开始扎花箍。花箍扎毕，最后切断主根。

（2）扎花箍　扎花箍的形式主要有井字包扎（图3-3）、五星包扎（图3-4）和橘子包扎（又叫网络包）三种扎式。落叶树或2吨以下的常绿树，运输距离较近、土壤又较黏重的条件下，常采用井字包或五星包扎；比较贵重的树木，运输距离较远或土壤的沙性较大时，则常用橘子包扎。

图 3-3　井字包扎（引自陈有民，1990）

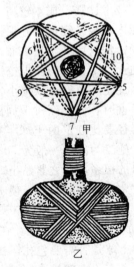

图 3-4　五星包扎（引自陈有民，1990）

橘子包扎法是先将草绳一端结在腰箍或主干上，再拉到土球边，依图 3-5（a）的次序，由土球面拉到土球底，如此继续包扎拉紧，直到整个土球均被密实包扎成图 3-5（b）。有时对名贵或规格特大的树木进行包扎，为保险，可以用两层，甚至三层包扎，里层可选用强度较大的麻绳，以防止在起吊过程中扎绳松断土球破碎。

（3）简易包扎　对直径规格小于30cm的土球，可采用简易包扎法。如将一束稻草（或草片）摊平，把土球放上，再由底向上翻包，然后在树干基部扎牢，如图3-6（a）所示。也可在泥球径向用草绳扎几道后，再在泥球中部横向扎一道，将径向草绳固定即可，如图3-6（b）所示。简易包扎法也有用编织布和塑料薄膜为扎材的，但栽植时需将其解除，以免影响根系发育。

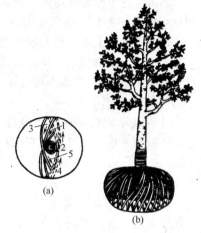

图 3-5　橘子包扎（引自陈有民，1990）

图 3-6　简易包扎法（引自陈有民，1990）

（五）运输

在装运之前，应仔细核对树种、品种、数量与规格等，凡不符合要求的应立即替换，补齐所需的数量，并要附上标签，标签上注明树种、年龄、产地等。在苗木运输的过程中防止树体，特别是根系过度失水，保护根、干使其免受机械损伤，尤其在长途运输中更应注意保护。车厢内应先垫上草袋等软质材料，以免运输过程中车板磨损苗木。

较大的苗木装车时应根系向前，树梢向后，顺序码放，不要压得太紧，做到上不超高（以地面车轮到苗高处不许超过 4m），梢端不拖地（必要时垫蒲包用绳吊起），根部应用苫布盖严，并用绳捆好。

带土球苗装运时，苗高不足 2m 者可竖放；苗高 2m 以上的应使土球在前，苗梢向后，斜放或平放，并用木架将树冠架稳。土球直径大于 50cm 的，可装 1～2 层，并应装紧，防止开车时晃动；土球直径小于 50cm 的，可以排放多层。运苗时，土球上不许站人和压放重物。

苗木运输时应有专人跟车押运，经常注意苫布，防止其被风吹开，特别是长途运苗，裸露根系易被吹干，应注意洒水。为了缩短栽植周期，减少栽植对树木代谢的干扰，短途运苗时，中途最好不停留，休息时车应停在阴凉处。苗木运到后应及时卸车，要求轻拿轻放！卸裸根苗时不应从中间抽取，更不许整车推下。经长途运输的裸根苗木，根系较干时应浸水 1～2d。带土球小苗应抱球轻放，不应提树干。较大土球苗，可用长而厚的木板斜搭于车厢，将土球移到板上，顺势慢慢滑动卸下，包扎不严不能滚卸，以免散球。土球太大用吊车装卸。

（六）假植与寄植

假植和寄植都是在定植之前，按要求将苗木的根系埋入湿润的土壤中，以防风吹日晒失水，保持根系生活力，促进根系恢复与生长的方法。

1. 假植

苗木运到现场后，未能及时栽植或未栽完的，应视距栽植时间长短分别采取假植的措施。

假植地宜选择在地势平坦、交通方便、便于管理、距建园地较近的背风地。挖假植沟的方向应与主风方向垂直，假植沟一般宽 1.5～2.0m、深 0.3～0.5m，长度视需要而定。沟的迎风面要做成 35°～45°的斜坡，以利摆放苗木。按树种或品种分别集中假植，并做好标记。树梢应顺主风方向斜放，将苗木排在沟内，要求单株疏放，不窝根。用湿土将苗根和根颈埋严，依次一层一层地进行，最后埋土，然后踩实。若系长途运来的苗木或苗圃地干旱，必须用清水将苗木根系浸泡 1d，然后再假植。在此期间，土壤过干应适量浇水，但也不可过湿，以免影响日后的操作。

带土球的苗木如果在 1～2d 内能够栽完就不必假植；1～2d 内栽不完的，应集中放好，四周培土，树冠用绳拢好。如存放时间较长，土球间隙也应加湿润细土培好。常绿树在假植期间应在叶面喷水保湿。

2. 寄植

寄植比假植的要求高。一般是在早春树木发芽之前，按规定挖好土球苗或裸根苗，在施工现场附近进行相对集中的培育。对于裸根苗，应先造土球再行寄植。造土球的方法：在地上挖一个与根系大小相当、向下略小的圆形土坑，坑中垫一层草包、蒲包等包装材料，按正常方法将苗木植入坑中，将湿润细土填入根区，使根、土密接，不留任何大孔隙，也不要损伤根系。然后将包装材料收拢，捆在根颈以上的树干上，脱出假土球，加固包装，即完成了造球的工作。

寄植土球苗一般可用竹筐、藤筐、柳筐及箱、桶或缸等容器，其直径应略大于土球，并应比土球高 20～30cm，先在容器底部放些栽培土，再将土球放在正中，四周填土，分层压实，直至离容器上沿 10cm 时筑堰浇水。寄植场应设在交通方便、水源充足而不易积水的地方。容器摆放应便于搬运和集中管理，按树木的种类、容器的大小及一定的株行距在寄植场挖相当于容器高 1/3 深的置穴。将容器放入穴中，四周培土至容器高度的一半，拍实。寄植期间适当施肥、浇水、修剪和防治病虫害。在水肥管理中应特别注意防止植株徒长，增强抗性。待工程结束时，停止浇水，提前将容器外培的土扒平，待竹木等吸湿容器稍微风干坚固后，立即移栽。

（七）种植时的修剪

1. 修剪的目的

树木栽植时一定要进行修剪，其目的是为了使树木在栽植过程中保持地上与地下水分代谢的相对平衡，提高成活率；同时根据栽植地的性质和设计者的要求对树木进一步整形，以培养与周围环境协调的良好树姿，并减少自然伤害。

栽植过程中的修剪一般可以分两次进行，第一次在起苗前进行，去除病枯枝、过密枝和扰乱树形的枝条，以使起苗、运苗方便。第二次修剪是在栽植后灌水前进行，其目的是为了保持树体水分代谢平衡，提高成活率。

2. 栽植过程修剪的要求与规定

栽植时对树木进行修剪，应根据类别、树种、年龄、生长地和栽植地点、园林用途以及有利于成活等方面进行。

(1) 树种不同，则生物学特性不同，其修剪的方法也不一样。

① 常绿乔木。常绿乔木可适量疏枝。枝叶集生树干顶部的苗木可不修剪。具轮生侧枝

的常绿乔木用作行道树时，可剪除基部2～3层轮生侧枝。

常绿针叶树，不宜修剪，只剪除病虫枝、枯死枝、生长衰弱枝、过密的轮生枝和下垂枝。特别要注意保护松类树种的顶芽，顶芽一旦被损伤，观赏性大大降低，甚至成为无用的苗木。

② 落叶乔木。顶端优势强的种类，如银杏、杨树类、悬铃木、樟子松、黑皮油松、雪松、南洋杉等，应保护好主轴的顶芽，以使其形成高大挺拔的树形。

具有明显主干的高大落叶乔木应保持原有树形，适当疏枝，对保留的主侧枝应在健壮芽上短截，可剪去枝条 1/5～1/3。

无明显主干、枝条茂密的落叶乔木，对于胸径 10cm 以上树木，可疏枝保持原树形；对胸径为 5～10cm 的苗木，可选留主干上的几个侧枝，保持原有树形进行短截。

③ 花灌木。顶端优势不强的花灌木类应重剪，做到中高外低，内密外疏，去直留斜，去老留新，培养成丛球形。

④ 灌木及藤蔓类。栽植修剪时，应符合下列规定。

a. 带土球或湿润地区带宿土裸根苗木及上年花芽分化的开花灌木不宜做修剪，当有枯枝、病虫枝时应予剪除。

b. 枝条茂密的大灌木，可适量疏枝。

c. 对嫁接灌木，应将接口以下砧木萌生枝条剪除。

d. 分枝明显、新枝着生花芽的小灌木，应顺其树势适当强剪，促生新枝，更新老枝。

e. 用作绿篱的乔、灌木，可在种植后按设计要求整形修剪。苗圃培育成型的绿篱，种植后应加以整修。

f. 攀缘类和蔓性苗木可剪除过长部分，攀缘上架后可剪除交错枝、横向生长枝。

(2) 年龄不同修剪的程度和重点也不同　幼树生长旺盛，枝条生长强健，应以整形为主。为了尽快形成良好的树体结构，对各级骨干枝的延长枝应以短截为主，促进营养生长。成年树可以进行重剪，重点在于调节生长与开花结果的矛盾，并疏掉部分老枝，促进枝条更新，防止衰老，以利于成年树生态和观赏功能的发挥。

(3) 苗木来源和栽植地不同，则修剪程度和要求不同　从野外直接挖掘的树木，往往主根发达，挖掘过程中须根损伤较多，为了保持树体水分代谢平衡，需要进行较重的修剪。如树木是苗圃苗，则须根较多，根系的吸收能力恢复较快，相对来说修剪应适当减轻。

在多风地区或风口栽植乔木时，一定选栽深根性的树种，同时树体不能过大，枝叶不要过密。如栽植到盐碱地段，应适当控制树木的高度，采取低干矮冠的整形修剪。在沙土地，根系对地上部分的支撑能力相对要差些，所以，应尽可能选择深根性的树种，并对地上部分适当重剪。

(4) 根据园林用途进行修剪　园林树木的修剪不能离开其用途，必须根据其在园林中的用途进行。如行道树栽植时的修剪，其主干应留 2.5m 以上，2.5m 以下的枝条一律疏除，分枝点以上的枝条酌情疏剪或短截。同一条道路相邻的树木高度应基本一致，树木之间的高度不能相差 50cm，过高的植株要短截；庭荫树的枝下高无固定要求，若依人在树下活动自由为限，以 2.0～3.0m 以上，冠高比以 2/3 以上较为适宜；若树势强旺、树冠庞大，则以 3～4m 为好，能更好地发挥遮阴作用。

(5) 根据树木萌芽能力不同，修剪的强度不同　整形修剪的强度与频度，不仅取决于树木栽培的目的，更取决于树木萌芽发枝能力和愈伤能力的强弱。如对悬铃木、大叶黄杨、女贞、圆柏等具有很强萌芽发枝能力的树种，耐重剪，可多次修剪；而对青桐、桂花、玉兰等萌芽发枝力较弱的树种，则应少修剪或只做轻度修剪。

（6）修剪的质量要求　剪口应平滑，不得劈裂；枝条短截时应留外芽，剪口应距留芽位置以上 1cm；修剪直径 2cm 以上大枝及粗根时，剪口必须削平并涂防腐剂。

（八）栽植技术

1. 栽植深度与方向

树木栽植的深度，一般乔、灌木应保持种植土下沉后，树木基部原来的土印与地平面持平或稍低于地平面（3～5cm）为准。树木栽植过浅，会削弱树木根系对地上部分的支撑能力，影响树木抗风能力；浅层土壤的水分很容易被蒸发，因此栽植过浅还会导致树木抗旱性差；在北方地区，树木栽植过浅还会影响树木根系越冬的安全性。栽植过深，抑制树木生长发育，甚至造成根系窒息，几年内就会死亡（图 3-7）。

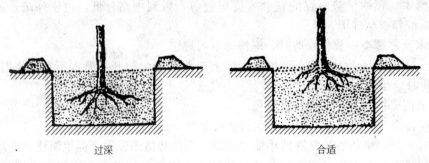

过深　　　　　　　　　　　　　　　　　合适

图 3-7　栽植深度（引自郭学望，2002）

树木种类、土壤质地、地下水位和地形地势等因素也会影响树木苗木栽植深度。一般情况下，根系生长快、易发生不定根的树种如杨、柳、杉木等和根系穿透力强的树种如悬铃木、樟树等可适当深栽；反之，则应该浅栽，如榆树等。土壤黏重、板结应浅栽；土壤质地轻松可深栽。土壤排水不良或地下水位过高应浅栽；土壤干旱、地下水位低应深栽；土壤通透性较好的，如沙土或沙壤土可深栽，平地和底洼地需要平整土地后再进行栽植。此外，栽植深度还应注意新栽植地的土壤与原生长地的土壤差异，尤其是不同立地条件下地下水位的差异。如果树木从原来排水良好的立地移栽到排水不良的立地上，其栽植深度应比原来浅5～10cm。

由于生长方向不同，树体各组织器官的充实程度或抗性存在差异。一般情况下，朝西北面的结构坚实（年轮窄就是证明），抗性强。树木栽植时，特别是主干较高的大树，栽植方向应与原生长方向保持一致。如果原来树干朝南的一面栽植时朝北，冬季树皮容易冻裂，夏季容易遭受日灼。此外，还有阴生叶和阳生叶的差异。若在栽植地无冻害或日灼，应把树形及生长势最好的一面朝向主要观赏方向。栽植时除特殊要求外，树干应垂直于东西、南北两条轴线，如果树干弯曲，弯向应朝向当地主风方向。

2. 栽植过程与要求

（1）裸根栽植　先检查种植穴的大小是否与树木根深和根幅相适应，如果不符合要求，应及时进行调整。坑过浅要加深，并在坑底垫 10～20cm 的疏松土壤，踩实以后栽植。由于树木根系生长时一般都与土壤水平面成一夹角下扎，所以在植穴底部最好先做一锥形土堆，堆土高度根据种植穴深度及根幅大小而定。然后按预定方向与位置将根系骑在土堆上，并使根系沿锥形土堆向四周自然散开。这样就能保证根系舒展，防止窝根。树木放好后可逐渐回填土壤。填土时最好用湿润疏松肥沃的细碎土壤，特别是直接与根接触的土壤一定要细碎、湿润，切忌粗干土块挤压，以免伤根和留下空洞。实际工作中，可以优先填入挖穴时挖出的上层"熟土"，并尽量靠近根系。回填过程中，需要对树体进行固定，如果树小，可一人轻轻向上提拉树木使根系舒展、不曲根；如果树体较大，可用绳索、支杆拉撑。第一批土壤应牢牢地填在根基上。当土壤回填至根系约 1/2 时，可轻轻抖动树木，让土粒"筛"入根间，使根系与土壤密接，防止土壤中出现过多气袋。填土时应边填土边夯实，如果土壤太黏，不要踩得太紧，否则土壤通气不良，影响根系的正常呼吸。

栽植前如果发现裸根树木失水过多，应将植株根系放入水中浸泡 10～20h，充分吸水后栽植。对于小规格乔、灌木，无论失水与否，都可在起苗后或栽植前将根系蘸磷肥，磷元素可加快根系伤口的愈合，促进新根的生长，扩大根系的吸收面积，从而提高树木的抗寒和抗旱能力。具体方法是：过磷酸钙 5kg，黄泥 15kg，加水 80kg，充分搅拌后，将树木根系浸入即可。

(2) 带土球栽植 栽植前，先踏实穴底预垫的松土，保证栽植深度适宜。将土球入坑放稳、树干直立、定好方向。待树木栽植方向和深度调整后，将土球包装自下而上小心解除，如果土球没有破碎的危险，应将包扎物拆除干净；反之，则不宜强行抽取包装材料，此时可剪断包装，松开蒲包或草袋，任其在土中腐烂（如果包装物太多，应去掉一部分）。拆除包装后不应再推动树干或转动土球，否则根土会发生分离。土球苗栽植时，填的土应分层踏实，一般情况下，每隔 20cm 踏实一次。

3. 支架

对新栽树木支架是为了保护树木不受机具、车辆和人为损伤，固定根系，防止被风吹倒并使树干保持直立状态。凡是胸径在 5cm 以上的乔木，特别是裸根种植的落叶乔木、枝叶繁茂而又不宜大量修剪的常绿乔木和有台风的地区或风口处栽植的大苗（树），均应考虑进行树体支撑。支架时捆绑不要太紧，应允许树木能适当摆动，以利提高树木的机械强度，促进树木的直径生长、根系发育、增加树木的尖削度和抗风能力。如果支撑太紧，在去掉支架以后容易发生弯斜或翻倒。因此，树木的支撑点应在防止树体严重倾斜或翻倒的前提下尽可能降低。有些带土球移栽的树木也可不进行支撑。

(1) 桩杆式支架 桩杆式支架的支点一般低于牵索式支架。

① 直立式。一般在树木栽植过程中埋杆。在距离干基 15～30cm 的地方，打入 1～2 根 2.0～2.5m 的桩材或支柱，深度视种植穴大小而定。然后用软质材料（软管、粗麻布、粗帆布、蒲包）在树干适当位置上围成一圈，用铁丝连结起来，扭成"8"字形绕在立桩上（图 3-8）。直立支架又有单立式、双立式和多立式之分。若采用双立式或多立式，相对立柱可用横杆呈水平状紧靠树干连结起来，并把松的一端钉在支架上（图 3-9）。有条件的地方还可采用专用支架进行支撑。

② 斜撑式。用适当长度的三根（1.5～2.0m）支杆，以树干基部为中心，由外向内斜撑于树干 2.0～1.5m 高的地方，组成一个正三棱锥形的三角架，进行支撑［图 3-10(b)］。三根支柱的下端入土 10～20cm，支杆与地面夹角应为 30°～45°。为了提高斜撑式的支撑效果，可以将杆的下端固定在铁（或木）桩上，如在硬质铺装上进行支撑，也可以暂时撬起铺装材料以固定支杆。支撑的交点同样以软管、蒲包等物将树干垫好后连结在一起［图 3-10(a)］。

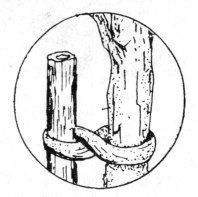

图 3-8 "8"字形连接
（引自郭学望，2002）

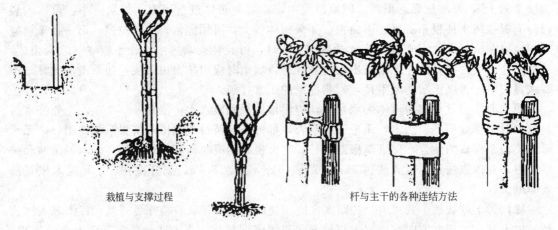

栽植与支撑过程   杆与主干的各种连结方法

图 3-9　树木的栽植与支撑（引自郭学望，2002）

(a) 支点处理   (b) 支杆与地面的处理

图 3-10　斜撑式

（2）牵索式　支架较大的树必须用 1～4 根（一般为 3 根）金属丝或缆绳拉住加固。这些支撑线（索）从树干高度约 1/2 的地方拉向地面与地面的夹角约为 45°。线的上端用防护套或废胶皮管及其他软垫绕干一周连结起来。线的下端固定在铁（或木）桩上。角铁桩上端向外倾斜，槽面向外，周围相邻桩之间的距离应该相等。在大树上牵索，有时还要将金属线连在紧线器上（图 3-11）。

牵索支架很难在街道或普通公园应用。因为这些金属线索将给行人或游客带来潜在的危险，特别是在夜间容易绊伤行人。因而应对牵索加以防护或设立明显的简单标志，以引起行人的注意。

4. 开堰浇水

树木支架完成之后应沿树坑外缘开堰。堰埂高 20～25cm，用脚将埂踩实，以防浇水时跑水、漏水等（图 3-12）。

一般在栽植期间不应浇水，否则会妨碍踩紧踏实，使土壤成块，且干燥后不容易打碎。树木栽完后，24h 内必须浇一遍水，浇水量要足，必须浇透，但速度要慢，其作用是使根系和土壤密接，通常称这遍水为"定根水"。第二次浇水应在第一次浇水的 3～5d 进行，浇水量以压水填缝为主。第二遍水后 7～10d 浇第三遍水，在北方新栽树木这三遍水必不可少。以后在树木成活以前还必须经常补充水分，一般要连灌 3～5 年。浇水的频率取决于土壤类

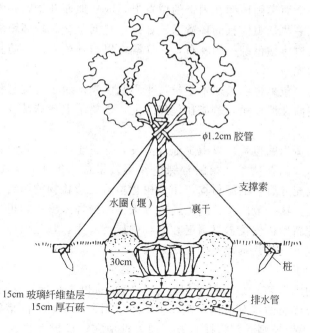

图 3-11　树木栽植与植穴排水（引自 P. P. Pirone，1988）

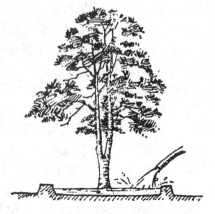

图 3-12　开堰浇水
（引自郭学望，2002）

型、树木规格以及降水量、降水频度等，沙地应保持小水勤浇，一次性浇水量不要过大，可适当增加浇水的次数；黏性土壤可适量加大灌水量；在干旱地区或遇干旱天气，应增加浇水的次数；晚秋或冬天移栽的阔叶树在翌春发芽前需水较少。

为了防止因水流过急冲刷土壤，在灌水之前最好在土壤上放置木板或石板，让水落在木板或石板后流入土壤中，以减少水的冲刷，慢慢浸入土中，直至湿润根层的土壤，即做到小水灌透。

在浇水中应注意两个问题：一是不要频繁少量浇水，因为这样浇水只能湿润地表几厘米内的土层，诱使根系靠地表生长，降低树木抗旱和抗风能力；二是不要超量大水灌溉，否则不但赶走了根系正常发育所需的氧气，影响生长，而且还会促进病菌的发育，导致根腐，同时浪费水资源。因此，树木根系周围的土壤，既要经常保持湿润，又不应饱和。一般每周浇 1 次，连浇 3 次后再松土封堰。春天根系开始生长和放叶之前，新栽树木周围的土壤一般应保持相对干燥。

除土壤灌水以外，还可以对新栽树木尤其是常绿树采取树冠喷水的方法，此法不但可以减少叶面的水分损失，而且可以冲掉叶面的蜘蛛、螨类和烟尘等。树冠喷水时间和土壤灌水一样，宜在上午 10 时前或下午 16 时后进行。

5. 树干包裹与树盘覆盖

（1）树干包裹　新栽的树木，特别是树皮薄、嫩、光滑的幼树，应用粗麻布、粗帆布、特制皱纸（中间涂有沥青的双层皱纸）及其他材料（如草绳）包被，以防日灼、干燥和减少蛀虫侵染，冬天还可防止啮齿类动物的啃食。从荫蔽树林中移出的树木，因其树皮极易遭受日灼的危害，对树干进行保护性包裹，效果十分显著。

包被物用细绳安全而牢固地捆在固定的位置上，或从地面开始，一圈一圈互相重叠向上裹至第一分枝处。在一些景观优雅的环境里，如果单纯捆草会影响环境的美观，如果这时能在外层再裹上一层与树体颜色统一的麻布，这样既可以与环境协调，防止夏季薄膜内温度过高，也有利于树干的成活。

在多雨季节，树干包裹也会给树木生长带来不利影响。由于树皮与包裹材料之间保持过湿状态，容易诱发真菌性溃疡病，若能在包裹之前，于树干上涂抹某种杀菌剂，则有助于减少病菌感染。

(2) 树盘覆盖 适当的覆盖可以减少地表蒸发，保持土壤湿润和防止土温变幅过大，对于具有特殊价值的树木和在秋季栽植的常绿树作用效果最为突出，可提高树木移栽的成活率。稻草、腐叶土或充分腐熟的肥料均可用于树盘覆盖。覆盖物的厚度至少是全部遮蔽覆盖区而见不到土壤。覆盖物一般应保留越冬，到春天揭除或埋入土中，也可栽种一些地被植物覆盖树盘。目前一种新型树皮覆盖材料已在园林中广泛应用，它是由樟子松和红松树皮经处理后获得的，可以改善土壤并具较好的美观效果。

6. 抗蒸腾剂的使用

为了提高栽植的成活率，必须保证根冠水分代谢的相对平衡，这是不可忽视的一个方面。为达到根冠水分代谢的相对平衡，实际生产中采用了很多有效的措施。如修剪树冠、多带根系（带土球）、用生长刺激剂涂抹断根、加大种植穴、往树上喷水、栽后给常绿树树冠上喷蜡等。近年来抗蒸腾剂的应用受到人们的重视，抗蒸腾剂能有效减少叶片水分的蒸发，特别是对常绿树效果更加明显。

国外的抗蒸腾剂有三种主要类型，即薄膜形成型、气孔开放抑制型和反辐射降温型化学药剂。现今商业上常用的抗蒸腾剂是薄膜形成型，其中有各种蜡制剂、蜡油乳剂、塑料硅胶乳剂和树脂等。

薄膜形成型抗蒸腾剂是在枝叶表面形成薄膜而减少蒸发，如在树木移植前喷洒 Wilt-Pruf 液态塑料，先用水稀释，再用压力喷雾器或一般喷雾器喷到叶和茎上，约 20min 就可干燥，形成一层可以进行气体交换而阻滞水气通过的胶膜，减少叶片失水。Wilt-Pruf 的使用可大大消除带叶栽植的危险。

喷洒过 Wilt-Pruf 的树木移栽后仍需灌水，但可减少浇水的次数。经处理的树木移栽后，扎根成活要比未处理的快。

用于常绿阔叶树的喷洒液是 1 份 Wilt-Pruf 加 4～6 份水混合，在冰点以上的气温下细雾喷洒。这种混合液只需喷在叶子的表面。使用过的喷雾器等应用肥皂水立即彻底冲洗干净，否则 Wilt-Pruf 就会硬化，堵塞喷嘴和其他部件。未用完的 Wilt-Pruf 必须贮藏在不结冰的地方。但是 Wilt-Pruf 的使用不能降低树木移栽的其他要求，否则也会造成损失。

此外，也可在叶和干上喷各种蜡制剂，使所有的表面结一层薄蜡，可有效地减少蒸腾。许多树木栽培者利用这种方法进行带叶移栽（郭学望，2002）。

7. 树干注射液的使用

通过向树干内注入药剂，可防治病虫害、矫治缺素症、调节植株或种实生长发育，是一种新的化学施药技术。自 20 世纪 70 年代以来，得到美、日、法、英、德、韩、瑞士等世界主要发达国家的广泛重视，我国也先后有十多个高等院校、科研单位和众多技术推广、生产单位展开了积极研究和推广应用。其中部分技术，在注射原理、机械结构、工作效率、防治效果、适用性能、维护保养和产品系列化等方面，均取得较大突破。树干注射施药法现已开始普及。

树干注射液中所含的内吸性药物和矿物质进入树体内能随树体内水分运动向上输运；在

向上输运途中还有横向输运，即能从根部向顶梢、叶片传输、扩散、存留和发生代谢。不仅如此，有些内吸剂和养分到达叶片后又能随下行液经韧皮部筛管转向根部，或直接从木质部内韧皮部转移、传输、扩散、存留和发生代谢。树干注射施药技术就是利用树木自身的这种物质传输扩散能力，用强制的办法把药液快速送到树木木质部，使之随蒸腾流或同化流迅速、均匀地分布到树体各部位，从而实现防治病虫害、矫治缺素症、调节植株生长发育的目的。

在树木移植过程中，为了保持和恢复树体以水分为主的代谢平衡，提高树木的移植成活率，树干注射液已经被广泛应用。树干注射液能及时提供树木生长所需的多种营养物质和生长促进剂，促进树木根系发育，枝叶健康生长，增强光合作用，提高移栽树木的成活率。

在施用树干注射液时，一般用 5～8mm 的钻头，在树冠的中上部吊袋 1～5 个（视树木胸径大小而定），深达木质部 1～3cm，孔向下 30°，将树干注射液吊在打孔上上方 50～100cm 处，将树干注射液的插头插入孔中，通过滴管自然渗入树体。

第四节 大 树 移 栽

大树移栽工程是指对胸径为 10～20cm 甚至 30cm 以上大型树木的移栽工作。它是城市绿化中，为了提高树木的造景效果而经常采用的重要手段和技术。

随着生态文明建设步伐的不断加快，市绿化和园林建设遇到了前所未有的发展空间，各级政府部门高度重视植树绿化工作，在打造"绿色景观"的思想指导下，城建部门都不约而同地选择了大树移植这种绿化措施，"大树进城"很快成为政府增加城市绿化覆盖率、提高城市绿量、美化城市环境的重要手段。

一、大树移栽的作用

随着我国经济的蓬勃发展，物质文明水平的快速提高，人们对居住环境质量要求越来越高。在这种形势下，应用常规方法和速度进行绿化，已经无法满足现阶段城市发展的需求，大树移植成为解决这一难题的重要途径。大树移植可大大缩短城市绿化建设的周期，快速提高城市绿地的生态、景观和社会效益，满足了人们对居住环境的要求。

生态环境的可持续发展是可持续发展的重要内容，良好的生态环境是可持续发展的基础，是实现可持续发展的保证。然而我国城市人口密集、高楼林立、空间相对拥挤，且污染物排放量大，城市的发展与生态环境间的矛盾日益突出。如何用有限的空间发挥出较好的生态效益，成为亟待解决的问题。大树枝繁叶茂，根系发达，叶面积大，生态作用显著，对改善人居环境等方面也起着重要的作用。因此，移植大树可以提高城市绿化空间的生态效益，促进城市生态环境的优化，实现人与自然的和谐共存。

二、大树移栽的特点

大树一般都处于离心生长的稳定时期，个别树木甚至开始向心更新，其根系趋向或已达到最大根幅。骨干根基部的吸收根多离心死亡，吸收根主要分布在树冠投影外缘附近的土壤中，带土范围内的吸收根很少。这就会使移植的大树严重失去以水分代谢为主的平衡，这也是大树移植成活率低的根本原因之一。移植大树就是为了缩短绿化周期，尽早发挥大树绿化效果。为了达到这一目的，需要保持大树原有优美姿态，大树的树冠一般不进行过重修剪，只能在所带土球范围内，用促发大量新根的办法为保持水分代谢平衡打下基础，并配合其他移栽措施确保成活。

另外，大树移植与一般苗木移栽相比，对技术和经济能力有较高的要求，主要表现在被移的对象具有庞大的树体和相当大的重量，往往需借助于一定的机械力量才能完成；城市立地条件复杂，树木状况各异，通常需要严格的规划、科学的栽培技术以及精心的养护，才能保证大树移植的成活率。

三、大树移栽的简史

清代王灏著的《广群芳谱》是我国第一本详细记载大树移植技术的古代著作。其中载有："大树须广留土，如一丈树留土二尺远……用草绳缠束根土，树大，从下去枝三二层，记南北，运栽处；深凿穴，先用水足，然后下树，加于土，将土架起，摇之令土至根……四周筑实，勿令风入伤根，百株百活。若欲僵蹇婆婆，将大根除去，止留四边细根。"

1954年，北京展览馆的园林绿地景观设计中应用了大树，当时移植了胸径15～20cm的元宝枫、胸径10～12cm的白皮松和胸径8～10cm的刺槐等，绿化效果显著。同年，上海也成功移植胸径20cm以上的雪松100余株，成活率近100%。此后，杭州、南京等地也相继有成功移植大树的报道。近年来，随着绿地建设水平和树木栽植技术的提高，大树移植的应用范围更为广泛。

四、大树移栽的方法

大树移栽也要遵守生态学原理和生物学原理。园林树木的可塑性随树龄的增加而减小，因此，对于处于离心生长缓慢或停止时期的大树来说，改变树木的生态习性，以适应立地生态环境条件是不可能的。因此，只有通过实施各种技术措施，改变立地生态条件，满足大树生长发育的要求，才能够保证大树移植的成活率。

（一）大树移栽前的准备与处理

1. 做好规划与计划

进行大树移栽事先必须做好规划与计划，包括栽植的树种规格、数量及造景要求等。为了提高移植成活率，应提前对移栽树木进行断根缩坨，使移栽时所带土壤具有尽可能多的吸收根群。事实上许多大树移植失败的原因，是由于移植前没有对大树的根系进行必要的准备和处理，临时应急移植，导致大树水分代谢失衡。

2. 选树

栽植前根据规划要求，对可供移栽的大树进行实地调查。测量、记录树种、年龄时期、干高、胸径、树高、冠幅、树形、生长势、养护情况等相关信息，注明最佳观赏面的方位，并摄影。调查、记录土壤条件和周围环境状况及交通情况等，判断是否适合挖掘、包装、吊运；分析存在的问题并制定解决措施。此外，还要了解树木的所有权等。对于选中的树木应编号，为设计提供资料。

选树的原则如下：

(1) 大树移植最好选用土树种，反动盲目引进外来树种；

(2) 植株苗壮，无病虫害，特别是蛀干病虫；

(3) 根系发育良好，有较大的完整的根盘；

(4) 枝条充实、丰满，无机械损伤；

(5) 浅根性和萌根性强并易于移植成活的树种。

3. 断根缩坨

也称回根法、盘根法或截根法。定植多年或野生大树，特别是胸径在25或30cm以上的大树，应先断根缩坨，利用根系的再生能力，断根刺激，促使树木形成紧凑的根系和发出大量的须根。从林内选中的树木，为增强其适应全光和低湿的能力，应在断根缩坨之际，对其周围的环境进行适当清理，疏开过密的植株，并对移栽的树木进行适当修剪，改善透光与通气条件，增强树势，提高抗逆性。

断根缩坨通常在实施移栽前2～3年的春季或秋季进行。在具体操作时，应根据树种习性、年龄大小和生长状况，判断移栽成活的难易，确定开沟断根的水平位置。一般以胸径的5倍为半径，向外挖圆形的沟或方形，沟宽以便于施工为准，一般为30～40cm，深视根的深度而定，一般为50～70cm。根据施工年限，将沟的周长分成4或6等分，第一年相间挖2或3等分。沟内保留1～2条粗根，以起到固定树体的作用，将3cm以上的根全部用锯切断，与沟的内壁相平，伤口要平整光滑，大伤口还应涂抹防腐剂，有条件的地方可用酒精喷灯灼烧进行炭化防腐。然后将沟内保留的粗根进行宽约10mm的环状剥皮，并涂抹生长素和ABT-3号生根粉，促发新根。最后将挖出的土壤打碎并清除石块、杂物，拌入腐叶土、

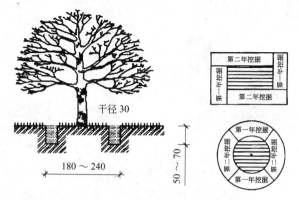

图 3-13　大树断根缩坨法（引自吴泽民，2009）　单位：cm

有机肥或化肥后分层回填踩实，待接近原土面时，浇一次透水，渗完后覆盖一层稍高于地面的松土。第二年以同样方法处理剩余的2～3等分。第三年在比原来的坨外围大10～20cm起挖，即可移栽（图3-13）。用这种方法开沟截根，可使断根切口附近部产生大量新根，有利于成活，变一次截根为两次截根，避免了对树木根系的集中损伤，不但可以刺激根区内发出大量新根，而且可维持树木的正常生长。

（二）树体挖掘

1. 起掘前的准备

首先，在起掘前1～2d测定土壤含水量，根据土壤水分状况适当浇水，以防挖掘时土壤过干而导致土球松散，也可进行树冠喷水或应用抗蒸腾剂；其次，清理大树周围的环境，将地面大致整平，将树干周围2～3m范围内的碎石、瓦砾、灌木地被等障碍物清除干净，为顺利起掘提供条件，并合理安排运输线路；最后组织好挖掘工具、包扎材料、吊装机械以及运输车辆等；在施工现场应有经验丰富的工程师进行统一指挥和调度。

大树起挖的程序和规格与一般树木基本相同，一般情况下，起球的范围是树木胸径的10～12倍，首先根据胸径的大小计算出土球的半径，以树干为中心画圆，在圆外开挖施工沟，沟宽以便于操作为准。沿土球四周向下挖掘，断根时，凡是直径在2cm以上的大根需用锯切断，切忌暴力施工，以免根裂以及震散土球，大伤口应进行消毒（用高锰酸钾或伤口涂抹剂）防腐。一边挖一边修整土球，使土球便于包装和运输。

2. 起掘和包装

大树土球包装的程序与一般树木相似（这部分内容在本章第三节有详细介绍），接下来介绍几种大树土球包装的特殊方法。

(1) 带土球软材料包装 适于移植胸径 15～20cm 的大树。起掘前，要确定土球直径，对未经断根缩坨处理的大树，以胸径的 8～12 倍为所带土球直径画圈，沿圈的外缘挖 60～80cm 宽的沟。沟深即为土球厚度，一般 60～80cm，为减轻土球重量，应把表层土铲去，以见侧根细根为度。挖到要求的土球厚度时，用预先湿润过的草绳、蒲包片、麻袋片等软材包扎。亦可采用网络式，简便实用，费用低廉，但抗震性较差（图 3-14）。实施过断根缩坨处理的大树，填埋沟新根较多，尤以坨外最多，起掘时应沿断根沟外侧再放宽 20～30cm。

图 3-14 大树移植土球的软质包装

图 3-15 大树移植土球的硬质包装

图 3-16 板箱包装

(2) 带土球硬材料包装 硬材料包扎移植法与软材料移植技术程序基本相同，区别在于土坨是以要求的规格为边长的正方形（图 3-15），起到土坨高度 1/2 以后，开始修坨，最后土坨下部各边宽度应比上部各边略小 10～20cm，成为倒梯形（图 3-16）。种植坑为方形，并在坑底中央修一条与包扎箱底板方向相同、宽度与中间底板相等的土台，其目的是为了方便卸除箱的底板。土坨起挖好后进行包装，其材料大部分采用的是木板或钢板，所以又称板箱包扎法，目前，木箱是由四块倒梯形的壁板和四条底板与 2～4 条盖板等部分组成，壁板由数块横板拼成，并用三条竖向木条钉牢，土坨每边长度应较壁板略宽，以便在包扎时板壁能将土块夹紧。土坨挖好并将四周削平整后，将四块壁板围好，切记相邻的两块壁板端部不要互相顶上，然后在壁板上部和下部同时用钢丝绳和紧线器勒紧（图 3-17），使壁板紧紧压在土坨上，再用铁皮条将相邻的两块壁板钉连（图 3-18），并用方术将箱板与坑壁支牢（图 3-19）。卸下钢丝，再钉好盖板。此时可开始挖掘底土，先在盖板垂直方向掏挖两侧土，钉好两侧的底板，在底部四角处支上木桩后，再挖掘中间部分（图 3-20），然后再钉上中间的两条底板，包扎基本完成。

3. 装运

现在一般起吊和运输大树都是用起重机和汽车。大树装车前，首先应计算土球的质量，土的密度一般为 1.7～1.8g/cm³，起吊机具和装运车辆的承受能力必须超过树木和土球质量

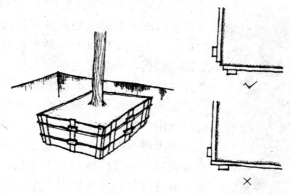

图 3-17　箱板与紧线器的安法（引自陈有民，1990）

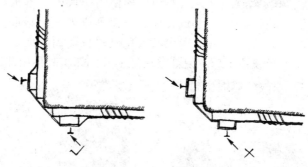

图 3-18　钉铁皮的方法（引自陈有民，1990）

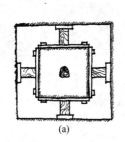

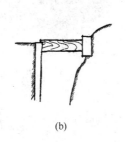

图 3-19　土坨上部支撑（引自陈有民，1990）

(a) 平面；(b) 剖面

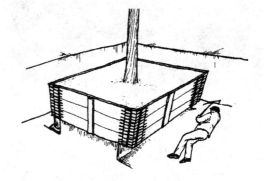

图 3-20　从两边掏土（引自陈有民，1990）

（约 1 倍）。土球质量计算公式：

$$W = \pi R^2 h \beta$$

式中，W 为土球质量；π 为 3.1416；R 为土球半径；β 为土球容重（一般取 1.7～1.8g/cm^3）；h 为土球高度。

为了确保安全，还要考虑起吊角度和距离等因素。

采用机械吊运，吊运前，在绳子与树干接触的部位一定要先上好垫板（图 3-21），以免吊装时绳子磨伤树皮。搬运过程中时时注意勿伤树体，凡与车厢板接触的部分，均需用软质材料垫好，以免磨损枝干（图 3-22），同时用软绳使土球牢牢固定，两侧垫软木沙袋，以防滚动（图 3-23）。

硬质包装大树移植时，一定要用吊车和汽车起吊和运输（图 3-24、图 3-25），起吊前要

图 3-21　起吊时树干保护

试负重，同时要由有经验的工程师现场统一指挥。

　　大树的原生地一般距城市较远，往往需要进行长途运输，车上需要配有专人随时进行养护。为了避免土球松散、破损，开车速度不宜太快，并要注意避让空中的各种架线、两旁的树木及房屋建筑，以免造成事故。

　　由于园林环境比较复杂，有时需要在封闭的空间或是在庭院内进行施工，机械无法进场，此时只能依靠人力。如果用人力装车，首先是将土球出坑，在树穴一边挖出斜坡，以便树体从坡上拖出，可于坡上填一块结实而平滑的板材，并在树身 2/3 高度处设置衬垫，将树倾斜并沿着木板把树拉出。

　　装车时同样使用一块厚的木板，一头放在车上，另一头放在地下，使其成为一个斜坡。再用绳子将土球兜住，车上的人用脚踩住下面的绳子，然后再紧紧拉上面的绳子；车下面的人用木板顶住土球，使其缓缓地上升。卸车时再用此法缓缓卸下来。

图 3-22　运输时树干保护

图 3-23　固定土球

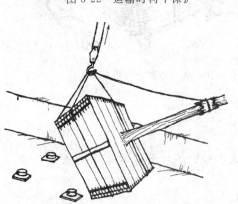

图 3-24　方箱的吊装（引自陈有民，1990）

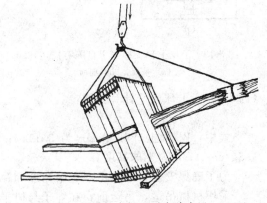

图 3-25　卸立垫木板（引自陈有民，1990）

4. 栽植

　　大树的栽植技术与一般树木栽植技术基本相同，有区别的是大树重量，需要用大型机械才能够移动。所以树到后，首先检查种植穴是否合适，如果坑小要立即扩充，如果坑深要填土。同时还要根据事先标记好的树木的主要观赏面和原来的朝向，调整方向，方可使树进坑。土球进坑后，应将包扎物拆除，在拆除过程中要注意保护土球，防止土球松散、破损，如拆除过程中不能保持土球完整，则可保留包扎物。然后填土，填土到穴一半时，将土球周围夯实，因土球较大，需要应用分层夯实的方法，每20cm夯实一次，保持根与土壤密接。

由于大树移植工程的需要，国外已有多种机械用于大树移植，而专用的大树移植机是高效、方便的一种机械。树木移植机用于大树移植，可以完成挖穴、起树、运输、栽植、浇水等作业（图3-26）。

图 3-26 大树移植机

树木移植机分自行式和牵引式两类，目前各国大量发展的都为自行式树木移植机，它由车辆底盘和工作装置两大部分组成。车辆底盘一般都是选择现成的汽车、拖拉机或装载机等，稍加改装而成，然后再在上面安装工作装置，包括铲树机构、升降机构、倾斜机构和液压支腿四部分。

铲树机构是树木移植机的主要装置，也是其特征所在，它有切出土球和在运移中作为土球的容器保护土球的作用。树铲能沿铲轨上下移动，当树铲沿铲轨下到底时，铲片曲面正好能包容出一个曲面圆锥体，这也就是土球的形状。起树时通过升降机构导轨将树铲放下，打开树铲框架，将树围合在框架中心，锁紧和调整框架以调节土球直径的大小和压住土球，使土球不致在运输和栽植过程中松散。切土动作完成后，把树铲机构连同它所包容的土球和树一起往上提升，即完成了起树动作。倾斜机构是使门架在把树木提升到一定高度后能倾斜在车架上，以便于运输。液压支腿则在作业时起支撑作用，以增加底盘在作业时的稳定性和防止后轮下陷。

使用大树移植机，树木移栽成活率高，可以减轻工人劳动强度，提高工作效率和作业安全性，在城市绿地建设，特别在大树移植中值得推广。但需要注意的是，在应用移植机栽植时，应根据所需根球的大小选择植树机的类型。

大树定植后的相关技术环节请参见本章第三节。

5. 大树移栽应注意的问题

大树移栽时除应做到上面介绍的保证大树移栽成活的各项技术措施外，还应注意以下几个方面的问题。

（1）目前我国园林绿化发展的速度很快，有些苗木供不应求，尤其是大树。在这种情况下，部分人挖掘山林，破坏植被。当前各级政府应认真贯彻执行国家林业局颁布的《关于进一步规范树木采挖管理的通知》，对非法采挖运输古树名木、珍贵树种及自然保护区、特殊、重点保护区等严禁采挖范围内的树木等违法行为，以及未经批准擅自采挖其他非禁止采挖区域的林木，必须按《森林法》等有关规定，严厉打击，从源头上封死毁林毁树的不法行为。

（2）移栽大树需要较多的资金，应该根据本地区的经济实力和可能，采用大树栽植绿化。不要盲目追求时尚与业绩，不顾现实条件盲目地效法别人，反而会影响全面绿化工作的进行。

（3）大力发展苗木产业，解决城市绿化对大树苗木的需求。"大树移植"风的盛行，反映了苗木，特别是适合城市绿化的大苗生产严重不足。因此，应加强苗圃建设力度，扩大苗圃面积，鼓励城镇、城郊苗木经营，为城市绿化建设服务，从根源上解决限制大树移植和满足城市绿化需求之间的矛盾。

（4）移栽大树时，对树木不能修剪过重　现在很多地方，为了既保证大树移栽成活，又降低运输费用，将树冠全部抹除。这样操作的后果是，大树叶茂不复存在，取而代之的只是树体主干或主干上孤零零的几个大枝，谈不上美化效果。在大树恢复期，表现为树形衰败，只像个光秃秃的老树桩，因而也不能立即起到良好的绿化效果。而在若干年后变成缺乏生机的"老头树"，景观效果也大打折扣，大树移植也因此失去了实际意义。

（5）苗木规格太大　实践证明，胸径在8～10cm规格的苗木，适应性强，再生能力强，恢复生长时期短，成活率高，而胸径在30cm以上的苗木，树龄已大，生长代谢功能已逐渐减低，顶端生长优势也开始减弱，愈合组织缓慢，抵抗力差，容易感染病虫害，再生能力差。再则，树木根深蒂固，挖掘困难，而为了追求速度，采取垛根，使根部损伤严重，从而增加了树木恢复生长的难度。

（6）移植大树要符合整个城市的园林设计规划，应把大树移植作为应急性、特殊的措施，而不宜作为常规性技术加以提倡；在规划设计时，要限制大树的移植，在源头上减少用大树的可能性，并提倡进购有合法来源的大树。对于重点项目的特殊需要，必须移植大树的，要严守大树移植的规程进行。移植前必须充分论证，包括对所移大树的评价、移植的意义、成活的可能性以及实施的起、运、栽、养等详细方案，以保证移植效果。

第五节　成活期的养护管理

树木栽植后的第一年是其能否成活的关键时期。在此期间，若能及时进行科学的养护管理，就能提高栽植成活率，恢复树体的生长发育，增强树木对高温干旱或其他不利因素的抗性，及早表现景观生态效益，还可以挽救一些濒危植株。栽后不管或养护管理不及时或不得当，都会造成树木生长障碍，轻则生长不良，重则导致死亡。所以，现在的园林施工合同中对园林树木的养护期都有明确规定，施工方在工程完工后需要养护1～3年。俗说话"三分栽，七分管"，这一点在成活期显得尤为重要。

新栽树木成活期的养护管理工作主要包括以下几个方面。

一、扶正培土

由于雨水下渗、踩实不紧、恶劣天气（大风）等原因，导致树体晃动，应踩实松土；树盘整体下沉或局部下陷，应及时覆土填平，防止雨后积水烂根；树盘土壤堆积过高，要铲土耙平，防止根系过深，影响根系的发育。树木栽植后在下过第一次透雨以后，需要对树盘进行一次全面检查，以后也应经常巡视，发现问题及时采取措施予以补救。

对于倾斜的树木应采取措施扶正。对于刚栽不久就发生歪斜的树木，应立即扶正。为了减少对树木正常代谢的干扰，落叶树种应在休眠期间扶正，常绿树种在秋末扶正。在扶正时要注意保护根系，不能强拉硬顶。首先应检查树木栽植的深度，如果栽植较深，应在树木倒向一侧由根盘由外向内挖沟，沟深达到土壤中根系以下，然后向内掏至根颈下方，用锹或木板伸入根团以下向上撬起，向根底塞土压实，扶正即可；如果栽植较浅，可按上法在倒向的反侧掏土稍微超过树干轴线以下，将掏土一侧的根系下压，回土踩实。此外，需要注意大树扶正培土以后必须设立支架。

二、水分管理

水分管理是新栽树木养护管理工作的重点，经过移栽干扰的树木，由于根系的损伤和环境的变化，对水分的多少十分敏感。保持适当的水分平衡，可以提高树木栽植成活率。

（一）土壤水分管理

主要是灌水和排水。树木移植后，尤其是干旱季节，一定要及时补充水分，最好能保证土壤含水量达最大持水量的 60%，保证地下与地上部分的水分代谢平衡，以利于树木成活。在干旱季节要注意灌水，一般情况下，移栽后第一年应灌水 5～6 次，特别是高温干旱时更需注意抗旱。

在多雨季节要特别注意防止土壤积水，应适当培土，使树盘的土面适当高于周围地面。

（二）树冠喷水

移植大树或名贵树种以及进行反季节栽植时，在高温干旱季节，即使保证土壤的水分供应，也易发生水分亏损。因此，当发现树叶有轻度萎蔫症状时，有必要通过树冠喷水增加树冠内空气湿度，从而降低温度，减少蒸腾，促进树体水分平衡。喷水可以采用喷雾器或喷枪，直接向树体喷射，让水滴落在枝叶上。喷水时间可在上午 10 时以前或下午 16 时以后，每隔 1～2h 喷 1 次。对于移栽的大树，也可在树冠上方安装喷雾装置，必要时还应架设遮阳网，以防日晒过强，减少水分的蒸发。

三、抹芽去萌与补充修剪

一般情况下，为了提高树木移植成活率，在树木移栽中，树体需进行必要的修剪。经修剪的树木，在定植一定时间后，树干或树枝上可能萌发出许多嫩芽和嫩枝，消耗营养，扰乱树形。因此，在树木萌芽以后，应及时选留长势较好、位置合适的嫩芽或幼枝，其余的应尽早抹除。此外，还应进一步进行造型修剪，对于一切扰乱树形的枝条进行调整与删除。

新栽树木虽然已经修剪过，但在栽植过程中（挖掘、装卸和运输等）常常受到损伤或其他原因使部分芽不能正常萌发，导致枯梢，应及时疏除或剪至嫩芽、幼枝以上。对于截顶（冠）或重剪栽植的树木，如果发现留芽位置不当，剪口芽不合适或太弱，造成枯桩或发弱枝，则应进行补充修剪（或称复剪）。在这种情况下，应剪去母枝上的残桩和弱枝，选择靠近剪口而位置合适的强枝做延长枝。修剪的大伤口应该平滑、干净、消毒防腐。此外，对于那些发生萎蔫经浇水喷雾仍不能恢复正常的树木，应再加大修剪强度，甚至去顶或截干，减少蒸发量，以促进其成活。

四、松土除草

因浇水、降雨及人类活动等导致树盘土壤板结，影响树木生长，应及时松土，促进土壤与大气的气体交换，有利于树木新根的生长与发育。但在成活期间，松土不能太深，以免伤及新根。

有时树木基部附近会长出许多杂草、藤本植物等，与树木竞争水分和养分，藤蔓缠身妨碍树木生长，应及时除掉。通常除草与松土同时进行，每20～30d 1次，并把除下的草覆盖在树盘上。有的地区会在树盘上覆盖树叶、树皮或碎木片，以防止土壤水分蒸发过快。

五、施肥

树木栽植后，为了尽快恢复根系生长，恢复根系的吸收面积和能力，可施用生根粉，目的是为了使其尽快发新根。通常，化肥应在移栽树木的新根形成，根系恢复吸收能力之后施用，一般选在新栽树木第一个生长季结束以后进行。待根系恢复后，可以施用稀释的有机肥，也可用少量的化肥，但施用的肥料不能太浓，施入的量也不能太多，防止过量。否则，还不如暂时不施肥。

此外，还可进行根外（叶面）追肥，根据树体生长情况，配制树体营养液，在叶片长至正常叶片大小的一半时开始喷雾，每隔7～10d喷1次，重复4～5次，效果很好。

六、成活调查与补植

对新栽树木进行成活与生长调查的目的主要体现在两个方面：一是了解树木移植成活率，及时进行补植，不影响绿化效果；二是分析成活与死亡的原因，总结经验与教训，指导今后的实践工作。

栽后树木成活率调查一般分为两个阶段进行：一是栽后不久（具体时间视树种而定），调查成活率的情况；二是在秋末，调查栽植成活率。深秋或早春新栽的树木，生长季初期，一般都能伸枝展叶，表现出喜人的景象。但是其中有一些植株不是真正的成活，而是一种"假活"，一旦气温升高，水分亏损，这种"假活"植株就会出现萎蔫，若不及时救护，就会在高温干旱期间死亡。因此，新栽树木是否成活至少要经过第一年高温干旱的考验以后才能确定。树木的成活与生长调查，最好在秋末以后进行。

新栽树木的调查方法是分地段对不同树种进行系统抽样或全部调查。已成活的植株应测定新梢生长量，确定其生长势的等级；仔细观察死亡的植株，分析其地上与地下部分的状况，找出树木生长不良或死亡的主要原因。导致树木栽植失败的原因有很多，应根据栽植地的具体情况和实际栽植过程进行综合分析。其中可能有栽植树木质量差，枝叶多，根系不发达，地下部分与地上部分水分代谢失衡；挖掘时严重伤根，假土坨，根量过少；起苗后没有立即栽植或假植，根系裸露时间过长，根系干枯；栽植时，种植穴过小，根系不舒展，甚至窝根；栽植过深、过浅或过松；空气及土壤污染物的损害；土壤干旱失水或渍水，根底"吊空"出现气袋，吸水困难，下雨后又严重积水，以及人为活动的影响，严重的机械损伤等。总之，凡是有损于树木生长的因素都可能造成新栽树木生长不良或死亡。调查之后，按树种统计成活率及死亡的主要原因，写出调查报告，确定补植任务，提出进一步提高移栽成活率的措施与建议。

关于死亡植株的补植问题有两种情况：一是在移栽初期，发现某些生长不良的植株无挽救希望或经各种措施挽救无效而死亡的，应立即补植；二是由于季节、树种习性与条件的限制，生长季补植成活率不高的，则可在适于栽植的季节补植。对补植的树木规格应与原种植树种保持一致。补植苗木质量的选择与养护管理都应高于一般树木水平。

第六节　种植过密树的移植与老树的伐除

一、生长过密树的移栽

（一）种植过密的危害

现代城市园林树木不宜种植过密，种植过密的危害主要体现在以下几个方面。

① 影响绿化景观效果。

② 造成邻近树木的枝条、根系彼此交错穿插生长，容易引起枝条间摩擦损伤。

③ 导致邻近树木内部枝叶通风及光照条件恶化，为病虫害的传播创造有利条件。

④ 影响树木的正常生长，缩短树木的寿命。

⑤ 移植较困难，如移植一株树木，很可能要伤及几棵树木的枝条和根系，同时挖掘出来的树木株形已经不完整，通常利用价值不大；就是能够应用，这时树体已经较大，起挖、吊装、运输都非常麻烦，又增加经费开支。

（二）种植过密的原因

在园林绿化施工时，为了前期的观赏效果，往往将树木栽植得较密，这是我国目前栽植过密的主要原因。在栽植的初期，这种栽植方式对树体影响较小，但随着树木生长，种植过密对树木的干扰就越来越严重。还有一些施工单位私自变更种植设计，在不了解树木生长习性的情况下，随意进行栽植，造成栽植过密。此外，还有部分施工单位在进行反季节移植时，出于成本考虑，在春季或夏季提前将准备栽植的苗木预先买下，在准备期间，将苗木进行假植或寄植，结果，后来由于种种原因没有使用，也没有进行适当的移植，苗木越长越大，造成树木植株过密。

（三）种植过密的防治措施

对于种植过密的树木应该及早、及时地进行间密移植。首先，要求施工时一定要符合施工设计的要求，不要私自更改种植设计，随意过密栽植；第二，如果为了绿化效果的需要栽植较密，要注意树种的选择，也要注意及时地间密移植；第三，要尊重客观规律，栽植时一定要了解树种的生物学特性，按其特性采用相应的株行距。

二、老树的伐除

随着树龄的增长，树体的枝系会发生更新，由于园林树木是多年生木本植物，这种枝系的更新往往需要较长的时间，而在树体更新的周期中，树体的观赏效果下降，抗性降低，有些甚至出现死亡。对于这类园林树木如果没有保存的必要，需要进行伐除，重新进行栽植。

老树伐除时应注意的事项如下。

(1) 许多老树具有一定的纪念价值，因此，老树或死树伐除前应报请相关部门检查、批准，方可实施，绝不可自行伐除。我国的许多城市已经设立专门机构对老树的价值进行评估。对于私自砍伐或挖掘树木的，应给予一定的经济和民事处罚。

(2) 在砍伐树木之前，应召开有关技术人员的会议，制定科学、规范的施工方案。

(3) 伐树时，应注意保护老树周围的建筑设施和其他树木。

(4) 伐树前，首先剪除部分树体的大枝，减少树体的重量，以减少危害性。对于树木高大的老树，应该将树身分为几段锯除，以免伐树时出现危险。

（5）砍伐老树或死树要注意安全　施工时需要有良好的组织，一定要遵守操作程序；所用的工具要锋利；工作人员应配备相应的劳动保护措施；工作时精神要集中，绝不可说笑打闹，以免出现危险。

（6）老树和死树砍伐以后，应将树根挖出，老树的树根影响美观，也会羁绊行人，不利于安全。但是，许多施工单位由于老树根在土中分布较深，挖掘较难，而没有进行相应工作，这种做法是极不负责任的，应及时纠正。将树根取出后，应立即进行补栽，尤其是在公园和街道上，补植树木时应注意，不适宜重茬的树木种类不要再栽植原来的树种，应栽植另外的树木种类，以免造成不必要的麻烦。

第四章 园林树木的土壤、水分和营养管理

园林树木一般生长在人工化的环境条件下，因此其水分与营养的获得均有别于自然条件中的树木，多数树木生长在干旱、肥力不足的土壤中，受到人为干扰的影响，而且常常处于环境胁迫的情况下，为了促使园林树木正常生长，在日常的管理与养护中，树木的水肥管理是一项重要的工作。

第一节 园林树木的土壤管理

园林树木的土壤管理是通过多种综合措施来提高土壤肥力，改善土壤结构和理化性质，保证园林树木健康生长所需养分、水分、空气的不断有效供给；通过土壤管理，在防止和减少水土流失与尘土飞扬的同时，增强园林景观的艺术效果。

一、肥沃土壤的基本特征

园林树木生长的土壤条件十分复杂，既有平原肥土，更有荒山荒地、建筑废弃地、水边低湿地、人工土层、工矿污染地、盐碱地等，这些土壤大多需要经过适当调整改造，才适合园林树木生长。不同种类的园林树木对土壤的要求不同，但良好的土壤要能协调土壤的水、热、气、肥。一般说来，良好的适合树木生长的土壤应具备以下几个基本特征。

(1) 土壤养分均衡 土壤有机质和养分含量高低是土壤肥力水平和熟化程度的重要标志之一。高熟化的土壤，有机质含量应在 1.5%～2% 以上，肥效长；微生物活动旺盛，有利于养分转化，使土壤养分含量较高。有机肥和全氮等速效性养分含量搭配适宜，养分配比相对均衡，供肥能力强，肥效稳而长，可以满足不同阶段树木对养分的需求。树木根系生长的土层中应养分贮量丰富，心土层、底土层也应有较高的养分含量。

(2) 土体构造适宜 与其他土壤类型比较，园林树木生长的土壤大多经过人工改造，因而没有明显完好的垂直结构。有利于园林树木生长的土体构造应该是：在 1～1.5m 深度范围内，土体为上松下实结构，特别是在表层 40～60cm 树木大多数吸收根的分布区内，土层要疏松，质地较轻；心土层较坚实，质地较重。这样既有利于通气、透水、增温，又有利于保水保肥。

(3) 土壤理化性质良好 土壤的理化性质是土壤通气性、保水性、热性状、养分含量高低等各种性质发生和变化的物质基础。通常情况下，大多数园林树木要求土壤质地适中，具有良好的结构，温度变幅小，吸热保温能力强；酸碱度为微酸至微碱，微酸至微碱是多数植物、土壤微生物适宜的生长环境，其有利于树木生长和土壤中营养物质的转化；土壤容重为 $1～1.3g/cm^3$，土壤总孔隙度为 50% 以上，非毛管孔隙度在 10% 以上，大小孔隙比例为 1：(2～4)。Blume (1989) 总结了高生产力土壤应有的特性（表 4-1）。

表 4-1　高生产力土壤应有的特性（Blume，1989）

特性	量
黏土含量	约 25%
A 层腐殖质层	20%
有效的根系层	>150cm
根系层有效水	>300mm
通气性(孔隙直径>50μm)	>10%
透水性	>40cm/d
pH 值	7～7.5
蚯蚓	>200 条/m^2

二、土壤改良的方法

土壤改良是采用物理的、化学的以及生物措施，改善土壤理化性质，提高土壤肥力的方法。园林树木一种都是多年生木本植物，在其漫长的生活史中要不断消耗地力，局部土壤改良措施的作用时间和效果都是有限的，不可能一次性解决树木生命周期内土壤的全部问题，因此园林树木的土壤改良是一项长期性工作。

（一）土壤耕作改良

在城市里大多数城市园林绿地的土壤，物理性能较差，水、气矛盾十分突出，土壤性质逐渐恶化。主要表现是土壤板结，黏重，土壤耕性极差，通气透水不良。许多绿地因人和机动车辆的压实使土壤厚度和土壤硬度增加，严重时土壤厚度可达 80cm 以上，土壤硬度达到 110kg/cm^2。当土壤硬度在 14kg/cm^2 以上，通气孔隙度在 10% 以下，土壤容重大于 14g/cm^2 时，会影响园林树木生长，严重妨碍微生物活动与树木根系伸展，因此需要对土壤进行改良。

合理的土壤耕作可改善土壤的水分和通气条件，促进微生物的活动，加快土壤的熟化进程，使难溶性营养物质转化为可溶性养分，从而提高土壤肥力。同时，通过土壤耕作可以改善根系周围土壤的紧实度，扩大根系的分布范围，促进根系活动，提高根系的吸收能力，以满足树木对水、肥、气、热的不断需要。土壤的合理耕作应包括以下几方面。

1. 深挖熟化

影响根系在土壤中分布浓度和范围的主要条件是土层的有效厚度和其他理化性质，而根系在土壤中的分布、深浅和范围与树木的生长、开花结实有密切的关系。随着树木的生长，种植穴四壁的土壤变得越来越紧实，不利于根系的伸展，妨碍根系的生长和吸收。深挖就是对园林树木根系范围内的土壤进行翻垦，主要目的是增加土壤孔隙度，改善理化性状，促进微生物的活动，加速土壤熟化，使难溶性营养物质转化为可溶性养分，提高土壤肥力，从而为树木根系向纵深伸展创造有利条件，增强树木抗性，促进树木的新梢生长和花、果的形成。

（1）深挖时期　深挖时期包括园林树木栽植前的深挖与栽植后的深挖。前者是在栽植树木前，配合园林地形改造、杂物清除等工作，对栽植场地进行全面或局部深挖，并暴晒土壤，打碎土块，填施有机肥，为树木后期生长奠定基础；后者是在树木生长过程中进行的土壤深翻。

实践证明，园林树木土壤一年四季均可深挖，但应根据各地的气候、土壤条件以及园林树木的类型适时深翻才会收到良好效果。就一般情况而言，深挖主要在以下两个时期。

① 秋末。此时树木地上部分基本停止生长，养分开始回流转入积累，同化产物的消耗减少；地下根系还有活动，甚至还存在一个生长高峰，此时深挖并结合施基肥，有利于根系的恢复生长，甚至还有可能刺激其长出部分新根，对树木来年的生长十分有利。同时，秋季深挖可松土保墒有利于雪水的下渗。秋季深挖后结合灌水，可使土壤下沉，根系与土壤能进一步密接，有助于根系生长。

② 早春。应在土壤解冻后及时进行。此时树木地上部分尚处于休眠状态，根系则刚开始活动，生长较为缓慢，伤根后容易愈合和再生。春季深挖操作方便，因为春季土壤解冻后土壤水分开始向上移动，土质质地较疏松。但深挖后土壤通透性增加，致使土壤蒸发量增大，易导致树体干旱缺水，因此在北方春季干旱、多风地区，春季深挖后需及时灌水，或采取措施覆盖根系。春季深挖的深度也较秋季为浅。

（2）深挖次数与深度

① 深挖次数。土壤深挖的效果能保持多年，因此没有必要每年都进行深挖。但深挖作用持续时间的长短与土壤特性有关，一般情况下黏土、涝洼地深翻后容易恢复紧实，因而保持年限较短，可每 1~2 年深挖一次；而地下水位低、排水良好、疏松透气的沙壤土保持时间较长，一般可每 3~4 年深翻耕一次。

② 深挖深度。理论上讲，深挖深度以稍深于园林树木主要根系垂直分布层为度，这样有利于引导根系向下生长，但具体的深挖深度与土壤结构、土质状况以及树种特性等有关。如黏重土壤应深挖，沙质土浅挖；地下水位高时浅挖；下层有胶泥板或建筑地地基等残物时，挖的深度以打破此层为宜，以利渗水；栽植深根性树种时宜深挖，反之宜浅；根据根系在土壤的分布规律，进行全面深挖时，应近干基浅挖，远离干基深挖。在一定的范围内，挖得越深效果越好，一般可达 50~100cm。

（3）深翻方式 根据深挖动土方式不同，主要可分为全面深挖和局部深挖两种。局部深挖是目前应用最广的一种方式，主要有树盘深挖和行间深挖两种。树盘深挖是在树木树冠边缘，即树冠的地面垂直投影线附近挖取环状深沟，有利于树木根系向外扩展，适用于园林草坪中的孤植树和株间距大的树木。行间深挖则是在两排树木的行中间，沿列方向挖取长条形深沟，用一条深翻沟达到对两行树木同时深翻的目的，这种方式多适用于行列布置的树木，如风景林、防护林带、园林苗圃等。

各种深挖均应结合施肥和灌溉。挖出的土壤经打碎，清除砖石杂物后与肥料一起回填到种植穴内。如果土壤不同层次的肥力差异较大，可将上层肥沃土壤与腐熟有机肥拌和填入深翻沟的底部，以改良根层附近的土壤结构，为根系生长创造有利条件，将心土放在上面可促使心土迅速熟化。

2. 客、培土壤

（1）客土 栽植园林树木时对栽植地实行局部换土，通常是在土壤完全不适宜园林树木生长的情况下需进行客土。如在岩石裸露、人工爆破坑栽植或土壤十分黏重，土壤过酸、过碱以及土壤已被工业废水、废弃物严重污染等情况下，这时就应全部或部分换入肥沃土壤以获得适合的栽培条件。对于那些需要在一定酸度土壤中种植的植物，如杜鹃等，如果栽植地土壤不能满足要求，也需要进行局部换土。

客土栽植时要做好预算、施工计划等必要的准备工作。选用的土壤质地要好、肥力较高，根据施工计划，分期分批进行更换。

（2）培土 是在园林树木生长过程中，根据需要在树木生长地添加部分土壤基质，以增加土层厚度，保护根系，补充营养，改良土壤结构的措施。

在我国南方高温多雨地区，降雨量大、强度高，土壤流失严重，生长在坡地的树木根系大量裸露，树木既缺水又缺肥，生长势差，甚至可能导致树木整株倒伏或死亡，这时就需要及时培土。

培土应是一项经常性的土壤管理工作，应根据土质确定培土基质类型。土壤质地过黏或过沙都不利于树木根系的生长。黏重的土壤板结，通透性差，容易引起根腐病；土壤沙性太强，容易漏水、漏肥，会发生干旱。在压土时要先进行土壤质地的判断，对土壤质地判断最简单的方法是通过手的触摸与揉搓，将适量的土壤放在拇指和食指间揉搓成球，如果球体紧实、外表光滑，而且湿时十分黏稠，则黏性强；如果不能揉搓成球，则沙性强。但是，如果要得到比触摸、揉搓判断更精确的结果，较准确的方法是在试验室用土筛将土过筛后，土粒经加水和无泡洗涤剂充分摇匀，静止后，将分成黏粒、沙粒和粉粒层，并测定其百分比。此法需要一定的设备、时间和经费，在应用中受到限制。

如土质黏重的应培含沙质较多的疏松肥土甚至河沙；含沙质较多的可培塘泥、河泥等较黏重的肥土以及腐殖土。

培土量视植株的大小、土源、成本等条件而定，但一次培土不宜太厚以免影响树木根系生长。"沙压黏"或"黏压沙"时要薄一些，一般厚度为 5~10cm；压半风化石块可厚些，但不要超过 15cm。连续多年压土，土层过厚会影响树木根系呼吸，从而影响树木生长和发育，造成根颈腐烂，树势衰弱。所以，一般压土时，为了防止嫁接树木接穗生根或对根系产生不良影响，亦可适当将土扒开露出根颈。

（二）土壤质地改良

(1) 有机改良　无论是黏土还是沙土，增加有机质都可以起到明显改善土壤质地的效果。在沙性土壤中，有机质的作用像海绵一样，保持水分和矿质营养。在黏土中，有机质可以使土粒形成良好的团聚结构，形成较大的孔隙度，改善土壤透气、排水性能。但是，增施有机肥的数量需要控制，如果一次施用过多，可能会产生可溶性盐过量的问题，特别是在黏土中，施用某些类型的有机质，这一问题就更为突出。一般认为 100m^2 施肥量不应多于 2.5m^3，约相当于增加 3cm 表土。粗泥炭、半分解状态的堆肥和腐熟的厩肥等有机质改良土壤质地的效果最为理想。未分解的肥料，特别是新鲜有机肥，施后不应立即进行栽植，因为这类肥料氨的含量较高，容易损伤根系，尤其是黏土，施用的有机肥必须是充分腐熟的。

(2) 无机改良　一般来说，树木在介于中壤质的土壤中生长良好。因此过黏的土壤在挖穴或深挖过程中，应施用有机肥，并同时掺入适量的粗沙；如果土壤沙性过强，可施用有机肥并同时掺入适量的黏土或淤泥，使土壤向中壤质的方向发展。在用粗沙改良黏土时，不应用建筑细沙，并应注意加沙的量，如果加入的粗沙太少，可能像制砖一样，增加土壤的紧实度。因此在一般情况下，加沙量应达到原有土壤体积的 1/3，才会有改良黏土土壤质地的作用。在黏土中，除了可以加沙外，陶粒、粉碎的火山岩、珍珠岩和硅藻土等材料也可以起到同样的效果，但由于成本较高，只有局部或盆栽土改良时才应用这些高价材料。此外，石灰、石膏和硫黄等也是土壤的无机改良剂。

（三）土壤酸碱度的调节

土壤酸碱度又称为"土壤反应"，它是土壤溶液的酸碱反应，以 pH 值表示。土壤的酸碱度与土壤肥力和园林树木的生长发育密切相关，主要影响土壤养分的转化与有效性、土壤微生物的活动和土壤的理化性质等。通常情况下，大多数土壤养分在中性（pH6.5）时有效性较高；当土壤 pH 值过低时，土壤中的活性铁、铝增多，磷酸根易与它们结合形成不溶性的沉淀，造成磷素养分的无效化。同时由于土壤吸附性氢离子多，黏粒矿物易被分解，盐基离子大部分遭受淋失，不利于良好土壤结构的形成。相反，当土壤 pH 值过高时，则发生钙对磷酸的明显固定，使土粒分散，结构被破坏。

我国土壤的酸碱性反应，大多数都在 pH4.5～8.5 之间。在地理分布上有"东南酸、西北碱"的规律性。绝大多数园林树木适宜中性至微酸性的土壤，然而在我国许多城市园林绿地酸性和碱性土壤面积较大。如杨新敏调查重庆市主要公园、苗圃、风景区的土壤，结果表明，适合植物生长的（pH6.5～7.5）的中性土只占全部绿地的 20%。因此，土壤酸碱度的调节是一项十分重要的土壤管理工作。

（1）碱性土的改良 碱性土的改良是指对偏碱性的土壤进行必要的处理，使之 pH 值有所降低，符合酸性园林树种生长需要。目前，土壤酸化主要通过施用释酸物质进行调节，如硫黄、硫酸铝、硫酸亚铁、有机肥等，对少量培养土可以增加其中腐叶或泥炭的混合比例。这些物质在土壤中进行转化，产生酸性物质，降低土壤的 pH 值。为满足喜酸性土壤花卉的需要，盆花可浇灌 1∶50 的硫酸铝（白矾）水溶液或 1∶200 的硫酸亚铁水溶液。据试验，每 $667m^2$ 施用 30kg 硫黄粉，可使土壤 pH 值从 8.0 降到 6.5 左右；施用硫黄粉见效慢，但效果持久；施用硫酸铝需补充磷肥；施用硫酸亚铁见效快，但作用时间短，需每隔 7～10d 施一次。

（2）酸性土的改良 土壤碱化是指对偏酸的土壤进行必要的处理，使之土壤 pH 值有所提高，符合一些碱性树种生长需要。酸性土壤的改良方法是向土壤中施加石灰、草木灰等碱性物质，但以石灰应用较普遍。石灰对土壤的作用不仅局限于调节土壤酸度，它还可改善土壤的物理性质，刺激土壤微生物的活性，提高土壤中矿物质的活性，为树木提供钙和镁，增加豆科植物的固氮能力。常用的石灰材料有碳酸钙、方解质石灰石、白云质石灰石、泥灰岩、生石灰和钢渣磷肥等。碳酸钙是目前使用最多的石灰材料，使用时，石灰石粉越细越好，这样可增加土壤内的离子交换强度，以达到调节土壤 pH 值的目的。

石灰的需要量不仅与土壤 pH 值有关，还与土壤缓冲量或阳离子交换量有关。石灰的施用量（把酸性土壤调节到要求的 pH 值范围所需的石灰石粉用量）应根据土壤中交换性酸的数量确定，其需要量的理论值可按如下公式计算：

石灰施用量理论值＝土壤体积×土壤容重×阳离子交换量×（1－盐基饱和度）

在实际应用过程中，这个理论值还应根据石灰的化学形态不同乘以一个相应的经验系数。石灰石粉的经验系数一般取 1.3～1.5。

（四）盐碱地的改良

盐土与碱土以及各类盐化、碱化土壤统称盐渍土或盐碱土。表层含盐量一般不超过 0.5%，土壤溶液中含有一定量的苏打，土壤胶体的交换性钠占交换性阳离子总量 20% 以上，一般 pH 值为 9 或更高的土壤称为碱土。盐碱土形成的共同特点是盐分不断向土壤上层累积，而这种盐分在地表层的迁移和积聚是在一定的环境条件下形成的。其中盐土是盐碱土中面积最大的一种类型，主要是指土表层含可溶性盐超过 0.6%～2% 的一类土壤。氯化物为主的盐土毒性较大，含盐量的下限为 0.6%；硫酸盐为主的盐土毒性较小，含盐量的下限为 2%；氯化物-硫酸盐或硫酸盐-氯化物组成的混合盐土毒性居中，含盐量下限为 1%。含盐量小于这个指标的，就不列入盐土范围，而列为某种土壤的盐化类型，如盐化棕钙土、盐化草甸土等。碱土是盐碱土中面积很小的一种类型，碱土中吸收性复合土体中代换性钠的含量占代换总量的 20% 以上。小于这个指标的只将它列入某种土壤的碱化类型，如碱化盐土、碱化栗钙土。土壤的碱化程度越高，土壤的理化性状愈坏，并表现出湿时膨胀、分散、泥泞，干时收缩、板结、坚硬、通气透水性都非常差的特点。

土壤盐渍化是一个世界性的问题，同时也是世界上解决土地退化中最大的难题。世界上除南极洲尚待调查研究外，其余五大洲及其大多数主要岛屿的海滨地区和干旱、半干旱地带，涉及100多个国家和地区，都有各种类型的盐渍土分布。盐渍土主要分布于气候上的干旱地带，地貌上的大陆洼地，水文地质上的高矿化地下水及其随时可能抬升而达到"临界深度"的高地下水位区域。根据中科院南京土壤所的最新研究，我国各种类型的盐渍土总量为14.87亿亩，其中潜在盐渍土1734万公顷，次生盐渍土约占盐渍土总面积的1/6，主要分布在东北、华北、西北内陆地区以及长江以北沿海地带，每年因土壤盐渍化造成的直接经济损失高达25亿元。

盐碱地的改良是世界性的难题，多少年来，土壤科学家和农林科学家为寻求有效的盐碱地改良途径和方法付出了不懈的努力，取得了可喜的成果。最近十几年来，不少园林科研人员致力于盐碱地绿化方面的研究，总结出适合城市园林特点的盐碱地改良措施，为盐碱地绿化做出了一定的贡献。

改良盐碱土的措施很多，如采用排水、冲洗、灌溉、种植水稻等措施的水利改良或物理改良；采用平整土地、施肥、轮作、间作套种等措施的栽培改良；选育耐盐品种和提高作物抗盐性的生物改良；采用化学改良剂的化学改良及其他改良措施。

城市园林绿地土壤条件很复杂，面积有大有小，应用的植物种类受到配置环境和地区性限制。同时园林树木不同于农作物，有些措施（如轮作、种水稻等）不能应用。而有些地区土壤次生盐渍化与乱建房屋、随便乱挖取土有关，所以，园林绿地盐碱土改良有其特殊性，现将园林绿地盐碱土改良主要措施分述于下。

1. 做好城市规划

因地制宜，根据土壤盐渍化的范围和程度，规划设计出不同的改良措施。首先要做好城市规划，按规划进行建筑和取土，防止因乱建、乱挖、乱取土，造成低洼地和地下径流及水的汇集，致使土壤再次盐渍化。如果已经因乱取土造成城市街道中有很多低洼地，在条件允许时，也可将距离比较近的低洼地疏通联系起来，使其成为大的水面，形成具有观赏价值的水景。

2. 地下排盐

地下渗管排盐是耕地盐碱化改良的常用方法之一，它基于"盐随水来、盐随水去"的水盐运行规律，通过铺设暗管将土壤中的盐分随水排走，并将地下水位控制在临界深度以下，达到土壤脱盐和防止生盐渍化目的。渗管铺设一般为水平封闭式。一级管和二级管相结合，一级管的渗入水汇入二级管中，然后流入污水管排走。若污水管道埋得较浅不能自行排泄渗水，可在二级管末端设集水井，定期强排。渗管的埋设深度、间距、纵坡等参数主要取决于植物种类、土壤结构、地下水位及气候等情况。黄河三角洲所在中心城市东营市，利用荷兰暗管排碱技术实施盐碱地改良工程，利用专业埋管机械将PVC渗管埋入地下1.8～2.0m处，将地下盐水截引到暗管，集中起来排到明渠中，使得灌区当年地下水位下降0.5m，含盐量可降低0.1%，满足多种植物的生长发育要求。

3. 竖井排灌

竖井排灌是开凿竖井至承压含水层，以抽取承压水为主。竖井排灌既降低地下水位，又可以灌溉，是一种改良盐渍土的重要措施。竖井排灌适合于封闭或半封闭区、蒸发量大的冲积平原带，这一地区上层土壤盐渍化，地下水位高，地下水径流缓慢，潜水层下有较厚的承压含水层，且承压含水层中的水矿化度不高，潜水与承压水有较好联系。竖井排灌的井深一般是50～100cm，主要开采承压水，与排水明沟相比，竖井排灌水量大、水质好、水位降低明显，而且渠道数量少，占地面积小，投入成本少，管理养护方便。竖井排灌抽出的水能就地灌溉，减轻枯水季节水库供水不足的压力。竖井排灌，一井两用，进而发展到河、井、沟、渠结合，排、灌、蓄、涝并用，是水利技术改良盐碱土综合发展的体现。

4. 灌水洗盐

洗盐是通过灌溉淡水把盐分淋洗至底土层或用排水沟将溶解盐分的水排走。绿地面积较大者，一般每隔20～40m挖一条排水沟，沟深为1m，上面宽1.5m，底宽0.5～1.5m。排水沟与较大的排水干渠相连，各种渠道应有一定的比降，以利排水畅通，将盐碱排除。同时能定期引淡水进行灌溉，达到淡水洗盐的目的。在生产实践中，脱盐土层厚度一般为1m，脱盐层允许含盐量由植物的耐盐性而定。灌水洗盐时要注意平地围捻，这项措施可以减少地表径流，使灌溉水均匀布满地面，提高灌水洗盐效果，同时，能防止洼地受淹，高处返盐，这也是根治盐斑的有效措施。此外，还应该注意在生长期要采取灌水压盐、中耕除草、地面覆盖等措施，以防止盐碱上升。由于我国水资源相对缺乏，只有在万不得已的情况下才应用灌水洗盐的措施。

5. 客换好土

在园林中进行客土栽植是比较常见的，特别是在土壤含盐碱比较严重的地区，绿化多采用客换好土，换土的多少取决于植物种类，通常草坪应全部换土，深20～30cm，乔木和花灌木往往只换种植穴内的土壤，深度60～120cm。在客土回填以前，绿地的四周用塑料布与周边的碱土进行隔离，防止绿地四周盐碱土中的盐分渗透到绿地内。施工时，塑料布的底层与隔离层紧密结合，顶部高出绿地表面约20cm。为了预防土壤再次盐渍化，保证树木长期健壮生长，换土的地方可采用做微地形抬高地面、换土与埋渗水管相结合、换土与加隔离层相结合等措施。

(1) 适当地做微地形 在低洼地或地下水位较高的地方，通过客土适当抬高地面，增厚土层，可以起到降低地下水位的作用，提高土壤的排水与透气性，有利于淋洗盐分。但做微地形的土壤不能用本地的盐渍土，一定是客换的好土。据测定，在盐碱地局部高起8～10cm的地方，土壤含盐量比周围平地高3～4倍。这主要是因为地面抬高后，雨水和人工浇的水，顺坡度流失，不能渗入土壤中起到冲洗盐分的作用，所以，应用此措施时一定要注意客土质量。

(2) 换土与埋渗水管相结合 渗水管是用渣石与水泥制成，具有淋水功能。规格为内径20cm，外径28cm，长100cm，埋在距树木30～40cm处，管底深度90～100cm，50～100m之间做一收水井集中外排。

(3) 换土与加隔离层相结合 为了延缓新栽入的好土发生盐渍化，一般在种植穴的底部应加设隔离层。隔离层的材料孔隙要大，不能产生地下毛细现象，同时排水要好，如煤灰土、粗沙子、石砾、稻草、麦秸、高粱秆、玉米秸、棉子皮、锯末、杂草等，经过各地试验以煤灰土最好，其厚度为10～20cm。但往往因为气候条件（降雨、蒸发）、土壤类型、盐分组成、含盐量等不同，对隔离层的材料反应不同，所以，最好先做试验，然后根据土壤的实际情况选用有效的隔盐材料和方法。

6. 深耕施有机肥

有机肥在微生物作用下能分解有机酸，可以中和土壤中的碱，改良土壤理化性能，增加团粒结构，提高土壤肥力。河北省青河农场的经验，深耕30cm，施大量有机肥，可缓冲盐害。因为中耕使土壤表层结构得到良好改善，使土质疏松，阻止水盐上升。

7. 覆盖物改良

盐渍地依据盐渍土水盐运动"盐随水来，盐随水去"的特点，只要能控制土壤水分蒸发就可减轻盐分表聚，达到改良的目的。

研究显示，在盐碱地上覆盖豆科绿肥植物后，可明显减少土壤水分蒸发，抑制盐分表聚，阻止水分与大气间的直接交流，对土表水分上行起到阻隔作用，同时还增加光的反射率和热量传递，降低土表温度，从而降低蒸发耗水。绿肥覆盖是盐碱地改良的综合措施，既起节水作用，又起培肥改土作用，是在原有土壤的基础上增添了新物质，不仅对土壤水盐环境产生影响，而且是对土壤生态环境的综合作用。此外，应用免耕覆盖法，即将现代土壤耕作与覆盖措施相结合来治理盐渍地，可使原生植被所形成的黑土层（有机质层）不致被破坏，再通过人工种植绿肥，切碎茎叶覆盖，更能提高土壤保水保墒能力，减少机械对土体的压实和覆盖作物根系。除利用绿肥覆盖外，还可利用地膜覆盖、水泥硬壳覆盖进行盐碱地改良，它们可减少农田土壤无效蒸发，调节盐分在土体中的分布，促进植物生长和发育，提高产量。

8. 营造防护林

防护林既能保持水土、防风固沙、涵养水源、调节气候及改良土壤环境质量，又能起到生物排水作用，是降低地下水位、改良盐碱地、促使园林植物健壮生长的重要措施。在林业上也有应用"深坑浅埋"或"深栽浅埋"的措施，即将种植穴挖得比较深，比较深的种植坑可躲过含盐最多的表层，其原理是利用盐碱分布上重下轻的特点，在西北地区，旱季栽树时很实用。通过深栽有效减轻盐分对幼树根系的伤害，浅埋后的凹形坑槽可以更好地蓄积雨水，有利于淋盐保墒。同时解决了由于深栽躲盐，使树木栽植过深，根系通气不良而影响幼树生长的矛盾。在城市绿化栽植乔木、灌木、绿篱时，"深坑浅埋"是一种抗旱、躲盐的好办法，但在地下水位高的情况下，这种方法应慎用。

9. 化学增加剂改良

随着工业技术的发展，越来越多的化学添加剂被应用到盐碱地改良中，其中包括引用外源性钙质、酸性物质和高聚物土壤改良剂的应用。采用磷石膏改良碱土在国内已有成功经验，并且仍受到极大的关注。磷石膏中的有效钙进入土体将使土壤胶体复合体中的 Na^+ 代换出来，降低钠碱化度，而且吸收的钙离子多，增加土壤的团聚体，从而改善土壤的通气、透水等物理性状，也增加黏质土的渗透速度，所以用磷石膏化学改良盐碱地并结合冲洗可将代换出来的 N^+ 及其他盐分及时冲掉，达到快速脱盐脱碱。

聚合物改良盐碱土的作用有两个方面：一是改善土壤结构，加速洗盐排碱过程；二是改变吸收性盐基成分，增加盐基代换容量，调节土壤酸碱度。如醋酸乙烯-丙烯酸甲酯共聚物、腐殖酸的钾钠盐、二辛基-磺酸丁二酯、聚乙二醇的混合物等都可以应用于改良酸化和盐碱化土壤。聚丙烯酸类的钙盐能够调节盐碱地的 pH 值；丙烯酰胺和腐殖酸接枝共聚物可以防止土壤盐碱化；磺化木质素和丙烯酸的聚合物能够改良碱土。有实验指出施用高聚物改良剂的盐碱地的玉米产量不仅比对照组产量高，而且超过非盐碱地的产量，表明聚合物改良剂提高了盐碱地的生产能力，这具有积极的实际意义。

此外，柠檬酸厂排出的柠檬酸渣、生产沼气后的残余物沼渣、沼液对盐碱的改良也具有显著作用。近年来，我国对土壤改良剂的研究取得了长足的进展，如北京飞鹰绿地科技发展公司将有机络合催化理论引入盐碱土壤改良，研制出"禾康"盐碱土壤改良剂，目前已在山东、内蒙古、新疆、东北、天津等地大面积推广。"禾康"土壤改良剂是一种棕红色略带酸味无毒无害的有机液体化肥，可直接作用于土壤，因此广泛适用于中、低产田改造、盐碱地的治理、荒漠绿化等。

在使用化学改良剂的同时，也要结合使用有机肥、种植耐碱环境的植物等措施，不仅可以改善土壤物理性状及增加土壤营养，而且也可解决由于化学改良剂的产地与碱化土壤分布地区不一致的矛盾。

三、土壤管理

土壤管理包括中耕除草和地面覆盖等工作。

1. 中耕除草

中耕一般分春耕（20～30cm）、夏耕（20cm）、秋耕（30～35cm）。中耕不但可以切断土壤表层的毛细管，减少土壤水分蒸发，防止土壤泛碱，改良土壤通气状况，促进土壤微生物活动，还有利于难溶性养分的分解，提高土壤肥力；而且，通过中耕能尽快恢复土壤的疏松度，改进通气和水分状态，使土壤水、气关系趋于协调，因而生产上有"地湿锄干、地干锄湿"之说。此外，早春进行中耕，还能明显提高土壤温度，使树木的根系尽快开始生长，并及早进入吸收功能状态，以满足地上部分对水分、营养的需求。当然，中耕也是清除杂草的有效办法，减少杂草对水分、养分的竞争，使树木生长的地面环境更清洁美观，同时还阻止病虫害的滋生蔓延。

松土、除草应在天气晴朗或者初晴之后，土壤不过干又不过湿时进行，才可获得最大的保墒效果。松土、除草时要避免树皮损伤，可以适当切断生长在地表的树木浅根。各地对松土、除草都有具体的要求，如杭州园林局规定，市区级主干道的行道树，每年松土、除草应不少于4次，市郊每年不少于2次，对新栽2～3年生的风景树木，每年应该松土除草2～3次。松土深度，大苗6～9cm，小苗3cm。

松土、除草对园林树木生长有很大好处，花农对此有丰富的经验，如山东菏泽花农对牡丹每年土壤解冻后至开花前松土2～3次，开花后至白露松土6～8次，其要求，见草就除，除草随即松土，每次雨后要松土一次，当地花农有"春耕深一犁，夏耕刮地皮"、"地湿锄干，地干锄湿"的经验。他们又认为头伏、二伏、三伏中耕锄地2次，其效果不亚于上草粪一次。特别对于人流密集的树林每年中耕松土1～2次，使其土壤疏松，改善土壤通气状况，对树木生长非常有利。

人工清除杂草，费时、费工，效率较低。化学除草剂具有省工、高效和选择性强等特点，是目前防治杂草的主要手段。高效、低毒、选择性强、对环境污染少是化学除草剂发展的趋势。每种除草剂都有一定的杀草谱和生理特性，应针对杂草发生特点合理选用除草剂，并合理选择施药的时期。为了防止杂草产生抗病性，避免发生药害和环境污染，施用除草剂时应注意以下几点：严格控制药量，不得随意加大或减少药量；不宜在高温、高湿或大风天气喷施，一般应选择气温在20～30℃的晴朗无风或微风天气喷施；原则上不能随意与化肥或其他农药混合使用，以防止发生药害；混合施药时要选择杀草谱不同，并且彼此间不发生物理、化学反应的药剂。

在一些地方，当地的乡土草种已经形成一定的景观特色（如马蔺、苦荬菜、点地梅、酢浆草、百里香等）则不必清除，而将其中影响景观效果的其他草种去除，这样做既能保持物种的多样性，又可以形成一定的地域性景观，还节省不少栽植和养护费用。

2. 地面覆盖与地被植物

利用有机物或活的植物体覆盖土壤表面，可以防止或减少水分蒸发，减少地面径流，增加土壤有机质，调节土壤温度，减少杂草生长，为树木生长创造良好的环境条件。若在生长季进行覆盖，以后把覆盖的有机物随即翻入土中，还可增加土壤有机质，改善土壤结构，提高土壤肥力。覆盖的材料以就地取材、经济适用为原则，如水草、谷草、豆秸、树叶、树皮、木屑、发酵后的马粪、泥炭等均可应用。在大面积粗放管理的园林中，还可将草坪修剪下来的草头随手堆于树盘附近，用以进行覆盖。一般对于幼龄的园林树木或疏林草地的树木，多仅在树盘下进行覆盖，覆盖的厚度通常不超过6cm，一般以3～6cm为宜，过厚会有不利影响。地面覆盖一般选在生长季节土温较高而较干旱时进行。历年来杭州都进行树盘覆盖，实践证明，这样做可比无地面覆盖树的抗旱能力延长20d。

地被植物和一二年生的较高大的绿肥作物，都可以用于地面覆盖。绿肥植物，如饭豆、绿豆、黑豆、苜蓿、苕子、猪屎豆、紫云英、豌豆、蚕豆、草木樨、羽扇豆等，除覆盖作用之外，还可在开花期翻入土内，收到施肥改土的效果。用多年生地被植物覆盖地面除有覆盖作用外，还能吸附尘土、净化空气、减弱噪声、消除污染、增加园景美观，又可占据地面与杂草竞争，降低园林树木养护成本。

不论是地被植物或是绿肥作物，如作为树下的覆盖植物，均要求适应性强，有一定的耐荫能力，覆盖作用好，繁殖容易，与杂草竞争的能力强，但又与树木矛盾不大。如果此处为疏林草地，人们可进去活动，则选用的覆盖植物应耐踩，无汁液流出和无针刺，最好还应具有一定的观赏性和经济价值。

地被植物包括多年生低矮草本植物，还有一些适应性较强的低矮、匍匐型的灌木和藤本植物。常用的草本地被有铃兰、石竹类、勿忘草、百里香、萱草、二月兰、酢浆草、鸢尾类、麦冬类、玉簪类、吉祥草、蛇莓、石碱花、沿阶草、白三叶、红三叶、紫花地丁、苕子、绿豆等。木本地被有地锦类、木通、常春藤类、络石、菲白竹、倭竹、葛藤、铺地柏、砂地柏、南蛇藤、金银花、野葡萄、美国凌霄等。

在地被植物的应用中要注意处理好种间关系，应根据习性互补的原则选用物种，否则可能对园林树木的生长造成负面影响。一些多年生深根性地被植物，如紫花苜蓿等，消耗水分、养分较多，对园林树木影响较大，除非做好肥水管理，否则不宜长期选种，或当其植株和根系生长量大时，可及时翻耕达到培肥的目的。另外，紫花苜蓿的根系分泌物皂角苷对蔷薇科植物根系生长不利，需特别注意。此外，国外的研究表明，在土壤结构差的粉沙、黏重土壤中种植禾本科地被植物改土效果尤其明显。

四、疏松剂改良

近年来，有不少国家已开始大量使用疏松剂来改良土壤结构和生物学活性，调节土壤酸碱度，提高土壤肥力，并有专门的疏松剂商品销售。如国外生产上广泛应用的聚丙烯酰胺，为人工合成的高分子化合物，使用时先把干粉溶于80℃以上的热水制成2%的母液，再稀释10倍浇灌至5cm深土层中，通过其离子键、氢键的吸引使土壤形成团粒结构，从而优化土壤水、肥、气、热条件，其效果可达3年以上。土壤疏松剂的使用效果与土壤水分状况密切相关，如果土壤水分状况良好，土壤疏松剂作用效果显著；反之，则无明显效果。因此，喷施疏松剂后，要经常保持土壤湿润，使其有效成分常在活跃状态，加快土壤疏松的速度。

土壤疏松剂中含有生物活性物质，是一种多价阴离子活性剂，通过水分激活其有效成分而垂直作用于土壤，将被土壤吸附的H^+游离出来，增加土壤阳离子交换量，使土壤形成更多的孔隙，改善土壤团粒结构，增强土壤的透气性和肥水渗透能力，从而达到疏松土壤的目的。

目前，我国大量使用的疏松剂以有机类型为主，如泥炭、锯末粉、谷糠、腐叶土、腐殖土、家畜厩肥等，这些材料来源广泛，价格便宜，效果较好，但在运用过程中要注意腐熟，并在土壤中混合均匀。

五、土壤的动物改良

土壤动物主要生活在土壤或枯枝落叶层内。它分为原生动物和腐食性动物，其生活方式不同。原生动物如环虫、线虫等，生活在土壤水中。腐食性动物如蚯蚓、甲虫的幼虫、白蚁、壁虱、飞虫等喜欢生活在潮湿的土壤间隙里或枯枝落叶层内，它们对土壤改良具有积极意义。它们可以分解树木的枯落物，促进土壤形成良好的团粒结构，改良土壤通气状况，提高土壤的保水、保肥能力。此外，土壤中存在大量微生物，它们数量大、繁殖快、活动性强，能促进岩石风化和养分释放，改善土壤团粒结构，加快动植物残体的分解，有助于土壤的形成和营养物质的转化，调节植物生长，防止土传病害的发生。所以，利用有益动物也是一种改良土壤的好办法。

利用动物改良土壤，可以从以下两方面入手：一方面加强土壤中现有有益动物种类的保护，对土壤施肥、农药使用、土壤与水体污染等进行严格控制，为动物创造一个良好的生存环境；另一方面推广使用根瘤菌、固氮菌、磷细菌、钾细菌等微生物肥料，这些肥料含有多种微生物，它们生命活动的分泌物与代谢产物，既能直接给园林树木提供某些激素类物质、营养元素、各种酶等，还可促进树木根系生长，又能改善土壤的理化性能。

六、土壤污染的防治

土壤污染是指土壤中积累的有毒或有害物质超过了土壤自净能力，从而对园林树木正常生长发育造成伤害时的土壤状态。土壤污染一方面直接影响园林树木的生长，如通常当土壤中砷、汞等重金属元素含量达到 $2.2\sim2.8mg/kg$ 时，就有可能使许多园林树木的根系中毒，丧失吸收功能；另一方面土壤污染还导致土壤结构破坏，肥力衰竭，引发地下水、地表水及大气等连锁污染，因此，土壤污染是一个不容忽视的环境问题。防治土壤污染的措施主要有以下几方面。

（1）管理措施　严格控制污染源，禁止工业、生活污染物向城市园林绿地排放，加强污水灌溉区的监测与管理．各类污水必须净化后方可用于园林树木的灌溉；加大园林绿地中各类废弃物的清理力度，及时清除，运走有毒垃圾、污泥等。

（2）生产措施　采取增施绿肥、厩肥、堆肥、腐殖酸类物质等有机肥，以增加土壤有机质的含量，增加土壤对有害物质的吸附能力和吸附量，都可提高土壤的缓冲能力和自净能力，增加土壤环境的容量。选择抗（耐）污染作物品种，改变种植方式。合理使用农药和化肥，积极发展高效、低毒、低残留的农药。利用某些特定的动植物和微生物较快地吸走或降解土壤中的污染物质，而达到净化土壤的目的。

（3）工程措施　利用物理（机械）、物理化学原理治理污染土壤，主要有隔离法、清洗法、热处理法、电化法等，是一种最为彻底、稳定、治本的措施。但投资大，适于小面积的重度污染区。

（4）施加改良剂　主要目的是加速有机物的分解和使重金属固定在土壤中，如添加有机质可加速土壤中农药的降解，减少农药的残留量。施用重金属吸收抑制剂（改良剂），即向土壤施加改良抑制物（如石灰、磷酸盐、硅酸钙等），使它与重金属污染物作用生成难溶化合物，降低重金属在土壤及土壤植物体内的迁移能力。这种方法可起到临时性的抑制作用，时间过长会引起污染物的积累，在条件变化时重金属又转成可溶性，因而只在污染较轻地区能使用。

第二节　园林树木的水分管理

一、水分管理的意义

水是树木生长发育的重要因素，影响着园林树木的一切生命活动。一般情况下，树木根系吸水越多，随着水流进入植物体内的矿物质营养就越多，树木的生长也就越旺盛。园林树木的水分管理，就是根据不同树木对水分要求的不同，通过合理的技术措施和管理手段，维持树体水分代谢平衡，保证树木的正常生长和发育，达到园林树木的栽培目的。园林树木的水分管理包括园林树木的灌水与排水两方面的内容。

土壤干旱，植物常发生萎蔫现象，生长发育受到抑制，甚至死亡。如杜鹃对干旱非常敏感，干旱缺水会使叶尖及叶缘变褐色坏死。土壤缺水，还会引起抽条或加重冻害，降低树木的越冬性。同时土壤缺水时，其溶液浓度增高，根系吸收功能受阻，导致枝条早期停止生长和落叶。土壤水分过多，往往发生水涝现象，常使根部窒息，引起根部腐烂。根系受到损害后，便引起地上部分叶片发黄，花色变浅，花的香味减退及落叶、落花，茎干生长受阻，严重时植株死亡。如女贞淹水后，蒸腾作用立即下降，12d 后植株便死亡。"水少了是命，水多是病"，说的就是这个道理。

此外，在我国进行科学的水分管理，还具有重要的现实意义。我国是乏水国家，水资源十分有限，而目前我国城市园林绿地中树木的灌溉用水大多为自来水，与生产生活用水的矛盾十分突出。因此，实施先进的灌排技术，合理地进行灌水和排水管理，减少水资源的浪费，降低园林的养护管理成本，是我国城市园林树木水分管理的唯一选择。

二、园林树木的需水特性

正确全面认识园林树木的需水特性，是制定科学的水分管理方案、合理安排灌排工作、适时适量满足树木水分需求、确保园林树木健康生长、充分有效利用水资源的重要依据。园林树木需水特性主要与以下因素有关。

(1) 园林树木种类与需水 不同的种类、品种，生态习性各异，在水分需求上有较大差别。一般说来，观花、观果树木，特别是花灌木，如榆叶梅、珍珠梅、东北山梅花等，灌水次数要比一般树种多；白栎、石楠、野桐、盐肤木、君迁子、加杨、合欢、桃、枫香等树种较耐旱，其灌水量和灌水次数可以适当减少，且应注意适当排水；而银杏、水松、日本扁松、杉木、水曲柳等树种喜欢湿润土壤，应注意灌水，对排水要求则不严；还有一些树种对土壤水分条件适应性较强，如落羽杉、旱柳、垂柳、紫穗槐等，既耐干旱，又耐水湿，则水分管理相对比较粗放。总的来说，通常乔木比灌木，常绿树种比落叶树种，阳性树种比阴性树种，浅根性树种比深根性树种，中生、湿生树种比旱生树种需要较多的水分。但值得注意的是，喜湿的种类不一定需常湿，喜干的树种的也不一定可常干，而且同林树木的耐旱力与耐湿力并不完全呈负相关。

(2) 生长发育阶段与需水 就生命周期而言，在实生树种子阶段，水分是种子萌发的必要条件，种子吸水膨胀，使种皮软化，此时树木需水量较大；在幼苗时期，树木的根系分布较浅，抗旱力差，虽然此时植株个体较小需水量不大，但也必须经常保持土壤适度湿润，并且要避免只浇表土，防止根系向浅层发展；随着植株体积的增大，总需水量不断增加，同时个体对水分的适应能力也有所增强。

在年生长周期中，树木在不同物候期需水量不同，生长期的需水量大于休眠期。一般认为，在树木的生长前期，要保证水分的供应，有利于新梢的生长和花芽分化的进行；在生长期的后期，而要控制水分的供应，使树木及时停止生长，防止水分过多，使树木发生徒长，降低树木木质化程度，影响树木越冬的安全性。早春由于气温回升快于土温，常绿树种地上部分已开始蒸腾耗水，而根系尚处于休眠状态，此时吸收功能弱，不能及时补充地上部分的蒸腾失水，因此，对于一些常绿树种在早春应进行适当的叶面喷雾。

在生长过程中，许多树木都存在需水临界期，在这一时期树木对水分需求特别敏感，此

116

时如果缺水将严重影响树木新梢的生长和花芽分化的进行，即便是以后有更多的水分供给也无法补偿。需水临界期因各地气候及树木种类而不同，就目前研究的结果来看，呼吸、蒸腾作用最旺盛的时期，以及观果类树种果实迅速生长期都要求充足的水分。由于相对干旱会抑制新梢的加长生长，使营养物质向花芽转移，因而在栽培上常采用减水、断水等措施来促进花芽分化。如对梅花、桃花、榆叶梅、紫薇、紫荆等花灌木，在开花前期适当扣水，少浇或停浇几次水，能提早并促进花芽的形成和发育，使这类花灌木提前开花并提高花的数量和观赏价值。

(3) 气候条件 气候条件对于灌水和排水的影响，主要集中在年降水量、降水强度、降水频度与分布。现以哈尔滨为例说明这个问题。

1～3月份是哈尔滨地区树木的休眠期，树木需水量少。如此时降雪，则可明显改善早春土壤中的水分条件；如冬雪极少、季节冻水耗尽的年份应在早春及时补水。

4～6月份是哈尔滨的干旱季节，雨水较少，但此时恰是树木生长的旺盛时期，需水量较大，在这段时间树木一般都需要灌水，灌水的次数按树种、气候条件和土壤类型而定。此期是哈尔滨市栽树的集中时期，为提高树木移植成活率，对于新栽树木一天中分别在早、晚灌二次水。此外，4月份适当灌水还可以推迟树木的萌发期，防止树种受晚霜的危害。

7～8月份是哈尔滨的雨季，降水较多，土壤与空气湿度大，虽然在此时树木需水量大，但通常不需要灌水，遇雨水过多的时期，还应及时注意排水。但如遇旱年，在此期也应灌水。

9～10月份是哈尔滨的秋季，在秋季应及时让树木停止生长，使枝条充分木质化，增强抗性，准备越冬。但当年新植小苗和喜水湿树木还应该浇水。

11～12月份是哈尔滨的冬季，为了提高树木越冬的安全性，预防早春干旱，需要对树木灌封冻水，防止根系受冻害。

(4) 园林树木栽植年限与需水 显然，树木栽植的年限越短需水量越大。刚刚栽植的树木，根系损伤大，尤其是分布在根冠外围的吸收根损伤较大，减少了根系的吸收面积和吸收能力，即使是采取一定的技术措施，根系在短期内很难恢复吸收能力，常常需要连续多次反复灌水，方能保证成活，如果是常绿树种，还有必要对枝叶进行叶面喷水。新栽乔木需要连续灌水3～5年，灌木最少5年。树木定植经过一定年限后，根系恢复生长，进入正常生长阶段，地上部分与地下部分间重新建立了以水分为主的代谢平衡，需水的迫切性会逐渐下降，不必经常灌水。

(5) 园林树木用途与需水 生产上，因受水源、灌溉设施、人力、财力等因素限制，常常难以对全部树木进行同等的灌溉，而要根据园林树木的用途来确定灌溉的重点。一般需水的优先对象是观花灌木、珍贵树种、孤植树、古树、大树等观赏价值高的树木以及新栽树木。

(6) 树木土壤条件与需水 土壤的质地、结构与灌水密切相关。如沙土，保水性较差，应"小水勤浇"，较黏重土壤保水力强，灌溉次数和灌水量均应适当减少。若种植地面经过了铺装，或游人践踏严重、透气差的树木，还应给予经常性的树体浇水，以补充土壤水分的不足。对于盐碱地要"明水大浇"，做到灌水与中耕除草相结合。此外，地下水位的深浅也是灌水、排水的重要参考。地下水位在树木可利用范围内，可以不灌水，反之，则应注意排水。

(7) 管理技术措施与需水 管理技术措施对园林树木的需水情况有较多影响。一般说来，经过合理的深翻、中耕除草、客土，施用丰富有机肥料的土壤，其结构性能好，可以减少土壤水分的消耗，土壤水分的有效性高，能及时满足树木对水分的需求，因而灌水量较小。

此外，灌溉与施肥，做到"水肥结合"也是十分重要的，在施用化肥的前后浇透水，既可以避免肥力过大，防止根系受损，又可满足树木对水分的正常需求。

三、园林树木的灌溉

（一）灌溉水的质量

灌溉水的好坏直接影响园林树木的生长。用于园林绿地树木灌溉的水源有雨水、河水、地表径流、自来水、井水及泉水等。这些水中的可溶性物质、悬浮物质以及水温等各有差异，对园林树木生长及水的使用有不同影响。如雨水含有较多的二氧化碳、氨和硝酸，自来水中含有氯，这些物质不利于树木生长；地表径流含有较多树木可利用的有机质及矿质元素；而河水中常含有泥沙和藻类植物，若用于喷、滴灌水时，容易堵塞喷头和滴头；井水和泉水温度较低，伤害树木根系，需贮于蓄水池中，经过一段时间增温充气后方可利用。总之，园林树木灌溉用水以软水为宜，根据 1979 年 12 月国家颁布的《农业灌溉水质标准》，灌溉水不能含有过多的对树木生长有害的有机、无机盐类和有毒元素及其化合物，一般有毒可溶性盐类含量不超过 1.8g/L，水温与气温或地温接近。

（二）灌水的时期

正确的灌水时期对灌溉效果以及水资源的合理利用都有很大影响。理论上讲，科学的灌水是适时灌溉，也就是说在树木最需要水的时候及时灌溉。

根据土壤含水量和树木的萎蔫系数确定具体的灌水时间是较可靠的方法。一般认为，当土壤含水量为最大持水量的 $60\%\sim80\%$ 时，土壤中的空气与水分状况符合大多数树木生长需要，因此，当土壤含水量低于最大持水量的 50% 时，就应根据具体情况决定是否需要灌水。也可通过测定植物萎蔫系数来确定是否需要灌溉，萎蔫系数是指因干旱而导致树木外观出现明显伤害症状时的树木体内含水量，因树种和生长环境不同而异，据研究，萎蔫系数大体相当于各种土壤水分当量的 54%，"水分当量"是指当土壤水分减少到不能移动时的含水量。当土壤含水量达到萎蔫系数时进行灌溉是不科学的，因为此时树体已经受伤，必须在土壤含水量达到水分当量以前及时进行灌溉。

不同土壤的最大持水量、持水当量、萎蔫系数等各不相同，表 4-2 的数据是测定不同土壤含水量后确定是否需要灌溉的参考。

表 4-2 不同土壤类型最大持水量、持水当量、萎蔫系数及容积比重（引自小林章，1962）

土壤种类	最大持水量/%	持水量的 60%~80%	持水当量/%	萎蔫系数/%	容积比重/%
细沙土	28.8	17.3~23.0	5.0	2.7	1.74
沙壤土	36.7	22.0~29.4	10.0	5.4	1.62
壤土	52.3	31.4~41.8	20.0	10.8	1.48
黏壤土	60.2	36.1~48.2	25.0	13.5	1.40
黏土	71.2	42.7~57.0	32.0	17.3	1.38

随着科学技术的发展，用仪器来指示灌水时间和灌水量，在生长上已广泛应用。目前应用最普遍的是土壤水分张力计，应用土壤水分张力计，可以简便、快速、准确地测出土壤水分状况，从而确定科学的灌水时间。

确定树木是否需要灌水还有其他两种方法。

（1）形态观测法 早晨看树叶是上翘还是下垂；中午看叶片是否萎蔫及其程度；傍晚看萎蔫后恢复得快慢；树木是否徒长或新梢极短、叶色、大小、厚薄；落叶情况。这些仍是许多园林工作者确定树木是否急需灌水的常用方法。

（2）生物学指标的测定 直接测定树木地上部分生长状况：果实的生长率；气孔的开张度；树干和枝条的生长；叶片的色泽和萎蔫度。

（三）主要物候期的灌水

1. 休眠期灌水

在秋冬和早春进行。我国的"三北"地区降水量较少，冬春严寒干旱，因此休眠期灌水显得非常必要。秋末或冬初的灌水（哈尔滨为11月上中旬）一般称为灌"冻水"或"封冻"水。水在冬季结冻，放出潜热可提高树木越冬能力，并可防止早春干旱，故在北方地区，这次灌水是不可或缺的。

对于"边缘树种"、越冬困难的树种以及幼年树木等，浇冻水尤为必要。早春灌水，不但有利于新梢和叶片的生长，而且有利于开花与坐果，早春灌水是促使树木健壮生长、花繁果茂的一个关键。

2. 生长期灌水

可分为花前灌水、花后灌水、花芽分化期灌水。

（1）花前灌水 在北方一些地区容易出现早春干旱和风多雨少的现象，及时灌水补充土壤水分的不足，是解决树木萌芽、开花、新梢生长和提高坐果率的有效措施。同时还可以防止春寒、晚霜的危害。盐碱地区早春灌水后进行中耕，还可以起到压碱的作用。花前水可在萌芽后结合花前追肥进行。花前水的具体时间，要因地、因树种而异。

（2）花后灌水 多数树木在花谢后半个月左右进入新梢迅速生长期，如果水分不足，则会抑制新梢生长。果树此时如缺少水分，则易引起大量落果。尤其北方各地春天风多，地面蒸发量大，必须适当灌水以保持土壤适宜的湿度。

花后灌水可促进新梢和叶片生长，增强光合作用，提高坐果率和增大果实，同时，对后期的花芽分化有良好作用。没有灌水条件的地区，也应积极做好保墒措施，如覆草、盖沙等。

（3）花芽分化期灌水 此次水对观花、观果树木非常重要，因为树木一般是在新梢生长缓慢或停止生长时，花芽开始形态分化，此时也是果实迅速生长期，都需要较多的水分和养分，若水分不足，则会严重影响果实发育和花芽分化。因此，在新梢停止生长前适时适量灌水，可促进春梢生长而抑制秋梢生长，有利于花芽分化及果实发育。

总之，灌水的时期应根据树种以及气候、土壤等条件而定，具体灌溉时间则因季节而异。夏季灌溉应在清晨和傍晚，此时水温与地温接近对根系生长影响小；冬季因清晨气温较低，灌溉宜在中午前后。

（四）灌水量

灌水量受多方面因素的影响。在一次灌溉中，适宜的灌水量应使树木根系分布范围内的土壤湿度，达到有利于树木生长发育的需要。在灌水时，一定要灌足水分，切忌只湿润表层土壤，这样会引起土壤板结和土温下降。一般而言，对于处于成年阶段的乔木，灌水应渗透至80~100cm的深处，如果是大树或深根性树木，渗透深度应达1m以上。

灌水定额是指一次灌水单位面积的用水量（g）。目前，大多根据土壤田间持水量来计算灌水定额。其计算公式为：

$$m = rsh(P_1 - P_2)/\eta$$

式中，m 为设计灌水定额，g；r 为土壤容重，g/cm^3；h 为植物主要根系活动层深度，树木一般取 40～60cm；s 为灌水面积，cm^2；P_1 为适宜的土壤含水率上限，可取田间持水量的 80%～100%；P_2 为适宜的土壤含水率下限，可取田间持水量的 60%～70%；η 为喷灌水的利用系数，一般为 0.7～0.9。

田间持水量、土壤容量、植物根系主要活动深度等相关数据，可数年测定一次。在应用上述公式计算出灌水量后，还可以根据树种、土壤类型、物候期、不同生长发育阶段，以及日照、温度、风、干旱持续时间长短等因素，调整灌水量，以满足实际应用的需要。

（五）灌水的方法

灌水方法正确与否，不但关系到灌水效果好坏，而且还影响土壤的结构。正确的灌水方法，要利于水分在土壤中均匀分布、充分发挥水效、节约用水量、降低灌水成本、减少土壤冲刷，保持土壤的良好结构。随着科学技术的发展，灌水方法也在不断改进，正朝机械化、自动化方向发展，使灌水效率和灌水效果均大幅度提高。根据供水方式的不同，将园林树木的灌水方法分为以下三种。

1. 地上灌水

（1）机械喷灌 是固定或拆卸式的管道输送和喷灌系统，一般由水源、动力、水泵、输水管道及喷头等部分组成，是一种比较先进的灌水技术，目前已广泛用于园林苗圃、园林草坪以及重要的绿地系统。

机械喷灌的优点是：灌溉水首先是以雾化状洒落在树体上，然后再通过树木枝叶逐渐下渗至地表，避免了对土壤的直接打击、冲刷，基本不产生深层渗漏和地表径流，因此可以节约用水，一般可节约用水 20% 以上，对渗漏性强、保水性差的沙土，可节省用水 60%～70%；减少了对土壤结构的破坏，可保持原有土壤的疏松状态。同时，机械喷灌还能调节公园及绿化区的小气候，避免高温、干风对树木的危害，对植物产生最适宜的生理作用，从而提高树木的绿化效果。此外，机械喷灌对土地的平整度要求不高，地形复杂的山地亦可采用，可以节约劳力提高工作效率，为喷施化肥、喷洒农药和除草剂等创造了条件。

而机械喷灌的缺点主要有：可能导致某些园林树木感染真菌病害；灌水的均匀性受风影响很大，在 3～4 级风力下，喷灌用水因地面流失和蒸发损失可达 10%～40%；同时，喷灌的设备价格和管理维护费用较高，使其应用范围受到一定限制。但总体上讲，机械喷灌还是一种发展潜力巨大的灌溉技术，值得大力推广应用。

（2）移动式喷灌 一般由城市洒水车改建而成，在汽车上安装贮水箱、水泵、水管及喷头组成一个完整的喷灌系统，灌溉的效果与机械喷灌相似。由于汽车喷灌具有移动灵活的优点，因而常用于城市街道行道树的灌水。

（3）人工浇灌 在山区及离水源过远的地方，或在设施条件较差的情况下，人工浇灌虽然费工多、效率低，但仍有必要。人工浇灌大多采用树盘灌水形式，浇水前应松土，并做好水穴（堰），深 15～30cm，大小视树龄而定，以便灌水，灌溉后耙松表土以减少水分蒸发。有大量树木要灌溉时，应根据需水程度依次进行，不可遗漏。

2. 地面灌水

地面灌水可分为漫灌与滴灌两种形式。漫灌是一种大面积的表面灌水方式，因用水极不经济也不科学，生产上已很少采用。滴灌是近年来发展起来的先进灌溉技术，它主要由水泵、化肥罐、过滤器、输水管、灌水管和滴水管等组成。滴灌是将灌溉用水以水滴或细小水流形式，缓慢地施于植物根区的灌水方法。滴灌的效果与机械喷灌相似，但比机械喷灌更节约用水。不过滴灌对小气候的调节作用较差，而且耗管材多，对用水要求严格，容易堵塞管道和滴头，要求严格的过滤设备。在寒冷结冰期间和自然含盐量较高的地区，不宜使用，否则容易造成喷头附近土壤盐渍化，根系易受害。

目前国内外已发展到自动化滴灌装置，其自动控制方法可分时间控制法、电力抵抗法和土壤水分张力计自动控制法等，广泛用于蔬菜、花卉的设施栽培生产中，以及庭院观赏树木的养护中。

3. 地下灌水

地下灌水是借助于地下的管道系统，使灌溉水在土壤毛细管作用下，向周围扩散浸润植物根区土壤的灌溉方法。地下灌水具有地表蒸发小、节省灌溉用水、不破坏土壤结构、地下管道系统在雨季还可用于排水等优点。

地下灌水分为沟灌与渗灌两种。实施沟灌技术，首先要在树木行间开挖灌水沟，灌溉水由输水沟或毛渠进入灌水沟后，在流动的过程中，主要借土壤毛细管作用从沟底和沟壁向周围渗透而湿润土壤。同时，在沟底也有重力作用而浸润土壤。灌水沟有明沟与暗沟、土沟与石沟之分，石沟的沟壁设有小型渗漏孔。渗灌是采用地下管道系统的一种地下灌水方式，整个系统包括输水管道和渗水管道两大部分，通过输水管道将灌溉水输送至灌溉地的渗水管道，它做成暗渠和明渠均可，但应有一定比降。渗水管道的作用在于通过管道上的小孔，水从管道的孔眼渗出，浸润管道周围的土壤，目前常用的有专门烧制的多孔瓦管、多孔水泥管、竹管以及波纹塑料管等，生产上应用较多的是多孔瓦管。用此法不用产生水分流失或引起土壤板结，便于耕作，又节约用水，比地面灌水优越。

四、园林树木的排水

1. 排水的必要性

排水是为了减少土壤中多余的水分以增加土壤空气的含量，促进土壤空气与大气的交流，提高土壤温度，激发好气性微生物活动，加快有机物质的分解，改善树木营养状况，使土壤的理化性状得到全面改善。

排水不良的土壤经常发生水分过多而缺乏空气，使根系的呼吸作用受到阻碍，影响吸收的正常功能，轻则生长不良，时间一长还会使树根窒息、腐烂致死。同时，土壤内缺氧，使好气菌的活动受到抑制，影响有机物的分解；而且由于根系进行无氧呼吸，会产生酒精等有害物质，使蛋白质凝固。而有些土壤，如黏土中，如大量施用硫酸铵等化肥或未腐熟的有机肥后遇土壤排水不良，这些肥料将进行无氧分解，从而产生大量的一氧化碳、甲烷、硫化氢等还原性物质，严重影响树木地下与地上部分的生长发育。所以在水分管理中，排水和灌水同样重要，是树木养护工作中的重要内容。

树种、树龄不同，对水涝的抵抗能力不同。杨、柳类等抗涝能力强，特别是垂柳，受到水浸后能在树干上长出不定根来，进行呼吸和吸收，所以特别抗涝。而臭椿、桃等极不耐涝，稍有积水就有受害的表现。一般不耐涝的乔、灌木，在积水中泡3～5d树叶就会发生变黄脱落现象。尤其是不流动的浅水，加上日晒增温，危害则更大，甚至死亡。另外，幼龄苗和老年树也很不抗涝，所以要特别注意防范。

2. 排水的条件

根据吴泽民（2009）的介绍，在有下列情况之一时，就需要进行排水。

（1）树木生长在低洼地，当降雨强度大时汇集大量地表径流，且不能及时宣泄，而形成季节性涝湿地。

（2）土壤结构不良，渗水性差，特别是土壤下面有坚实的不透水层，阻止水分下渗，形成过高的假地下水位。

（3）园林绿地临近江河湖海，地下水位高或雨季易遭淹没，形成周期性的土壤过湿。

（4）平原与山地城市，在洪水季节有可能因排水不畅，形成大量积水。

（5）在一些盐碱地区，土壤下层含盐量高，不及时排水洗盐，盐分会随水的上升而到达表层，造成土壤次生盐渍化，对树木生长很不利。

3. 排水方法

应该说，园林绿地的排水是一项专业性基础工程，在园林规划及土建施工时就应统筹安排，建好畅通的排水系统。园林树木的排水通常有以下四种。

（1）明沟排水　明沟排水是在地面上挖掘明沟，排除径流。它常由小排水沟、支排水沟以及主排水沟等组成一个完整的排水系统，在地势最低处设置总排水沟。这种排水系统的布局多与道路走向一致，各级排水沟的走向最好相互垂直，但在两沟相交处应成锐角相交（45°～60°），以利水流畅，防止相交处沟道淤塞，且各级排水沟的纵向比降应大小有别。

（2）暗沟排水　暗沟排水是在地下埋设管道形成地下排水系统，将地下水降到要求的深度。暗沟排水系统与明沟排水系统基本相同，也有干管、支管和排水管之别。暗沟排水的管道多由塑料管、混凝土管或瓦管做成。建设时，各级管道需按水力学要求的指标组合施工，以确保水流畅通，防止淤塞。

（3）滤水层排水　滤水层排水实际就是一种地下排水方法，一般是对低洼积水地以及透水性极差的立地栽种树木，或对一些极不耐水湿的树种在栽植初采取的排水措施。即在树木生长的土壤下面填埋一定深度的煤渣、碎石等材料，形成滤水层，并在周围设置排水孔，遇积水就能及时排除。这种排水方法只能小范围使用，起到局部排水的作用。

（4）地面排水　这是目前使用较广泛、经济的一种排水方法。它是通过道路、广场等地面，汇聚雨水，然后集中到排水沟，从而避免绿地树木遭受水淹。不过，地面排水方法需要设计者经过精心设计安排，才能达到预期效果。

第三节　园林树木的营养管理

一、园林树木施肥的意义和特点

营养是园林树木生长的物质基础，树木的营养管理就是通过合理施肥来改善与调节树木营养状况的经营活动。

园林树木多为根深、体大的木本植物，生长期和寿命长，生长发育需要的养分数量很大；加之树木长期生长于一地，根系不断从土壤中选择性吸收某些元素，造成某些营养元素贫乏；城市园林绿地中的枯枝落叶常被彻底清除，归还给土壤的数量很少；城市园林绿地土壤人流践踏严重，土壤密实度大，密封度高，水、气矛盾突出，使得土壤养分的有效性大大降低；加之地下管线、建筑地基的构建，减少了土壤的有效容量，限制了根系吸收面积。此外，随着城市绿化建设水平的提高，包括草皮在内的多层次的植物配置，更增加了养分的消耗和树种间的竞争。因此，只有正确施肥，才能确保园林树木健康生长，增强树木抗逆性，延缓树木衰老，达到枝繁叶茂、提高土壤肥力的目的。

园林树木处于城市的特殊环境中，因此园林树木施肥具有显著的特点。首先，园林树木种类繁多，习性各异，生态、观赏与经济效益不同，因而无论是肥料的种类、用量还是施肥比例与方法均有不同；其次是园林树木附近往往建筑物较多，地面情况复杂（硬质铺装、草皮、地被植物），导致施肥的次数有限，为了延长肥效，施肥主要以有机肥为主；最后，为了不妨碍人类的日常生活，影响环境美观、卫生，不能采用污染环境的肥类和方法，肥料要适当深施并及时覆盖。

二、园林树木与营养

1. 园林树木生长所需要的营养元素及其作用

园林树木的正常生长发育需要从土壤、大气中吸收碳、氢、氧、氮、磷、钾、钙、镁、硫、铁、铜、锌、硼、钼、锰、氯等几十种化学元素作为养料，尽管园林树木对各种营养元素需要量差异很大，但对树木生长发育来说它们都是同等重要而不可缺少的。

碳、氢、氧是组成植物体的主要成分，基本上能从空气和土壤中获得以满足树木生长需要，一般情况下不会缺乏。氮、磷、钾被称为植物的营养三要素，树木的需要量远远超过土壤的供应量，其他营养元素由于受土壤条件、降雨、温度等影响也常不能满足树木需要，因此，我们必须根据实际情况对这些元素给予适当补充。

现将主要营养元素对园林树木生长的作用介绍如下。

(1) 氮　氮被称为"生命元素"，它几乎参与了植物的所有生命活动。氮能促进园林树木的营养生长和叶绿素的形成，使幼树早成型，老树延迟衰老，提高光合效能。但如果氮肥施用过多，尤其是在磷、钾供应不足时，会造成徒长、贪青、迟熟，地上部消耗大量糖类，影响枝条充实、根系生长、花芽分化以及降低树木的抗逆性等。特别是一次性用量过多时会引起烧苗，所以一定要注意合理施肥。不同种类的园林树种对氮的需求有差异，一般观叶树种、绿篱、行道树在整个生长期中都需要较多的氮肥，以便在较长的时期中保持美观的叶丛，翠绿的叶色；而对观花种类来说，只是在营养生长阶段需要较多的氮肥，进入生殖生长阶段以后，应该控制使用氮肥，否则将延迟开花期。树木以硝酸根离子和铵离子状态从土壤中吸收氮，生产上施用的氮肥以铵盐和硝酸盐为主。土壤的 pH 值与根系吸收氮的类型有关，土壤 pH＝7 时，有利于对铵态氮的吸收，土壤 pH 值为 5～6 时则有利于硝态氮的吸收。

(2) 磷　磷能促进花芽分化、果实发育和种子成熟，还能提高根系的吸收能力，促进新根的发生和生长；增加束缚水，提高树木抗寒、抗旱能力。因此，园林树木不仅在幼年或前期营养生长阶段需要适量的磷肥，而且进入开花期以后磷肥需要量也是很大的。

植物体磷过剩会抑制氮素或钾元素的吸收，引起生长不良；过量磷可使土壤中或植物体内的铁不活化，叶片黄化。

磷在土壤中向下移动得很慢，为便于树木吸收，应多施颗粒磷肥或与厩肥混合施用，但均应施于根系的主要分布层内或进行叶面喷施等，以提高磷的有效性。

(3) 钾　钾可以促进果实肥大和成熟；提高果实品质和耐贮性，并可促进加粗生长、组织成熟、机械组织发达；提高抗寒、抗旱、耐高温和抗病虫的能力。钾过剩会导致枝条不充实，耐寒性降低；氮吸收受阻，抑制营养生长，或镁吸收受阻，发生缺镁症，并降低对钙的吸收。红壤一般含钾量低，易发生缺钾症。

(4) 钙　钙主要用于树木细胞壁、原生质及蛋白质的形成，促进根的发育。

(5) 硫　硫为树木体内蛋白质成分之一，能促进根系的生长，并与叶绿素的形成有关，硫还能促进土壤中微生物的活动，不过硫在树体内移动性较差，很少从衰老组织中向幼嫩组织转运，所以利用效率较低。

(6) 铁　铁在叶绿素形成过程中起重要作用。当缺铁时，叶绿素不能形成，因而树木的光合作用将受到严重影响。铁在树木体内的流动性也很弱，老叶中的铁很难向新生组织中转移，因而它不能被再度利用。在石灰质土或碱性土，由于铁易转变为不可给态，此时虽土壤中有大量铁元素，树木仍然会发生缺铁现象而造成"缺绿症"。

2. 园林树木营养诊断

园林树木营养诊断是指导树木施肥的理论基础，根据树木营养诊断进行施肥，是实现树木养护管理科学化的一个重要标志。营养诊断是将树木矿质营养原理运用到施肥措施中的一个关键环节，它能使树木施肥达到合理化、指标化和规范化。

园林树木营养诊断方法很多，包括土壤分析、叶样分析、外观诊断等，其中外观诊断是行之有效的方法，它是通过园林树木在生长发育过程中，当缺少某种元素时，在植株的形态上呈现一定的症状来判断树体缺素种类和程度。此法具有简单易行、快速的优点，在生产上有一定实用价值。

现将 A. laurie 及 C. H. Poesch 概括的树木缺素时的表现列述如下。

(1) 病症通常发生于全株或下部较老的叶片上

① 症通常出现于全株，但常先是老叶黄化而死亡。

a. 叶淡绿色，生长受阻；茎细弱并有破裂，叶小，下部叶比上部叶黄色淡，叶黄化而干枯，成淡褐色，少有脱落 ……………………………………………………………… 缺氮

b. 叶暗绿色，生长延缓；下部叶的叶脉间黄化，常带紫色，特别是在叶柄上，叶早落 …………………………………………………………………………………… 缺磷

② 病症通常发生于植株下部较老叶片上

a. 下部叶有病斑，在叶尖及叶缘出现枯死部分。黄化部分从边缘向中部扩展，以后边缘部分变褐色而向下皱缩，最后下部和老叶脱落 ………………………………… 缺钾

b. 下部叶黄化，在晚期常出现枯斑，黄化出现于叶脉间，叶脉仍为绿色，叶缘向上或向下反曲，而形成皱缩 …………………………………………………………… 缺镁

(2) 病斑发生于新叶

① 顶芽存活

a. 叶脉间黄化，叶脉保持绿色

Ⅰ. 病斑不常出现，严重时叶缘及叶尖干枯，有时向内扩展，形成较大面积，仅有较大叶脉保持绿色 …………………………………………………………………… 缺镁

Ⅱ. 病斑通常出现，且分布于全叶面，极细叶脉仍保持为绿色，形成细网状；花小而花色不良 ……………………………………………………………………………… 缺锰

b. 叶淡绿色，叶脉色泽浅于叶脉相邻部分，有时发生病斑，老叶少有干枯……… 缺硫

② 顶芽通常死亡

a. 嫩叶的顶端和边缘腐败，幼叶的叶尖常形成钩状，根系在上述病症出现以前已经死亡 …………………………………………………………………………………… 缺钙

b. 嫩叶基部腐败，茎与叶柄极脆，根系死亡，特别是生长部分 ………………… 缺硼

三、园林树木施肥原理

(1) 根据树木种类合理施肥　树木的需肥量和种类与树种及生长习性有关。不同植物需肥量不同，如香樟、重阳木、梅花、月季、桂花、牡丹等种类喜肥沃土壤；沙棘、油松、悬铃木、臭椿、小叶黄杨等则耐瘠薄的土壤；开花结果多的大树应较开花、结果少的小树多施肥，树势衰弱的树也应多施肥。不同的树种施用的肥料种类也不同，如果树和木本油料树种应增施磷肥；酸性花木，如杜鹃、山茶、栀子花、桂花等，应施酸性肥料，不能施石灰、草木灰等；幼龄针叶树不宜施用化肥。

(2) 根据生长发育阶段合理施肥　树木在不同物候期所需的营养元素是不同的。新梢的需氮量是从生长初期到生长盛期逐渐提高的。随着新梢生长的结束，树木的需氮量有很大程

度的降低，但是蛋白质的合成仍在继续，树干的加粗生长一直延续到秋季，并且仍在迅速积累蛋白质和其他营养物质，这对于下一年春新梢的生长和花芽分化的进行有重要作用。所以，树木的整个生长季都需要氮，但需要的量是不同的。一年生苗在生长旺盛的后期，对氮肥需要量最大，同时对磷钾肥的需要量也大，而二年生的移植苗是在生长前期需氮肥较多，约占当年总需要量的70%。

在新梢生长缓慢期，树木对磷、钾及其他微量元素的需求量大。此时在保证氮、钾供应的前提下，多施磷肥可以促进芽迅速通过各个生长阶段，有利于花芽分化。

树木在春季和夏初需肥量大，但此时由于土壤微生物活动较弱，土壤内可供树木吸收收利用的养分较少，解决此时树木生长发育和养分供应间的矛盾，是土壤和施肥管理的重要任务之一。

在生长后期施氮肥必须加以控制，氮肥应在5~7月份施用，北方地区最迟不超过7月底，否则苗木入秋徒长，越冬时必将发生冻害。

如果在树木需肥的营养分配中心的恰当时期施肥，施用量相应高些，效果最好。北京黄土岗花农在夏至后对梅花集中施肥1~2次，目的在于抓紧6月底的关键时机，促进花芽的大量形成，借以达到来春繁花满枝的效果。

就生命周期而言，一般处于幼年期的树种，尤其是幼年的针叶树生长需要大量的化肥，到成年阶段对氮素的需要量减少；对古树、大树不需施用大量氮肥，而应该供给更多的微量元素，有助于增强其对不良环境因子的抵抗能力。

(3) 根据树木用途合理施肥 树木的观赏特性以及园林用途影响其施肥方案。一般说来，观叶、观形树种需要较多的氮肥，而观花、观果树种对磷、钾肥的需求量大。Ruge (1972) 指出德国的树木，特别是行道树，缺少 NO_3、P_2O_5、K_2O、MgO、B 和 Mn，而 CaO 和 $NaCl$ 过多，施肥应以 N、P、K 复合肥为主；也有人认为，对庭荫树、绿篱树种通常需要较高的 N 含量，施肥应以饼肥、化肥为主；郊区绿化树种可更多地施用人粪尿和土杂肥。

(4) 根据土壤条件合理施肥 土壤厚度、土壤水分与有机质含量、土壤酸碱度、地形、地势，以及土壤管理制度等对施肥都有影响。如山地、盐碱地、瘠薄的沙地为了改良土壤，有机肥如绿肥、泥炭等施用量一般较高；土壤肥沃、理化性质良好的土壤可以适当少施；土壤水分缺乏时施肥，可能因为土壤溶液浓度过高树木不能吸收利用而遭毒害；积水或多雨时养分容易被淋洗流失，降低肥料利用率。

理化性质差的土壤施肥必须与土壤改良相结合。沙性土壤质地疏松，通气性好，保水保肥能力差，土温变幅大，有"热性土"之称。施肥宜用牛粪、猪粪等冷性肥料，施肥宜深不宜浅，为了延长肥效时间，可用半腐熟的有机肥料或腐殖酸类肥料等。沙土含黏粒少，吸附保存氨、钾离子一类营养物质的能力小，化肥施用量宜小，应分多次追施。黏土质地紧密，通气性较差，土温变幅小，称为"冷性土"，保水保肥能力较好，宜选用马粪、羊粪等热性肥料。施肥深度宜浅不宜深，而且有机肥料必须充分腐熟。黏粒多，吸收量大，吸附营养物质的能力强，土壤缓冲能力强，施肥量可适当加大。

另外，土壤 pH 值影响营养元素的溶解度，即有效性。有些元素在酸性条件下易溶解，有效性高，当土壤 pH 值趋于中性或碱性时有效性降低；另外一些则相反，如铁、硼、锌、铜随着 pH 值下降有效性迅速增加，钼则相反，其有效性会随 pH 值提高而增加。因此，施肥应从多方面考虑。

(5) 根据气候条件合理施肥 主要是低温的影响。低温一方面减慢土壤养分的转化，另一方面削弱树木对养分的吸收能力，故低温容易促发缺素。实验证明，在各种营养元素中磷是受低温抑制最大的一个元素。雨量多少对营养缺乏症发生也有明显的影响，主要是通过土壤过旱或过湿来影响营养元素的释放、淋失及固定等，例如干旱促进缺硼、钾及磷；多雨容易促发缺镁。此外，光照也影响元素吸收，光照不足对营养元素吸收的影响以磷最严重。因而在多雨少光照而寒冷的天气条件下，施磷肥的效果特别明显。

（6）根据营养诊断合理施肥　根据营养诊断结果进行施肥，能使树木的施肥达到合理化、指标化和规范化，完全做到树木缺什么就施什么，缺多少就施多少。凭经验施肥，是我国目前最常见的施肥方法。园林中一些经验丰害的栽培者会根据上一年树木生长发育的状况来判断树木的营养状况，并以此为依据，确定下一次施肥的量。在缺乏某种元素或某种元素过量的情况下，树木会呈现出各种症状，栽培者会根据肉眼观察到的植物症状，不断地试验摸索，总结施肥的经验教训，摸索出在当地生境下树木施肥用量的相对标准。这种方法必须建立在长期实践、观察的基础上，费时较长，对初学者而言，难度较大，并且存在一定的不确定性及滞后性。因此，应大力提倡施肥的科学化、指标化和规范化，加强园林树木施肥的科学研究。

（7）根据养分性质合理施肥　养分性质不同，不但影响施肥的时期、方法、施肥量，而且还关系到土壤的理化性状。一些易流失挥发的速效性肥料，如碳酸氢铵、过磷酸钙等，宜在树木需肥期稍前施入；而迟效性的有机肥料，需腐烂分解后才能被树木吸收利用，故应提前施用。氮肥在土壤中移动性强，即使浅施也能渗透到根系分布层内供树木吸收利用；而磷、钾肥移动性差，故宜深施，尤其磷肥需施在根系分布层内才有利于根系吸收。化肥类肥料的施肥用量应本着宜淡不宜浓的原则，否则容易烧伤树木根系。事实上任何一种肥料都不是十全十美的，因此实践中应将有机与无机、速效性与缓效性、酸性与碱性、大量元素与微量元素等结合施用，提倡复合配方施肥。

（8）注意营养元素的平衡　树木体内的正常代谢要求各营养元素含量保持相对平衡，否则会导致代谢紊乱，出现生理障碍。一种元素的过量存在常常抑制另一种元素的吸收与利用，这就是所谓元素间"拮抗"现象。这种拮抗现象是相当普遍的，当其作用比较强烈时就导致树木营养贫乏症发生。生产中，较常见的拮抗现象有磷-锌、磷-铁、钾-镁、氮-钾、氮-硼、铁-锰等。因此，在施肥时需注意肥料的选择搭配，避免一种元素过多而影响其他元素作用的发挥。

四、园林树木施肥的时期

根据肥料的性质以及施用时期，园林树木的施肥包括以下两种类型。

（1）基肥　以有机肥为主，是在较长时期内供给树木多种养分的基础性肥料，如腐殖酸类肥料、堆肥、厩肥、圈肥、粪肥、鱼肥、骨粉、血肥、复合肥、长效肥以及植物枯枝落叶等。基肥一般在树木生长期开始前施用，通常有栽植前基肥、春季基肥和秋季基肥。在此时施入基肥，不但有利于提高土壤孔隙度，疏松土壤，改善土壤中水、肥、气、热状况有利微生物活动，而且还能在相当长的一段时间内，源源不断地供给树木所需的大量元素和微量元素。基肥在春季与秋季结合土壤深翻施用，一般施用的次数较少，但用量较大。

基肥分秋施和春施，秋施基肥以秋分前后施入效果最好，其原因如下：基肥是较长时间内供给树木养分的基本肥料，应施迟效性的有机肥，迟效性肥料需要比较长的时间腐烂分解，秋季施入有机质腐烂分解的时间较充分，可提高矿质化程度，来春可及时供给树木萌芽、开花、枝叶和根系生长的需要。如能再结合施入部分速效性化肥，提高细胞液浓度，也可增强树木的越冬性。施有机肥可提高土壤孔隙度，使土壤疏松，有利于土壤积雪保墒和提高地温，防止冬春土壤干旱，并减少根际冻害。秋施基肥正值一些树木根系（秋季）生长的高峰，伤根容易愈合，并可发出新根，加之秋天树木根系吸收的时间较长，吸收的养分积累起来，为来年生长和发育打好物质基础。

春施基肥，如果有机质没有充分分解，肥效发挥较慢，早春不能及时供给根系吸收，到生长后期肥效发挥作用，往往会造成新梢二次生长，对树木生长发育不利，特别是对某些观花、观果类树木的花芽分化及果实发育不利。

（2）追肥　又称补肥。基肥肥效发挥平稳缓慢，当树木需肥急迫时就必须及时补充肥料，才能满足树木生长发育需要。追肥一般多为速效性无机肥，并根据园林树木一年中各物候期特点来施用。具体追肥时间与树种、品种习性以及气候、树龄、用途等有关。如对观花、观果树木，花芽分化期和花后的追肥尤为重要，而对于大多数园林树木来说，一年中生长旺期的抽梢追肥常常是必不可少的。天气情况也影响追肥效果，晴天土壤干燥时追肥好于雨天追肥，重要风景点宜在傍晚游人稀少时追肥。与基肥相比，追肥施用的次数较多，但一次性用肥量却较少。对于观花灌木、庭荫树、行道树以及重点观赏树种，每年在生长期进行2～3次追肥是十分必要的，且土壤追肥与根外追肥均可。

五、园林树木用肥种类

根据肥料的性质及使用效果，园林树木用肥大致包括化学肥料、有机肥料及微生物肥料三大类，现将它们的使用特性简介如下。

（1）化学肥料　由物理或化学工业方法制成，其养分形态为无机盐或化合物，化学肥料又被称为化肥、矿质肥料、无机肥料。有些农业上有肥料价值的无机物质，如草木灰，虽然不属于商品性化肥，但习惯上也列为化学肥料。还有些有机化合物及其产品，如硫氰酸化钙、尿素等，也常被称为化肥。化学肥料种类很多，按植物生长所需要的营养元素种类，可分为氮肥、磷肥、钾肥、钙肥、镁肥、硫肥、微量元素肥料、复合肥料、草木灰、农用盐等。

化学肥料大多属于速效性肥料，供肥快能及时满足树木生长需要，化学肥料还有养分含量高、施用量少的优点。但化学肥料只能供给植物矿质养分，一般无改土作用，养分种类也比较单一，肥效不能持久，而且容易挥发、淋失或发生强烈的固定，降低肥料的利用率。所以，生产上一般以追肥形式使用，且不宜长期单一施用化学肥料，必须贯彻化学肥料与有机肥料配合施用的方针，否则，对树木、土壤都是不利的。

（2）有机肥料　有机肥料是指含有丰富有机质，由植物残体、人畜粪尿和土杂肥等经腐熟而成。有机肥料来源广泛、种类繁多，常用的有粪尿肥、堆沤肥、饼肥、泥炭、绿肥、腐殖酸类肥料等。虽然不同种类有机肥的成分、性质及肥效各不相同，但有机肥大多有机质含量高，对土壤质地有显著的改善作用，含有多种养分，有"完全肥料"之称。既能促进树木生长，又能保水保肥；而且其养分大多为有机态，供肥时间较长。不过，大多数有机肥养分含量有限，尤其是氮含量低，肥效来得慢，施用量也相当大，因而需要较多的劳力和运输力量。此外，有机肥施用时对环境卫生也有一定的不利影响。针对以上特点，有机肥一般以基肥形式施用，施用前必须采取堆积方式使之腐熟，其目的是为了释放养分提高肥料质量及肥效，避免肥料在土壤中腐熟时产生某些对树木不利的影响。

（3）微生物肥料　微生物肥料也称生物肥、菌肥、细菌肥及接种剂等。确切地说，微生物肥料是菌而不是肥，因为它本身并不含有植物需要的营养元素，而是通过含有的大量微生物的生命活动来改善植物的营养条件。依据生产菌株的种类和性能，微生物肥料大致有根瘤菌肥料、固氮菌肥料、磷细菌肥料及复合微生物肥料等几大类。根据微生物肥料的特点使用时应注意：一是使用菌肥需具备一定的条件，才能确保菌种的生命活力和菌肥的功效，而强光照射、高温、接触农药等都有可能杀死微生物；另外，如固氮菌肥要在土壤通气条件好、水分充足、有机质含量稍高的条件下才能保证细菌的生长和繁殖。二是微生物肥料一般不宜单施，一定要与化学肥料、有机肥料配合施用，才能充分发挥其应有作用，而且微生物生长、繁殖也需要一定的营养物质。

六、园林树木的施肥用量

（一）肥料的配方

N、P、K 是树木生长发育所必需的三种元素，因此，树木施用化学肥料时一般都施用含有这三种要素的混合肥料。树种、年龄时期、物候期、土壤的类型、营养状况不同，导致 N、P、K 复合肥的配比也存在较大差异。除化学肥料外，充分腐熟的厩肥含有多种营养元素，是树木尤其是幼树施肥的最好肥料之一，但是由于厩肥只适于开阔地生长的树木，施用量很大，也不太方便，因此应用并不广泛。化学肥料有效成分含量高，又便于配方，见效快，使用十分普遍，但是改良土壤结构的作用小。有很多化肥是单一性肥料，在需要集约经营的园林绿地环境中，最好能一次施足植物对营养多种要求的肥料，所以，要按需要进行配方或选用符合要求的复合肥，才能起到很好的效果。

根据国外对施肥的研究，施用的 N、P、K 复合肥的配比一般是 10-8-6 或 10-8-4，效果较好。上述 10-8-6 或 10-8-4 等表达式的含义是代表肥料中 N、P、K 元素的百分比含量，即 10-8-6 表示肥料中有 10％的 N、8％的 P_2O_5 和 6％的 K_2O。

（二）施肥量

施肥量过多或不足，对树木生长发育均有不良影响。科学施肥应该是针对树体的营养状态，经济有效地供给植物所需要的营养元素，并且防止在土壤内和地下水内积累有害的残存物质。过量施肥不仅造成经济上和物质上的浪费，还干扰其他营养元素的吸收和利用，而且还会恶化土壤条件，污染用水。园林树木施肥量受各种因素影响，所以对具体树种很难确定统一的施肥量。通常确定施肥量的方法有两种。

(1) 理论施肥量的计算　测定树木各器官每年对土壤中主要营养元素的吸收量、土壤中的可供量及肥料的利用率，再计算其施肥量，可以利用下列公式：

施肥量＝（树木吸收肥料元素量－土壤可供量）/肥料利用率

(2) 经验施肥量的确定　落叶树施肥一般按每厘米胸径 180～1400g 的化肥施用量，这一用量不会造成伤害，如果施用后效果不佳，可以在 1～3 年追肥。普遍使用的最安全用量是胸径大于 15cm 的树木，每厘米胸径施 350～700g 完全肥料，反之，用量减半；有些对化肥敏感的树种也要减半，大树可按每厘米胸径施用 10-8-6 的 N、P、K 混合肥 700～900g。

对常绿树，特别是常绿针叶幼树最好不施化肥，因为化肥容易使其产生药害，所以过去对常绿树很少施用化肥，施有机肥比较安全。如果施用化肥，化肥应在松土或浇水时施用，以便与土壤充分混合，成年常绿针叶树施用化肥较安全。常绿阔叶树杜鹃花等酸性花木应避免施用碱性肥料，可施大量的有机肥，如酸性泥炭藓和腐熟栎叶土、松针土等堆肥。

（三）叶面分析法

根据张秀英的介绍，在 20 世纪四五十年代，在美国果树施肥也存在很大的盲目性，产量低，品质差，但是在将近半个多世纪的时间内，逐步地把果树矿质营养的基本知识运用到果树生产上，叶面分析已经成为指导果树施肥的主要依据。

叶片所含的营养元素量可反映树体的营养状况，发达国家广泛应用叶面分析法来确定树木的施肥量。用此法不仅能查出肉眼见得到的症状，还能分析出多种营养元素的不足或过剩，以及能分辨两种不同元素引起的相似症状，而且在病症出现前及早得知，所以可以根据叶片分析及时施入适宜的肥料种类和数量，以保证树木的正常生长和发育。对于大多数的落叶和常绿果树来说，最有代表性和准确性的部分是叶片，但葡萄则叶柄是理想的部分。许多因素影响叶片内元素的浓度，如叶龄、枝条是否结果、叶片在植株上的位置（高度、外围或内膛、方位）、叶片的大小、采样的时间（1 年内和 1d 内）、砧木类型、灌溉水的分布、年份、施肥、结果多少等。一般情况，采样时间大多数是在 7 月下旬到 8 月底之间。落叶果树叶子应从生长势中等的延长新梢上采取，每一个新梢只采一张位于其中部的叶片，叶龄为 2～5 个月的完全展开的叶子。必须强调供分析用的样品，应该从一定类型的枝条上、一定部位采取叶龄近似的叶片，才能得到可靠的结果。叶片分析应与果园栽培技术结合起来进行判断，如果土壤排水不良，叶片分析的结果是缺素，但并不是真正的缺素，而是因排水不良造成土壤内缺氧。同样，如果发生线虫病，树体的营养状况也不好，因为其影响树体吸收养分的能力。叶面分析作为一种科学研究的工具，可以用来评价施肥试验的结果。叶片分析技术的发展，大大简化了施肥试验，但应与土壤分析结合起来进行更为科学和有效。

七、施肥方法

（一）土壤施肥

土壤施肥是将肥料施入土壤中，通过根系吸收后，运往树体各个器官利用。

1. 施肥的位置

肥料应施用在最有利于根系吸收的位置，而根系完成吸收功能的是吸收根，因此施肥位置受树木主要吸收根群分布的控制。树木吸收根在土壤中的分布受树种和土壤类型的影响，在一般情况下，吸收根水平分布的密集范围约在树冠垂直投影轮廓（滴水线）附近，由于离心秃裸，大多数树木在其树冠投影中心约 1/3 半径范围内几乎没有什么吸收根。在吸收根水平分布区域内，吸收根并不是均匀分布的，越远离干基，吸收根数量越多。国外有一种凭经验估测多数树木根系水平分布范围的方法，即以根系伸展半径为胸径的 12 倍为依据。例如，一棵树胸径为 20cm，它的根系大部分在 2.4m 的半径内，其吸收根则在离干 0.8m 的范围以外。当然，有些树木的根系也可能伸展至冠幅 1.5～3 倍的地方，因此，这些树木的大多数吸收根并不在滴水线范围内。理论上讲，在正常情况下，树木的多数根垂直分布在地下10～60cm 深范围内。

在土壤施肥中必须注意三个问题：一是不要靠近树干基部，原因是靠近干基吸收根少，不利于肥料的吸收；容易对幼树根颈造成烧伤；二是不要太浅，避免简单的地面喷撒，如 NH_4HCO_3 易挥发，如不深施会影响肥效，也不利于根系吸收；三是不要太深，一般不超过 60cm，对于新栽树木和幼树而言，施肥过深不利于根系的吸收。

2. 土壤施肥的方法

（1）地表施肥 生长在裸露土壤上的小树，可以进行地表施肥，但必须同时松土或浇水，使肥料进入土层的一定深度后才能获得比较满意的效果。因为肥料中的许多元素，特别是 P 不容易在土壤中移动而保留在施用的浅层土壤中，会诱使树木根系向地表伸展，从而降低了树木的抗旱性和抗风性。但需要特别注意的是，不要在树干 30cm 以内干施化肥，否则会造成根颈和干基的损伤。

（2）沟状施肥 沟状施肥可分为环状沟施、条状沟施及辐射沟施，其中以环状沟施最为普遍。沟状施肥的目的就是把营养元素尽可能施在根系附近。

①环状沟施。环状沟施又可分为全环沟施与局部环施。全环沟施是沿树冠滴水线挖宽30~60cm、深达密集根层附近的沟,将肥料与适量的土壤充分混合后填到沟内,表层盖表土,如图4-1(c)所示。局部沟施与全环沟施基本相同,只是将树冠滴水线分成4~8等份,间隔开沟施肥,其优点是断根较少,如图4-1(d)所示。环状沟施具有操作简便、用肥经济的特点,多适用于园林孤植树。

②辐射沟施。从离干基约为1/3树冠投影半径的地方开始至滴水线附近,等距离间隔挖4~8条宽30~65cm、深达根系密集层、内浅外深、内窄内宽的辐射沟,与环状沟施一样施肥后覆土,如图4-1(b)所示。沟施的缺点是施肥面积占根系水平分布范围的比例小,开沟损伤了许多根,对草坪上生长的树木施肥,会造成草皮的局部破坏。

③条状沟施。条状沟施是在树木行间或株间开沟施肥,开沟宽度视树木株、行距而定,一般为30~60cm,深度需达到树木根系密集区,将肥料与土壤充分混合后填到沟内,表层盖表土,此法多用于苗圃里中培育的树木或园林绿地中呈行列式排列的树木。

(3)穴状施肥 是指在施肥区内挖穴施肥。施肥时,施肥穴可为2~4圈,呈同心圆环状,内外圈中的施肥穴应交错排列。这种方法简单易行,而且肥效均匀。但在给草坪树木施肥中也会造成草皮的局部破坏[图4-1(a)]。

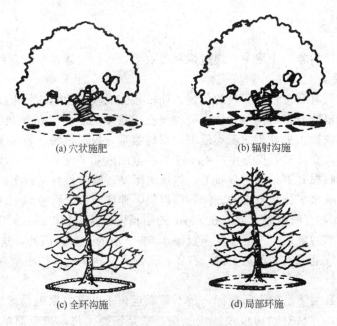

(a) 穴状施肥　　(b) 辐射沟施

(c) 全环沟施　　(d) 局部环施

图4-1　土壤施肥示意图(引自吴泽民,2009)

(4)打孔施肥 是由穴状施肥衍变而来的一种方法。通常大树或草坪上生长的树木,都采用此法。这种方法可使肥料遍布整个根系分布区。方法是使用孔径5~10mm的螺旋钻,在施肥区按树木每厘米胸径打孔4~8个,每隔60~80cm打一个孔,如果地面狭窄,洞距可进行相应调整,孔深视根系的分布而定,不要使用充气钻打孔,否则会影响土壤的通气性。将额定施肥量均匀地施入各个孔中,约达孔深的2/3,然后用泥炭藓、碎粪肥或表土堵塞孔洞、踩紧。在打孔时,孔洞最好不要垂直向下,以便扩大施肥面积(图4-2)。

(5)微孔释放袋施肥 微孔释放袋又称微孔释放包,它是把一定量的N、P、K比例为16-8-16的水溶性肥料,热封在双层聚乙烯塑料薄膜袋内施用。封在肥料外面的两层塑料都有数量与直径经过精密测定的"针孔"。栽植树木时，这种袋子放在吸收根群附近，当土壤中的水汽经微孔进入袋内，使肥料吸潮，以液体的形式从孔中溢出供树木根系吸收。这样释放肥料的速度缓慢，数量也相当小，可以不断地向根系传递，不像土壤直接施肥那样对根系造成伤害，而且肥料不易淋溶流失，可以节约肥料。微孔释放袋的活性受季节变化的控制。随着天气变冷，袋中的水汽压也随之变小，最终停止营养释放，因此在植物休眠的寒冷季节，袋内的肥料不会释放出来。然而春天到来时，土壤解冻，气候转暖，由于袋内水汽压再次升高，促进肥料释放，满足植株生长需要。

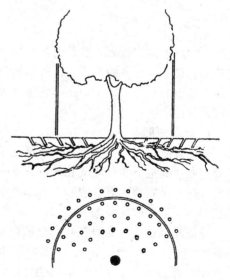

图 4-2　打孔施肥的位置与倾斜方向
（仿 A. Bernatzky, 1987）

对于已定植的树木，也可用 110～115g 的微孔释放袋，埋在滴水线以内约 25cm 深的土层中。每棵树用多少袋取决于树木的大小或年龄。这种微孔释放袋埋置一次，约可满足树木 8 年的营养需要。

（6）其他施肥方法　现在国际上还推广一种称之为 Jobe′s 树木营养钉的施肥方法。这种营养钉是将 N、P、K 比例为 16-8-8 配方的肥料，用一种专利树脂黏合剂结合在一起，用普通木工锤打入土壤。为了使营养钉容易打入土壤，还借助于一种尖塑料杯完成施肥工作。经测定表明，打入根区深约 45cm 的营养钉溶解释放的 N 和 K 进入根系十分迅速，可立即被树木利用。用营养钉给大树施肥的速度比钻孔施肥快 2.5 倍左右。

此外，还有一种 Ross 超级营养棒，其肥料配方为 N、P、K 比例为 16-10-9，并加入了铁和锌。施肥时将这种营养棒压入树冠滴水线附近的土壤，完成施肥工作。

我国在园林树木施肥方面也引起了重视，并取得一些可喜的进展，如北京市园林科研所等单位研制的棒肥、球肥等。

3. 土壤施肥的时间与次数

树木施肥适宜在晚秋和早春进行。秋天施肥应避免发生秋梢，造成徒长，但由于气候条件不同，各地的秋季施肥时间也不尽相同。在暖温带地区，10 月上、中旬是开始施肥的安全时期。树木在休眠期间，根系尚有继续生长和吸收营养的能力，因此，许多树木的根系存在生长发育高峰，秋天施肥后，根系可以直接利用这些营养，促进根系的愈合，并发出新根；树木早春萌芽、开花和生长，主要是消耗树体贮存的养分，在秋季施肥可以促进根系的贮藏功能，因此，秋天施肥可以增加翌春的生长量。春季，由于树木根系远在芽膨大之前开始活动，只要施肥位置得当，就能很快见效，地面霜冻结束至 5 月 1 日前后都可施肥，但施肥越晚，根和梢的生长量越小。

一般不提倡夏季，特别是仲夏以后施肥，因为这时施肥容易使树木生长过旺，降低新梢木质化程度，影响树木越冬的安全性。当然，如果发现树木发生缺素症，则可不考虑季节，随时予以补充。

施肥的次数取决于树木的种类、生长的反应和其他因素。一般来说，如果树木颜色好，生活力强，决不要施肥。但在树木某些正常生理活动受到影响，矿质营养低于正常标准或遭病虫袭击时，应每年或每 2～4 年施肥 1 次，直至恢复正常。自此以后，施肥次数可逐渐减少。

（二）根外施肥

也称地上器官施肥。它是通过对树木叶片、枝条和树干等地上器官进行喷、涂或注射，使营养直接渗入树体的方法。根外施肥具有简单易行、用肥量少、发挥作用快，避免营养元素在土壤中的生物和化学固定作用等优点，在缺水季节或缺水地区以及不方便施肥的地方，均可采用此法。

1. 叶面施肥

叶面施肥也叫叶面喷肥，一般都是追肥。叶面施肥在我国早已开始使用，并积累了不少经验。叶片的上下表面除气孔外，并不完全由角质层覆盖，而是角质层间还断续分布着果胶质层。这些果胶质具有吸收和释放水分与营养物质的巨大能力。因此，叶片表面不再被认为是相对不渗透溶解物质的界面了。

叶面喷肥以后，通过气孔和分散在角质层间的果胶质进入叶片，再输送到树木体内和各个器官。一般喷后 15min 至 2h 即可被叶片吸收，其吸收强度和速度与叶龄、肥料成分、溶液浓度等有关。由于幼叶生理机能旺盛，气孔所占面积比老叶大，因此吸收比较快；叶背的气孔较多，叶背较叶表湿度大，表皮下具有较松散的海绵组织，细胞间隙大而多，有利于渗透和吸收，因此叶背的吸水速度及对肥料的吸收率一般仍比叶表高，但是差异并不显著；在湿度较高、光照较强和温度适宜（18~25℃）的情况下，叶片吸收得多，运输也快，因而白天的吸收量多于夜晚；树体碳水化合物供应越充足，植株生活力越强，对叶肥的吸收量越多。

肥料的种类与性质也会影响树木吸收叶肥的速度。尿素中的氮是最易为叶片吸收的基本元素。尿素溶液被叶子吸收以后，借助于尿素酶分解成氨和二氧化碳，为植物所利用。钠和钾是另外两种容易被叶片吸收的元素。它们一旦进入叶片就具有很强的流动性。其他如磷、氯、硫、锌、铜、镁、铁和钼的流动性依次递减。钙虽能被叶片吸收，但不能流动。尽管如此，钙及与之近似的镁，仍然可以有效地施在某些植物的叶片上，用以弥补这两种元素的不足。

叶面施肥的喷洒量，以营养液开始从叶片大量滴下为准。喷洒时，特别是空气干燥、温度较高的情况下，最好是 10：00 以前和 16：00 以后，以免溶液很快浓缩，影响施肥效果或造成药害。应该注意的是，并不是所有的可溶性化肥都能用于叶面追肥，否则有可能造成药害。此外，适于叶面喷洒的营养液还可以与福美铁、马拉硫磷等有机农药结合使用，既可改善树木的营养状况，又可防治病虫害。

但叶面喷肥并不能代替土壤施肥。据报道，叶面喷氮素后，仅叶片中的含氮量增加，其他器官的氮含量变化较小，这说明叶面喷氮在转移上还有一定的局限性。而土壤施肥的肥效持续期长，根系吸收后，可将营养元素分送到各个器官，促进整体生长，同时给土壤施用有机肥，还可改良土壤，改善根系环境，有利于根系生长。但是土壤施肥见效慢，因而土壤施肥和叶面喷肥各具特点，可以互补不足，如能运用得当，可发挥肥料的最大效用。

2. 树木注射

依靠外力向树木体内强制输入一定量的农药、微肥、植物生长调节剂，防治病虫危害、矫治缺素症等生理病害、调节植株生长发育，是一种高选择性植物施药技术。

树木注射施药技术最初是用在林木病虫害防治方面的。20 世纪 80 年代中期，国外就开始了内吸剂和树木注射施药技术在林病防治方面的应用研究。G. K. Brown 在 1978 年把注射施药应用领域进一步扩展到植物生长发育调节方面。在国内汪永俊等于 20 世纪 60 年代末将注药技术用于钻蛀性害虫的防治试验中。

国内注射微肥矫治缺素症的工作主要是在果树上进行的。辛培刚试验指出，山楂萌芽期注射 $FeSO_4$ 治疗缺铁性失绿病，病株叶绿素含量比土施法高 7.1 倍；苹果树注射硼砂可使叶片延迟半个月衰老脱落，其肥料利用率分别比土施法高 483 倍，比喷施法高 47 倍。此外，在红橘、锦橙第一次生理落果后注射 KH_2PO_4 和硼酸可使坐果提高 15％；树干注射 $FeSO_4$ 矫治柑橘缺铁叶病，病株 18d 复绿，持续期 18 个月；苹果、梨等注射 $FeSO4$ 持效期可达 3～4 年；对悬铃木注射除果灵，除果率达到 86％～100％；对适龄不结果果树注射 PB333 等促花，安全有效。也有学者利用树木注射技术对园林树木进行了实验，用浓度 2％的柠檬酸铁溶液注射和用浓度 1％的硫酸亚铁加尿素药棉涂抹栀子花枝干，在短期内就扭转了栀子花的缺绿症，效果十分明显。

目前，给树木注射的方法有机械法和树木营养液吊袋法。机械法就是用专用树干注射器完成树体注射，迄今为止，国内外已发明了多种树木注射器；吊袋法是将营养液装在一种专用的容器中，在树冠的中上部，用孔径 5mm 的钻头在树体上钻孔，钻孔倾斜向下与树干的夹角保持在 30°～45°，孔深应达到木质部 1～3cm，插入输液针头，将吊袋系在树上。目前，吊袋法是应用范围最广的一种树体注射方法，对于长势弱的树木、新移栽的树木、长势不佳的树木、反季节移栽的树木，黄叶、缺少营养的树木，古树复壮，光照不足的树木都可应用。目前，为了施工方便，许多树木营养液钻孔的位置多是在距离地面 15～20cm 处或干基处，这样位置较低，营养液运到树冠上层的速度较慢，不利于药效的发挥。

第五章 园林树木的整形与修剪

整形修剪是园林树木周年养护工作中很重要的组成部分，通过整形修剪实现对树木姿态的调控、提高移栽苗木的成活率、保证树体健康等养护目的。在园林绿化养护中，对各类园林树木都要根据它的用途和生物特性，进行整形修剪，使之与周围环境协调，完美表达设计者的设计意图，更好地发挥各类园林树木的观赏效果。

第一节 园林树木整形修剪的概念及作用

一、整形修剪的概念

对于未经整形修剪而放任生长的树木，要想通过修剪形成良好树形是很困难的，需要花费时间和精力。而早期经过整形的树木，树形基本稳定，易于通过后期的修剪形成良好的树体形态。在实践中，定期进行修剪可以降低树体高度；使树体保持和发展理想的树形，结构分布合理；使树木开花结果适量，树势稳健；提高树木的艺术观赏价值。

一般整形修剪经常连用，被当做一个名词来理解，而实际上整形和修剪既有联系又有区别。所谓整形，是指树木生长前期为构成一定的理想树形而进行的树体生长的调整工作；所谓修剪，是指树木成型后实施的技术措施，目的是维持和发展这一既定的树形，当然也包括对放任生长树木的树形改造。所以整形修剪的定义为：整形是对树木植株施行一定的技术措施，使之形成栽培者所需要的树体结构形态；而修剪是对植株的某些器官，如干、枝、叶、花、果、芽、根等进行剪截或删除的操作。整形是目的，修剪是手段。整形是通过一定的修剪手段来完成，而修剪又是在整形的基础上，根据某种树形的要求而实施的技术措施，两者紧密相关，是统一于一定栽培管理目的要求之下的技术措施。一般我们常说"三分种，七分养"，其中整形修剪技术就是一项极为重要的养护管理措施。

二、整形修剪的作用

（一）调节生长发育和平衡树势

1. 调节树木局部与整体的生长

修剪的对象主要是树木的各级枝条，但其影响范围并不限于被修剪的枝条本身，对植物的整体生长具有一定的调控作用。从整株树木来看，既有促进作用　也有抑制作用。

（1）局部促进、整体抑制作用　一个枝条被剪去一部分，减少了枝芽数量，使养料集中供给留下的枝芽生长，被剪枝条的生长势增强。同时修剪改善了树冠的光照和通风条件，提高了叶片的光合效能，使局部枝芽的营养水平有所提高，从而加强了局部的生长势。促进作用的强弱，依树龄、树势、修剪程度及剪口芽的质量有关。树龄越小，修剪的局部促进作用越大。同样树势，重剪较轻剪促进作用明显。一般剪口下第一芽生长最旺，第二、第三个芽的生长势则依次递减。而疏剪只对其剪口下方的枝条有增强生长势的作用，对剪口以上的枝条，则产生削弱生长势的作用。剪口下留强芽，可抽长粗壮的长枝。剪口留弱芽，其抽枝也较弱。休眠芽经过刺激也可以发枝，衰老树的重剪同样可以实现更新复壮。

由于修剪后减少了部分枝条，树冠整体相对缩小，叶量及叶面积减小，光合作用产物减少，同时修剪留下的伤口愈合也要消耗一定的营养物质，所以修剪使树体总的营养水平下降，园林植物总生长量减少。这种抑制作用的大小与修剪轻重及树龄有关，树龄越小，树势较弱，修剪过重，则抑制作用大。另外，修剪对根系生长也有抑制作用，这是由于整个树体营养水平的降低，对供给根部的养分也相应减少，发根量减少，根系生长势削弱。

（2）局部抑制、整体促进作用 对花木的枝条进行轻短截，顶端优势消除，结果大量侧芽萌发，增加了枝叶量，提高了光合产物，因而供给根生长活动的有机营养增加，促进整个植株生长。对局部枝组来说，如果在背下枝或背斜下枝弱芽处剪截，就会削弱了这个枝条的生长势。

修剪时应全面考虑其对园林植物的双重作用，是以促进作用为主还是以抑制作用为主，应根据具体的植株情况而定。

2. 调节生长与发育，影响开花结果

合理的修剪整形，能调节营养生长与生殖生长的平衡关系。修剪后枝芽数量减少，树体营养集中供给留下的枝条，使新梢生长充实，并萌发较多的侧枝开花结果。修剪的轻重程度对花芽分化影响很大。连年重剪，花芽量减少；连年轻剪，花芽量增加。不同生长强度的枝条，应采用不同程度修剪。一般来说，树冠内膛的弱枝，因光照不足，枝内营养水平差，应行重剪，以促进营养生长转旺；而树冠外围生长旺盛，对于营养水平较高的中、长枝，应轻剪，促发大量的中、短枝开花。此外，不同的花灌木枝条的萌芽力和成枝力不同，修剪的强弱也应不同。一般枝芽生长点较多的花灌木，比生长点少的植物生长势缓和，花芽分化容易，因此，生产上通常对栀子花、月季等萌芽力和成枝力强的园林树种均实行重剪，促发更多的花枝，增加开花部位。对一些萌芽力或成枝力较弱的植物，不能轻易修剪。

3. 调节树体内营养

修剪整形后，枝条生长强度改变，是树体内营养物质含量变化的一种形态表现。短截后的枝条及其抽生的新梢，含氮量和含水量增加，碳水化合物含量相对减少。为了减少修剪整形造成的养分损失，应尽量在树体内含养分最少的时期进行修剪。一般冬季修剪在秋季落叶后，养分回流到根部和枝干上贮藏时及春季萌芽前树液尚未流动时进行为宜。生长季修剪，如抹芽、除萌、曲枝等应越早越好。

修剪后，树体内的激素分布、活性也有所改变。激素产生于植物顶端幼嫩组织中，由上向下运输，短剪除去了枝条的顶端，排除了激素对侧芽（枝）的抑制作用，提高了下部芽的萌芽力和成枝力。据报道，激素向下运输，在光照条件下比黑暗时活跃，修剪改变了树冠的透光性，促进了激素的极性运转能力，一定程度上改变了激素的分布，活性增强。

（二）促进更新复壮

园林进入成年期，随着树体大量开花和结实，消耗大量营养，加之年龄的增长、组织的老化，必然会使一些枝条衰老，开花很少或不能开花，出现老干光秃，枝端开花，且开花连年减少的情况。这时树木养护中就需要针对树种的特点，对这些衰老枝进行强剪或疏除，并

图 5-1　园林树木的更新复壮

选留强健的新枝当头；有的甚至剪掉树冠上全部侧枝或回缩部分主枝（图 5-1），皮层内的隐芽受到刺激而萌发抽枝，选留有培养前途的新枝代替原来的老枝，进而形成新的树冠。对许多大花型的月季品种，在每年秋季落叶后，将地上绝大部分枝条修剪掉，仅保留基部主茎和重剪后的短侧枝，让它们翌年重新萌发新枝。这样对树冠年年进行更新，反而会比保留老枝生长旺盛，开花数量也会增加。八仙花属、连翘属、丁香属、茉莉属、柳属等许多花木，都可以通过重剪进行更新。

通过更新修剪，才能使树木长时期地为人们服务，才能延年益寿。有经验的果树栽培者，在盛果后期就开始有计划地更新衰老的生长枝与结果枝，以保证原有的果品产量，也不会使树冠受到过大的伤害。这种做法不但对苹果、梨等果树有效，观赏树木的修剪也可以借鉴此法。实践证明，通过经常性的局部重剪（去掉比较小的枝条）更新老枝，比一次性更新（去掉大枝）的效果好得多，因为锯掉大枝所造成的伤口远比锯掉小枝的伤口难以愈合。

热带和亚热带在任何季节都可以进行重剪、更新老枝，而在温带和严寒地区则应在早春芽萌动前进行为佳。

（三）调节根冠比，改善通风透光条件

一方面，修剪整形可使树冠内各层枝叶获得充分的阳光和新鲜的空气。长期不修剪的树木，枝条往往生长得过长过密，树冠呈郁闭状态，内膛枝条得不到光照，影响光合作用，小枝因营养不良而死亡，结果造成开花部位外移，成为天棚型。另一方面，由于枝条密集，影响紫外线的照射，树冠内积聚闷热潮湿的空气（尤其在长江流域一带，雨水过多，湿度更大），还有园林中规则式整形的树木，如圆球形或各式各样的绿篱，由于栽植较密，又不断地短截，造成树冠严重郁闭，内部相对湿度较高，为喜湿润环境的病菌和害虫滋生形成了小环境。由于病虫害的侵扰，树木的生长势减弱，开花数量逐年减少，大大地降低了观赏效果。通过适当疏枝，增强树体通风透光能力，提高了园林植物的抗逆能力和减少病虫害的发生概率。冬季集中修剪时，同时剪去病虫枝、干枯枝，既保持了绿地清洁，又防止了病虫蔓延，促使园林植物更加健康生长。树木衰老时，进行重剪，剪去树冠上绝大部分侧枝，或把主枝也分次锯掉，刺激树干皮层内的隐芽萌发，选留粗壮的新枝代替老枝，达到恢复树势、更新复壮的目的。

（四）创造艺术造型

通过修剪整形，可以把园林树木的树冠培育成符合特定要求的形态，使之成为具有一定冠形、姿态的观赏树形（图 5-2）。在自然式庭园中讲究树木的自然姿态，崇尚自然意境，常用修剪的方法来保持"古干虬曲，苍劲如画"的自然效果，在自然美的基础上，创造出人为干预的自然与艺术融合为一体的美。在规则式的庭园中，常将一些树木修剪成尖塔形、圆球形、几何形以便和园林形式协调一致。

（五）提高树木安全性

通过修剪，使树体疏朗，可以有效减小风压，增强树体的抗风能力；及时修剪去除枯、死枝干，可避免折枝、倒树、枝条坠落等造成的伤害；修剪以控制树冠枝条的密度和高度，保持树体与周边高架线路之间的安全距离，避免因枝干伸展而损坏设施。对行道树来说，修剪是解决树冠阻挡交通视线的有效方法，减少行车安全事故。另外，在城市街道绿化中，常出现树木的枝条与电缆、电线距离太近的现象，修剪树木可以缓解树木与电线的矛盾，保证线路安全；对于下垂的枝条，如果妨碍行人和车辆通行，必须剪到 2.5~3.5m 的高度。所以，目前街道绿化必须严格遵守有关规定。

（六）提高树木移栽的成活率

苗木起运时，不可避免地会伤害根部，苗木移栽后，根部难以及时供给地上部分充足的水分和养料，使根、冠水分代谢失衡。通常情况下，在起苗前或起苗后，适当剪去劈裂根、病虫根、过长根，疏去病弱枝、徒长枝、过密枝，有时还需适当摘除部分叶片（图 5-3）（大树移植时，高温季节甚至截去若干主、侧枝），以确保栽植后顺利成活。

图 5-2 小叶朴的人工整形

图 5-3 银杏反季节栽植前修剪枝干和摘除叶片

（七）控制园林植物体量

园林绿地中种植的花木其生存空间有限，为与环境相协调，必须控制植株的高度和体量。屋顶和平台种植的树木，由于土层浅，空间小，更应使植株长期控制在一定的体量范围内，不能越长越大。宾馆、饭店的室内花园中，栽培的热带观赏植物，应压低树高缩小冠幅。这些必须通过修剪整形才能实现。在假山或狭小的庭园中配置树木，可用修剪整形的办法来控制其形体大小，以达到小中见大的效果。树木相互搭配时，可用修剪的手法来创造有主有从、高低错落的景观。优美的庭园花木，多年以后就会长得拥挤，有的会阻碍小径，影响散步行走或失去其观赏价值，因此必须经常修剪整形，保持其美观与实用。

第二节　整形修剪的基础知识

一、园林树木树体结构

乔木树体结构主要包括以下部分：树冠、主干、中干、主枝、侧枝、花枝组、延长枝等（图 5-4）。

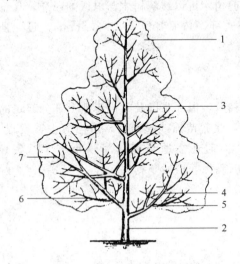

图 5-4　乔木树体结构示意图
（引自张秀英，2012）
1—树冠；2—主干；3—中干；4—主枝；
5—侧枝；6—花枝组；7—延长枝

(1) 树冠　主干以上枝叶部分的统称。

(2) 主干　树木第一个分枝点至地面的部分茎干。一般乔木和部分灌木有主干，灌木主干很短，丛生性灌木没有主干。

(3) 中干　树木在地面第一分枝处以上主干延伸的部分，即主干在树冠中的延长部分。有些树木中干明显，会不断延伸至树梢，称"中央领导干"。

(4) 主枝　从中干上分生出，即由中干的腋芽（侧芽）萌发形成的枝条。

(5) 侧枝　从主枝上分生出，即由主枝的腋芽萌发形成的枝条。

(6) 主枝延长枝　主枝的延伸，即由主枝的顶芽或茎尖形成的枝条。

(7) 侧枝延长枝　侧枝的延伸，即由侧枝的顶芽或茎尖形成的枝条。

在树木的各种茎中，主枝是构成树冠的骨架，称为骨干枝。但是，随着树木的长大，次级主枝和侧枝也会成为树木的骨干枝。

比小侧枝再小的分枝，比侧枝延长枝再小的延长枝，由于它们与附近的小枝难以区分，常成为小枝群，称作"枝组"。有些枝组由单纯的营养枝构成，是树木年生长的主要部位；有些枝组由营养枝和开花枝共同组成，是开花结果的主要部位。随着树体的生长，老枝组会不断被新枝组代替。

二、枝的类型

枝条是茎的一种，上述概念涉及的树体部位中除了主干、中干之外都可以称为枝条。枝条与整形修剪的关系最为密切。根据分类的标准不同，常有以下类型。

1. 按枝条的姿势分类（图 5-5）

(1) 直立枝　凡垂直地面直立向上生长的枝条，称直立枝。

(2) 斜生枝　与水平线成一定角度的枝条，称斜生枝。

(3) 水平枝　与地面几乎平行生长的枝条，称水平枝。

(4) 下垂枝　先端向下生长的枝条，称下垂枝。

(5) 内向枝　向树冠内生长的枝条，称内向枝。

(6) 逆行枝　倒逆姿势生长的枝条，称逆行枝。

(7) 平行枝　两个枝条同在一个水平面上，相互平行生长的枝条，称平行枝。

(8) 并生枝　自节位的某一点或一个芽中并生出两个或两个以上的枝条，称并生枝。

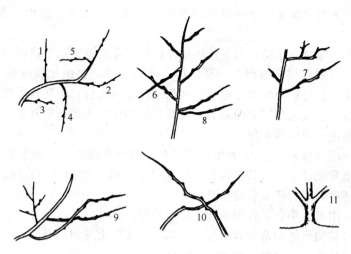

图 5-5　各类枝的示意图

1—直立枝；2—斜生枝；3—水平枝；4—下垂枝；5—内向枝；

6—逆行枝；7—平行枝；8—并生枝；9—重叠枝；10—交叉枝；11—轮生枝

(9) 重叠枝　两个枝条同在一个垂直面上，上下相互重叠，称重叠枝。

(10) 交叉枝　两个枝条相互交叉，称交叉枝。

(11) 轮生枝　多个枝条的着生点相距很近，好似多个枝条从一个截面的周围发出，并向周围成放射状生长，称轮生枝。

2. 按生长季节分类

(1) 春梢　早春休眠芽萌发抽生的枝梢，称春梢。

(2) 夏梢　夏季抽生的枝梢，称夏梢。

(3) 秋梢　秋季抽生的枝梢，称秋梢。

在落叶之前，三者统称为新梢。

(4) 冬梢　个别南方树种冬季也会抽生枝梢，称冬梢。如大叶竹柏、柑橘等。

一般秋梢发生的时间晚，常常无法形成顶芽，木质化程度差。不同树种情况不同，垂丝海棠一年两次生长，有春梢和秋梢；桂花一年三次生长，有春梢、夏梢、秋梢；柑橘一年有四次生长，有春梢、夏梢、秋梢和冬梢。

3. 按新梢分枝情况分类

(1) 一次枝　春季休眠芽萌芽后，头一次萌发抽生的枝条，叫作一次枝。

(2) 二次枝　当年在一次枝上抽生的枝条，称为二次枝。

(3) 三次枝　由二次枝上再发生的分枝，称为三次枝。

4. 按枝条的年龄分类

(1) 新梢　落叶树木，凡带有叶的枝或落叶以前的当年生枝条；常绿树木自春至秋当年抽生的部分，称新梢。

(2) 一年生枝条　当年抽生的枝自落叶以后至第二年萌芽以前，称一年生枝条。

(3) 二年生枝条　一年生枝自春季发芽后到第二年春萌芽前为止，称二年生枝。

5. 根据枝条的性质和用途分类

(1) 营养枝　所有生长枝的统称。包括长生长枝、中生长枝、短生长枝、叶丛枝和徒长枝等。

(2) 叶丛枝　枝条节间短，叶片密，常成莲座状着生的短枝，称为叶丛枝。年生长量很小，顶芽为叶芽，无明显腋芽，节间极短，故称叶丛枝。如银杏、雪松，在营养条件好时，可转化为结果枝。

（3）徒长枝　一般是由于植物的生长环境及该休眠芽的激素水平造成的，与正常的枝条相比，徒长枝生长特别旺盛，节间长，芽较小，叶大而薄，组织比较疏松，木质化程度较低。由于徒长枝在生长过程中常常夺取其他枝条的养分和水分，消耗营养物质较多，影响其他枝条的生长，故一般发现后应立即剪去，只有在需利用它来进行更新复壮，或填补树冠空缺时才加以保留和进一步培养利用。

（4）开花枝（结果枝）　枝条上着生花芽或花芽与叶芽混生，在抽生的当年或第二年开花结果的枝条。依开花结果枝的长度可分为长花（果）枝、中花（果）枝、短花（果）枝。桃、李、樱花等还有极短的花束状花枝。

（5）更新枝　用来替换衰老枝的新枝，称更新枝。

（6）辅养枝　辅助树体制造营养的枝条，如幼树主干上保留的枝条，令其制造养分，以使树干充实，此类枝条是临时性保留，所以称辅养枝。

三、芽的类型及特点

芽是枝、叶和花的原始体，是多年生植物为延续生命活动和适应不良环境条件而形成的临时性器官。通过芽的发育实现从营养生长向生殖生长的转化；以芽的形式度过冬季不良的环境，第二年春天再萌芽生长；芽是更新复壮的基础；芽离体可以发育成独立的植株，芽还是一种繁殖器官。

（1）根据芽的着生位置分为定芽、不定芽；依芽在叶腋中的位置分为主芽和副芽。

① 定芽：在固定位置发生的芽，如顶芽和侧芽。顶芽是着生在枝条顶端的芽。有些树种，枝条生长到一定程度，顶端的芽自然枯萎，常由最上面的侧芽代替，称为假顶芽或伪顶芽。侧芽是着生在枝条叶腋中的芽。

② 不定芽：在茎和根上发生位置不固定的芽。观赏树木中有很多种类，当地上部分受到刺激时，极易形成不定芽。

③ 主芽：生于叶腋的中央（也有的生于副芽的下面或上面）而最饱满的芽。此芽可分为叶芽、花芽或混合芽。

④ 副芽：叶腋中除主芽以外的芽。可在主芽的两侧各生长一个或在两个主芽之间生长一个（如桃花），也可重叠生在主芽上方（如桂花），有的树种副芽潜伏的时间很长，成为隐芽；当主芽受损时，副芽能萌发生长。

（2）根据一个节上新生芽数分为单芽和复芽。

① 单芽：一个节上仅生一个饱满的芽，副芽无或极小，外观上看不见，称单芽。

② 复芽：往往一个节上着生两个以上的芽，常按芽数不同而称双芽、三芽、四芽（图5-6）。

（3）根据芽的性质分为叶芽、花芽和混合芽。

① 叶芽：芽萌发后仅抽生枝叶而不能开花的芽，称叶芽。同一棵树上叶芽一般比花芽瘦小，先端尖，多具毛。

② 花芽：芽萌发后仅开花的芽，又称为纯花芽。如桃花、榆叶梅、连翘等的花芽。

③ 混合芽：芽萌发后，既抽生枝展叶，又开花的芽，称混合芽。如海棠、山楂、丁香等的花芽。

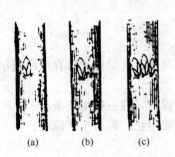

图 5-6　单芽和复芽
示意图（引自张秀英，2012）
(a) 单芽；(b) 双芽；(c) 三芽

（4）根据芽的萌发情况分为活动芽和隐芽。

① 活动芽：是指枝条上在萌芽期能及时萌发的芽。顶芽和距离顶芽较近的腋芽均为活动芽。下部或基部的腋芽则大部分不能萌发，为休眠状态，称为隐芽，因长期处于休眠状态故又称休眠芽。隐芽形成后到第二年春天或连续多年不萌发，必须受某种刺激后，流入隐芽的养分增多，促其萌发。栽培上为更新树冠，常回缩大枝，促使基部隐芽萌发，抽生新枝，以代替老枝。树木砍伐后或枝条极重短截后，在留的树桩上和枝段上萌发的枝条是由隐芽萌发的，所以，隐芽和不定芽的存在，为树木的不断更新提供了可能。

② 隐芽：隐芽所萌发的枝与由不定芽萌生的枝不易区别。一般树木自老的部分突然新生的枝，多数来自隐芽，由不定芽萌生的极少。隐芽和不定芽都需要刺激才能萌发抽生枝条，故在栽培上通过修剪，刺激抽生新梢，无论来自隐芽，还是来自不定芽，两者的利用价值完全相同，因此，在修剪上无严格区别隐芽和不定芽的必要。

第三节 整形修剪的原则

园林植物的整形修剪，既要考虑观赏的需要，又应考虑植物本身的生长习性；既要考虑当前效应，又要顾及长远意义。园林植物种类很多，各自的生长习性不同，冠形各异，具体到每一株植物应采取什么样的树形和修剪方式，应依据以下因素综合考虑。

一、树木在园林绿化中的用途及功能

园林中种植的众多植物都有其自身的功能和栽植目的，整形修剪时采用的整形方法应因树而异。以观花为主的植物，如梅、桃、樱花、紫薇、夹竹桃、大红花等，应以自然式或圆球形为主，使上下花团锦簇、花香满树；绿篱类则采取规则式的修剪整形，以展示植物群体组成的几何图形美；庭荫树以自然式树形为宜，树干粗壮挺拔，枝叶浓密，发挥其游憩休闲的功能。同一种树木园林用途不同，整形修剪的方式也不同。槐树和悬铃木用来做庭荫树则需要采用自然树形，而用来做行道树则需要整剪成杯状形；桧柏做园路树应采用自然树形，但要留1m多的主干；在草坪上做孤植树时留的主干很低，留的裙枝越低越好；做绿篱或规则式栽植时一般根据使用要求决定造型，修剪的高度低至1m左右。所以，园林树木的整形修剪，必须遵从园林绿化的用途与要求。

二、园林树木的生长习性

在选择修剪整形方式时，要综合考虑植物的分枝习性、芽体特性、萌芽力和成枝力的大小等因素。不同的树种，生长发育习性各异，顶端优势强弱也不一样，而形成的树形也不同。如顶端优势强的桧柏、南洋杉、银杏、箭杆杨等整形时应留主干和中干，分别形成圆锥形、尖塔形、长卵圆形和柱状的树冠；顶端优势较强的柳树、槐树、元宝枫、樟树等整形时也应留主干和中干，但因枝条开展，使其分别形成广卵形、圆球形的树冠；顶端优势不强的，萌芽力很强的桂花、杜鹃、榆叶梅、黄刺玫等整形时不能留中干，使其形成丛球形或半球形；而龙爪槐、垂枝桃、垂枝榆等枝条下垂并且开展，所以可将树冠整剪成为开张的伞形。同一树种的不同品种，往往干性强弱以及分枝习性也有很大区别，如桃花中的寿星桃和垂枝桃，寿星桃枝条节间短、树低矮，一般整剪成自然开心状的圆球形，而垂枝桃主干比寿星桃高，枝条下垂，所以整成伞形。

萌芽力、成枝力及伤口愈合能力强的树种，称之为耐修剪植物，反之为不耐修剪植物。九里香、黄杨、悬铃木、海桐、黄叶榕等这类耐修剪植物，其修剪的方式完全可以根据组景的需要及与其他植物的搭配而定。例如黄杨，既可以成行种植，修剪整形成绿篱，也可以修剪成球形；罗汉松可以修剪整形为各种动物形状或树桩盆景式。玉兰、桂花等不耐修剪的植物，应以维持其自然冠形为宜，只能轻剪、少剪，仅剪除过密枝、病虫枝及干枯枝。

不同的树种和品种花芽着生的位置、花芽形成的时间及其花期是不同的，春季开花的花木，花芽通常在前一年的夏、秋季进行分化，着生在二年生枝上，因此在休眠季修剪时必须注意花芽着生的部位。具有顶花芽的花木，如玉兰、黄刺玫、山楂、丁香等在休眠季或者在花前修剪时绝不能采用短截（除了更新枝势）；具有腋花芽的花木如榆叶梅、桃花、西府海棠等，则在休眠季或花前可以短截枝条。如果是腋生纯花芽，在短截枝条时应注意剪口芽不能留花芽，因为花芽只能开花，不能抽生枝叶。花开过后，在此会留下很短的干枝段，这种干枝段残留过多，则会影响观赏效果。对于观果树木，由于花上面没有枝叶作为有机营养来源，在花谢后不能坐果，致使结果量减少，最后也会影响观赏效果。

夏秋季开花的种类，花芽在当年抽生的新梢上形成，如紫薇、木槿、珍珠梅等。因此，应在休眠季进行修剪。北京由于冬季寒冷，春季干旱，修剪一般推迟到早春气温回升前即将萌芽时进行，将一年生枝留4～8个（对）饱满芽进行短截，剪后可萌发出苗壮的枝条，虽然花枝可能会少些，但由于营养集中，会开出较大的花朵。此类的有些花木如希望当年开两次花，可在花后将残花剪除，然后加强肥水管理，可二次开花，如紫薇。

三、园林树木的树龄树势

不同年龄的植物应采用不同的修剪方法。幼树生长旺盛，枝条生长强健，应围绕如何扩大树冠及形成良好的冠形来进行适当修剪，尽快形成良好的树体结构；对各级骨干枝的延长枝应以短截为主，促进营养生长。为了提早开花，对骨干枝以外的其他枝条应以轻剪为主，严格控制直立枝，对斜生枝的背上芽在冬季修剪时抹除，以防止抽生直立枝。对于丛生灌木的直立枝，选生长健壮的进行摘心，可促其多分枝、早开花。幼树重剪会导致直立枝和徒长枝大量发生，造成树冠很早就郁闭，影响通风透光及花芽的形成。又因幼树具有旺盛的生长势，重截后往往会造成秋季枝条旺长，气候变冷后不能及时停止生长，枝条因发育不充实，而降低抗寒能力；重截后还会降低有机物的含量，幼树本身含有机物就少，因而更缺乏形成花芽的物质基础。所以，对于幼树应该轻剪，有利于有机物的积累，促进花芽分化。

成年树处于旺盛的开花结实阶段，应该注意调节生长与开花结果的矛盾，防止因开花结实过多造成树体衰老。主要通过修剪来调节营养生长与生殖生长的关系，防止不必要的营养消耗，促使分化更多的花芽；休眠季修剪时，可在秋梢以下适当部位进行短截，以充分利用立体空间，促使多开花，花朵大，花色艳，花期相对延长。为了延长树木的成年阶段，应逐年选留一些萌蘖作为更新枝，并疏掉部分老枝，以保证枝条不断进行更新，防止衰老。

观叶类植物，在壮年期的修剪只是保持其丰满圆润的冠形，不能发生偏冠或出现空缺现象。

生长逐渐衰弱的老年植物，应通过回缩、重剪刺激休眠芽的萌发，发出壮枝代替衰老的大枝，以达到更新复壮的目的，并及时疏除细弱枝、病虫枝、枯死枝等（图5-7、图5-8）。

同样，不同生长势的植物采用的修剪方法也不同。生长势旺盛的植物宜轻剪，以防重剪而破坏树木的平衡，影响开花；生长势弱的植物常表现为营养枝生长量减少，短花枝或刺状枝增多，应进行重短剪，剪口下留饱满芽，以促弱为强，恢复树势。

在游人众多的主景区或规则式园林中，修剪整形应当精细，并进行各种艺术造型，使园林景观多姿多彩，新颖别致，生机盎然，发挥出最大的观赏功能以吸引游人。在游人较少的地方，或在以古朴自然为主格调的游园和风景区中，应当采用粗剪的方式，保持植物的粗犷、自然的树形，身临其境，有回归自然的感觉，可使游人尽情领略自然风光。

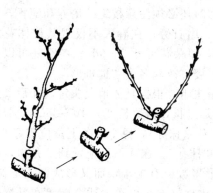

图 5-7　对老枝重回缩修剪进行更新复壮

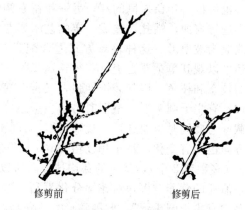

修剪前　　　　　　　修剪后

图 5-8　通过对顶端旺长枝条（上强下弱枝组）
的修剪，起到调控生长的作用

四、园林树木的周围环境

树木生长地的环境条件包括生态条件（特别是土壤条件）和配置环境。

1. 生态条件

对于生长在土壤瘠薄、地下水位较高处的树木，一般整形修剪时应降低主干高度，减小树冠。盐碱地因地下水位高，土层薄，也应采用低干矮冠的方式进行整剪。在多风地区或风口栽植乔木时，一般应选栽深根性的树种，同时通过修剪减小树冠，疏除过密枝条，以保证树木的安全性。

在不同的气候带，生态条件差别很大，对园林树木也应采用不同的修剪方法。南方地区雨水多，空气特别潮湿，易引起病虫害，因此除应加大株行距外，还应进行重剪，增强树冠的通风和光照条件，保持植物健壮生长；而在干燥的北方地区，降雨量少，易引起干梢或焦叶，修剪不宜过重，应尽量保持较多的枝叶，使其相互遮阳，以减少水分蒸腾，保持植物体内较高的含水量；在东北等冬季长期积雪的地区，对枝干较易折断的植物应进行重剪，尽量缩小树冠的体积，以防大枝被重厚的积雪压断。

2. 配置环境

不同的配置环境整形修剪方式不同，如果树木生长地周围很开阔、面积较大，在不影响与周围环境协调的情况下，可使分枝尽可能地开张，以最大限度地扩大树冠；如果空间较小，应通过修剪控制植株的体量，以防拥挤不堪，影响树木的生长，又降低观赏效果。如在一个大草坪上栽植几株雪松或桧柏，为了与周围环境配置协调，应尽量扩大树体，同时留的主干应较低，并多留裙枝。街道上的行道树受街道走向、两旁建筑物、架空电线等的影响，整剪时必须考虑这些影响因素，特别是行道树上面的架空电线，要与树枝有一定的距离，以免发生危险。如果架空电线较低，可对行道树采用杯状形整枝，令架空线从树冠内通过，通常称为"开弄堂"。

同一树种或品种栽植在不同的配置环境中，为了使其与周围景观协调，则整形修剪方式也应不同。张秀英（2005）曾对北京市榆叶梅和桃花的整形修剪情况进行过详细地调查，发现北京市榆叶梅有三种整形方式。

（1）梅桩式　有的有主干，有的没有主干，在主干上留有 3～4 个主枝，其上配有侧枝。在休眠季进行修剪，采用短截与疏剪相结合。修剪时首先进行常规疏剪，然后短截枝条，留的枝条长度一般为 10～25cm，同时一定要注意剪口芽的方向，剪口芽一年留里芽，一年留外芽；也可以一年留左侧的芽，另一年留右侧的芽，以使枝条形成小弯曲。也有的在幼树时对主干进行弯曲、蟠扎，整成一定的艺术姿态。修剪时还必须注意枝组的培养和配置，使其树冠线成为波浪形。这种整形方式适合配置在建筑、山石旁；在春天不仅观其群体花之效果，还可以观其单朵花之美（花径长达 4.4～5.5cm，单朵花可开 5～6d）；冬季还可以观赏别致的枝态和枝色。因其装饰性强，又富有梅桩的风姿，故起名为"梅桩形"。

（2）有主干圆头形　整形时可留主干也可以不留主干，根据具体情况决定。花后 2 周进行短截（与此同时也要进行常规疏剪），时间不可拖延过长，剪留长度为 10～25cm，剪口芽留的方向也要有变化，每年相互错开。6 月份进行定芽（抹芽），每个枝条上留位置好的 1～3 个芽（多数留 2 个），其余的芽均抹除，所以又称"抹芽"。抹芽不可拖延到 7 月份，抹芽越晚，消耗的营养越多，对花芽分化不利。这种整形多数留有主干，而又形成圆头形树冠，故起名"有主干圆头形"。此种整形方式花径与花期比梅桩式小而短，适合配置在常绿树丛前和园路两旁。

（3）丛状扁圆形　这种整形方式不留主干，成为丛状。每年休眠季进行疏剪和回缩，短截应用较少。大量的工作是疏枝，特别要疏除过密枝、干枯枝、病虫枝、伤残枝和扰乱树形的枝条。此整形方式因主枝丛生、分枝多又长，近于自然形，故起名为"丛状扁圆形"。要特别注意，这种整形容易留枝过多，造成树冠内密闭，通风透光不良，内膛小枝容易枯死，所以修剪时要大量疏除过密的和衰老的无用枝条，才能维持良好的树形。此整形方式，开花小，花径只有 3cm 左右，单朵花开 3～4d，适合配置在大草坪和山坡上。

五、因枝修剪，随树做形

一般来说，字面上研究树木的整形修剪都比较模式化，在实践中树形和枝条的姿态是多种多样的，有时根本预想不到，很难用几种式样全部代表。所以对于树木整形修剪来说，"因枝修剪，随树做形"，这是一条不成文的法则。通俗一点讲，就是有什么式样的树木，而整成相应式样的形；有什么姿态的枝条，就应进行相应的修剪。对于众多的树木，千万不能用一种模式整形。对于不同类型或不同姿态的枝条更不能用一种方法进行修剪，而是要因树、因枝、因地而异。特别是对于放任树木的修剪，更不能追求某种典型的、规范的造型，一定要根据实际情况因势利导，只要通风透光，不影响树木的生长发育，不妨碍观赏效果就可以了。

六、主从分明、平衡树势

有经验的师傅在对果树进行整形修剪时，在修剪开始前，首先要了解修剪对象的树种或品种；其次要观察树势是否平衡；最后要掌握前几年的修剪反应。识别树种与品种实际就是了解树木的生物学特性，根据树木的生物学特性进行修剪前面已经介绍了。树势平衡也就是骨干枝分布的要合理，主枝与侧枝的主从关系要分明，不能使树木生长势上强下弱或下强上弱，更不能使生长势左强右弱或右强左弱，应给人以健康、均衡、整齐的美。修剪时为了使植株长势均衡，应抑强扶弱，一般采用强主枝强剪（修剪量大些），削弱其生长势，弱主枝弱剪（修剪量小些）。因为强主枝一般都长得较粗壮，其上着生的新梢多，新梢多则叶的总面积大，制造的有机营养愈多，因而会使该主枝越来越强，修剪时应重些，以抑制其生长。反之，同树上的弱主枝则因发的新梢少，营养条件较差而生长得很弱，所以对弱主枝弱剪。如果采用修剪使各主枝间生长势近乎平衡时，也应对强主枝抑制、弱主枝促进，也就是对强主枝修剪量大些，短截延长枝时留得短些，尽量压低枝势；对弱主枝修剪量要相应小些，应在饱满芽处短截延长枝，尽量抬高枝势。

调节侧枝的生长势，应掌握的原则是：强侧枝弱剪（即轻截），弱侧枝强剪（即重截）。因为侧枝是开花结实的基础，侧枝如生长过强或过弱均不利于形成花芽。所以，对强侧枝要弱剪（轻短截），目的是促使侧芽萌发，增加分枝，使生长势缓和，则有利于形成花芽，同时花果的生长与发育对强侧枝的生长势产生一定的抑制作用（以花果压枝势）；对弱侧枝要强剪，短截到中部饱满芽处，使其萌发抽生较强的枝条，此类枝条形成的花芽少，消耗的养分也少，从而对该枝条的生长势有增强作用，应用此方法调整各类侧枝生长势的相对均衡是很有效的。

关于观察修剪反应，这是在修剪时必须做到的一点。因为修剪是综合多方面知识的实践技术，光依赖书本的理论知识是不够的，必须经常实践，不断地总结经验才行。如果在上一年对某树木的同类枝条采取不同程度的短截，剪留长度分别为10cm、20cm、35cm，第二年冬季修剪时发现，剪留约10cm长的枝条，在其上抽生1～2个比较粗的长枝；留约20cm的枝条，抽生3～4个中等的、充实的枝条；留35cm的枝条只在其上部抽生3～4个较弱的枝条。从中不难得出，对该树此类枝条修剪短截时应留20cm左右的长度。假如经常不断地这样实验、分析就可以总结出适合于该地区、该树种的整形修剪方法。

整形修剪对生长发育有很大的影响，采用与树种、品种特性、年龄、时期相适应的修剪制度，建立与栽植方式、植株所在地的自然条件和环境类型相适应的树体结构，对改善树冠内的光照，提高光能利用率，调节营养物质的分配，协调生长与开花结果的关系起着重要的作用。同时与周围环境协调，又能增强观赏的艺术感。

整形修剪是一项技术性很强的工作，加上园林树木种类繁多，因而增加了修剪的复杂性。为了更好地发挥修剪的效能，往往要做大量的实验。尤其树木是多年生植物，整形修剪的反应要连续观察几年才能确定，所以修剪有连续性和阶段性。

修剪不是孤立的技术措施，它与很多因素（如施肥、灌水、土壤管理、病虫害与自然灾害的防治等）密切相关。也就是说必须在综合管理的基础上才能充分发挥修剪的作用。

对修剪反应要勤观察，不断总结，才能建立行之有效的修剪制度。如为使幼树提早开花，首先必须采取综合的技术措施，使树木在定植后第一年迅速旺盛生长，尽快形成较大的根系。在此基础上修剪地上部分，增加分枝级次，促生大量的枝叶，提高光合效能，增加有机物的积累，才能达到提早开花的目的。

从生物学观点来看，修剪后可以增加分枝级次，有利于营养的积累，使树木迅速通过幼年时期。从观察中还会发现修剪的作用决定于被剪部位芽的特性、腋花芽开花的种类，因为芽有异质性，如果在中部饱满芽处短截，往往抽生的枝条较长，活跃性小，容易形成花枝；如为了形成良好的骨架可在营养枝旺盛生长的部位剪截；如为促进开花应在生长渐趋停止的部位修剪（枝的上部），为此应根据时期和目的在枝条的不同部位剪截。对骨干枝修剪的强度应根据当地自然条件和环境类型进行对比实验，以建立合理科学的修剪制度。

第四节　园林树木修剪的时期与方法

一、修剪时期

园林植物种类很多，习性与功能各异。由于修剪目的与性质的不同，虽然各有其相适宜的修剪季节，但从总体上看，一年中的任何时候都可对树木进行修剪，生产实践中应灵活掌握，但最佳时期的确定应至少满足以下两个条件：一是不影响园林植物的正常生长，减少营养徒耗，避免伤口感染。如抹芽、除蘖宜早不宜迟；核桃、葡萄等应在春季伤流期前修剪完毕等。二是不影响开花结果，不破坏原有冠形，不降低其观赏价值。如观花观果类植物应在花芽分化前和花期后修剪；观枝类植物，为延长其观赏期，应在早春芽萌动前修剪等。总之，修剪整形一般都在植物的休眠期或缓慢生长期进行，以冬季和夏季修剪整形为主。

（一）休眠期修剪（冬季修剪）

落叶树从落叶开始至春季萌发前，树木生长停滞，树体内营养物质大都回归根部贮藏，修剪后养分损失最少，且修剪的伤口不易被细菌感染腐烂，对树木生长影响较小，大部分树木的修剪工作在此时间内进行。热带、亚热带地区原产的乔、灌木观花植物，没有明显的休眠期，但是从11月下旬到第二年3月初的这段时间内，它们的生长速度也明显缓慢，有些树木也处于半休眠状态，所以此时也是修剪的适期。休眠季修剪的主要目的是培养骨架和枝组，并疏除多余的枝条和芽，以便集中营养于少数枝和芽上，使新枝生长充实。同时疏除老弱枝、伤残枝、病虫枝、交叉枝及一切扰乱树形的枝条，以使树体健壮，外形饱满、匀称、整洁。

冬季修剪的具体时间应根据当地的寒冷程度和最低气温来决定，有早晚之分。如冬季严寒的地方，修剪后伤口易受冻害，早春修剪为宜；对一些需保护越冬的花灌木，在秋季落叶后立即重剪，然后埋土或缠干。在温暖的南方地区，冬季修剪时期，自落叶后到翌春萌芽前都可进行，因为伤口虽不能很快愈合，但也不至于遭受冻害。有伤流现象的树种，一定要在春季伤流期前修剪。冬季修剪对树冠构成、枝梢生长、花果枝的形成等有重要作用，一般采用截、疏、放等修剪方法。

（二）生长期修剪（夏季修剪）

即在植物的生长期进行修剪。此期花木枝叶茂盛，影响树体内部通风和采光，因此需要进行修剪。一般采用抹芽、除蘖、摘心、环剥、扭梢、曲枝、疏剪等修剪方法。生长期修剪的目的是抑制营养生长，促使花芽分化。根据具体情况可进行摘心、摘叶、摘果、除芽、环剥等技术措施。生长期修剪宜早些，这样可以促使早发新枝，使新枝在越冬前有足够的时间贮存营养，以防冻害。若修剪时间稍晚，直立徒长枝已经形成，空间条件许可，可用摘心等方法促其抽生二次枝，以增加开花枝的数量。如时间实在来不及也可推迟到夏季生长停止以后进行。

常绿树没有明显的休眠期，春夏季可随时修剪生长过长、过旺的枝条，使剪口下的叶芽萌发。常绿针叶树在6～7月进行短截修剪，还可获得嫩枝，以供扦插繁殖。

一年内多次抽梢开花的植物，花后及时修去花梗，使其抽发新枝，开花不断，延长观赏期，如紫薇、月季等观花植物；观叶、观姿类的树木，一旦发现扰乱树形的枝条就要立即剪除；如棕榈等，则应及时将破碎的枯老叶片剪去；绿篱的夏季修剪，既要使其整齐美观，同时又要兼顾截取插穗。

修剪时期的确定，除受地区条件、树种生物学特性及劳动力的制约外，主要着眼于营养基础和器官状况及修剪目的而定。要根据具体情况、综合分析，确定合理的修剪时期和方法，才能获得预期的效果。

二、修剪方法

由于修剪时期和部位不同，采用的修剪方法也不一样，归纳起来，无论是休眠季修剪，还是生长季修剪，采用的方法概括为5个字：截、疏、放、伤、变，实践中应根据修剪对象的实际情况灵活运用。

（一）休眠期修剪的方法

1. 截

截是将树木的一年生或多年生枝条的一部分剪去，以刺激剪口下的侧芽萌发，抽发新梢，增加枝条数量，多发叶多开花。狭义上讲，一年生枝剪去一部分称为截。广义上讲，多年生枝剪去一部分称为回缩；新梢剪去一部分称为摘心。它是园林植物修剪整形最常用的方法。根据修剪的程度，可将其分为以下几种（图5-9）。

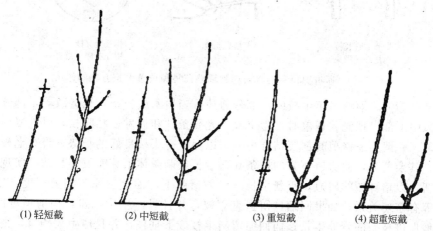

(1) 轻短截　　(2) 中短截　　(3) 重短截　　(4) 超重短截

图 5-9　不同短截的效果比较

（1）轻短截　只剪去一年生枝的少量枝段，一般剪去枝条的 1/5～1/4。如在春秋梢的交界处（留盲节），或在秋梢上短剪。截后易形成较多的中、短枝，单枝生长较弱，能缓和树势，利于花芽分化。

（2）中短截　在春梢的中上部饱满芽处短剪，一般剪去枝条的 1/3～1/2。截后形成较多的中、长枝，成枝力高，生长势强，枝条加粗生长快，一般多用于各级骨干枝的延长枝或复壮枝。

（3）重短截　在春梢的中下部短剪，一般剪去枝条的 2/3～3/4。重短剪对局部的刺激大，对全树总生长量有影响，剪后萌发的侧枝少，由于植物体的营养供应较为充足，枝条的长势较旺，易形成花芽，一般多用于恢复生长势和改造徒长枝、竞争枝。

（4）极重短截　在春梢基部仅留 1～2 个不饱满的芽，其余剪去，此后萌发出 1～2 个弱枝，一般多用于处理竞争枝或降低枝位。

（5）带帽截：一年多次生长的树种，春秋梢之间存在"盲节"，在盲节以上剪断（盲节处少芽，有芽也弱），像是给枝条带了"帽子"，可以达到使保留枝条不过分生长的目的。

短截时，根据空间和整形的要求，应注意剪口芽的位置和方向，剪口芽留在可以发展的、有空间的地方，留芽的方向要注意有利于树势的平衡。

在整形修剪中，根据树种、树龄、树势、枝条及其在树冠中的位置等情况的不同而采用不同的短截长度。一般来说，短截具有以下作用。

① 轻短截能刺激顶芽下部侧芽萌发，增加分枝数和枝叶量，有利于枝条营养积累，促进花芽分化。

② 经过短截，可以有效缩短枝叶与根系营养运输的距离，有利于养分的运输。短截可以改变顶端优势的位置，故可以调节枝势的平衡。

③ 通过短截可以控制树冠的大小和枝梢的长短，培养各级骨干枝（图5-10）。

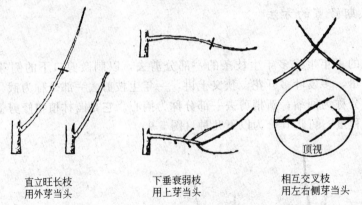

直立旺长枝　　　　　　下垂衰弱枝　　　　　　相互交叉枝
用外芽当头　　　　　　用上芽当头　　　　　　用左右侧芽当头

图5-10　通过剪口芽的选留达到调整枝势和枝条生长方向的作用

回缩又称缩剪，即将多年生枝的一部分剪掉。当树木或枝条生长势减弱，部分枝条开始下垂，树冠中下部出现光秃现象时，为了改善光照条件和促发粗壮旺枝，以恢复树势或枝势时常用缩剪。一般回缩修剪时都要结合短截，以保证打头枝良好的长势。将衰老枝或树干基部留一段，其余剪去，使剪口下方的枝条旺盛生长或刺激休眠芽萌发徒长枝，实现枝组或骨干枝的更新，以培育新的树冠，重新生长。一般情况下，缩剪反应与缩剪程度、留枝强度、伤口大小等有密切关系，如果回缩选留强直立枝，并且只产生小伤口，缩剪适度的情况下，可以有效地促进枝条的营养生长；而回缩留斜生枝或下垂枝，并且产生大伤口，则会抑制枝条的生长。

2. 疏

疏又称疏剪或疏删，即把枝条从分枝点基部全部剪去。生长季抹芽、摘叶、去萌、疏花疏果也属于疏。疏剪主要是疏去内膛过密枝，减少树冠内枝条的数量，使枝条均匀分布，为树冠创造良好的通风透光条件，减少病虫害，增加同化作用产物，使枝叶生长健壮，有利于花芽分化和开花结果。疏剪对植物总生长量有削弱作用，对局部的促进作用不如截，但如果只将植物的弱枝除掉，总的来说，对植物的长势将起到加强作用。

疏剪的对象主要是病虫枝、伤残枝、干枯枝、内膛过密枝、衰老下垂枝、重叠枝、并生枝、交叉枝及干扰树形的竞争枝、徒长枝、根蘖枝等。

疏剪强度可分为轻疏（疏枝量占全树枝条的10%或以下）、中疏（疏枝量占全树枝条的10%～20%）、重疏（疏枝量占全树枝条的20%以上）。疏剪强度依植物的种类、生长势和年龄而定。萌芽力和成枝都很强的植物，疏剪的强度可大些；萌芽力和成枝力较弱的植物，少疏枝，如雪松、凤凰木、白千层等应控制疏剪的强度或尽量不疏枝。幼树一般轻疏或不疏，以促进树冠迅速扩大成型；花灌木类宜轻疏以提早形成花芽开花；成年树生长与开花进入旺盛期，为调节营养生长与生殖生长的平衡，适当中疏；衰老期的植物，枝条有限，疏剪时要小心，只能疏去必须要疏除的枝条。

疏剪的作用如下。

（1）通过疏剪，减少枝叶量，削弱整体生长　通常用疏枝控制枝条旺长或调节植株整体和局部的生长势；疏枝对削弱树体、母枝生长势的作用比短截明显；生长过旺植株可以通过多疏剪的方法，实现对其生长的调控。

（2）疏剪可以使树冠内通风透光（开光路），提高光合效率，有利于组织分化，促进营养集中，促进花芽形成。尤其是观果树木，通过多疏枝，可以使树体疏朗，通风透光良好，

148　　　　　　　　　　　园林树木栽培养护学

保证果实着色。

（3）疏枝后还会对伤口以上部分起到抑制作用，对伤口以下部分起到促进作用，达到"抑前促后"的效果。一般说来，对局部的作用与枝条的着生位置有关，对同侧剪口以下的枝条有增强作用，对同侧剪口以上的枝条有削弱作用，疏枝越多，伤口间越近，距伤口越近的枝条，增强或削弱的作用越明显。

总体来说，"疏、截、缩"是最常用的修剪技法。当树体枝梢过密或花量过大时，可以对过密枝和弱枝进行疏除的修剪操作。花量过大或衰弱树则应在疏的基础上进行短截（夏梢、秋梢），以促发预备枝，当枝组衰退时应回缩，剩留枝梢还应适当短截，以促发预备枝，加强更新效果；就整个树冠而言，各类枝梢、枝组都有，因此修剪时应"疏、短、缩"结合进行。

3. 伤

用各种方法损伤枝条，以缓和树势、削弱受伤枝条的生长势，如环剥、刻伤、扭梢、折梢等。伤主要是在植物的生长季进行，对植株整体的生长影响不大。刻伤常在休眠期结合其他修剪方法运用。刻伤因位置不同，所起作用不同。在春季植物未萌芽前，在芽上方刻伤，可暂时阻止部分根系贮存的养分向枝顶回流，使位于刻伤口下方的芽获得较多的营养，有利于芽的萌发和抽新枝。刻痕越宽，效果越明显。如果生长盛期在芽的下方刻伤，可阻止有机化合物向下输送，滞留在伤口芽的附近，同样能起到环剥的效果。对一些大型的名贵花木进行刻伤，可使花、果更加硕大。

（1）目伤 在芽或枝的上方或下方进行刻伤，伤口形状似眼睛所以称为目伤（图5-11）。伤的深度达木质部。若在芽或枝的上方切刻，由于养分和水分受切口的阻隔而集中于该芽或枝上，可使生长势加强；若在芽或枝的下方切刻，则生长势减弱，但由于有机营养物质的积累，有利于花芽分化。一般来说，目伤越深越宽，作用越强，但是这种修剪方式起到的作用是暂时的，随着伤口的愈合，目伤的作用就会越来越弱。

（2）横伤 对树干或粗大主枝横砍数刀，深及木质部。此法可阻止有机养分下运，促进花芽分化，促进开花结实，达到丰产的目的。如枣树开花结果期常采用此法，称为"开甲"。

（3）纵伤 在枝干上用刀纵切，深及木质部。其主要目的是减少树皮的束缚力，有利于枝条的加粗生长。小枝可行一条纵伤，粗枝可纵伤数条。

4. 变

改变枝条生长方向，控制枝条生长势的方法称为变。如用曲枝、拉枝、抬枝等方法，将直立或空间位置不理想的枝条，引向水平或其他方向，可以加大枝条开张角

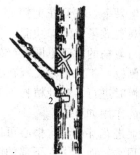
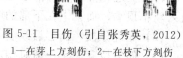

图 5-11 目伤（引自张秀英，2012）
1—在芽上方刻伤；2—在枝下方刻伤

度，使顶端优势转位、加强或削弱。骨干枝弯枝有扩大树冠、改善光照条件、充分利用空间、缓和生长、促进生殖的作用。将直立生长的背上枝向下曲成拱形时，顶端优势减弱，生长转缓。下垂枝因向地生长，顶端优势弱，生长不良，为了使枝势转旺，可抬高枝条，使枝顶向上生长。这类修剪措施大部分在生长季应用（图5-12、图5-13）。

5. 放

放又称缓放、甩放或长放，即对一年生枝条不做任何短截，任其自然生长。利用单枝生长势逐年减弱的特点，对部分长势中等的枝条长放不剪，下部易发生中、短枝，停止生长早，同化面积大，光合产物多，有利于花芽形成。幼树、旺树常以长放缓和树势，促进提早

开花、结果；长放用于中庸树、平生枝、斜生枝效果更好，但对幼树骨干枝的延长枝或背生枝、徒长枝不能长放；弱树也不宜多用长放。

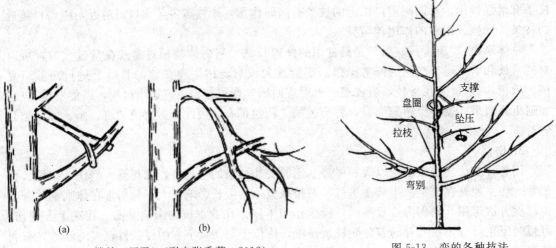

图 5-12 撑枝（压平）（引自张秀英，2012）
(a) 支棍；(b) 活支棍

图 5-13 变的各种技法

上述各种修剪方法应结合园林树木的生物学特性、生长发育阶段以及周围环境情况灵活运用，再加上合理的土、肥、水管理，才能取得较好的效果。

（二）生长期修剪

1. 摘心

在园林植物生长期内，当新梢抽生后，为了限制新梢继续生长，将生长点（顶芽）摘去或将新梢的一段剪去，解除新梢顶端优势，使其抽出侧枝以扩大树冠或增加花芽。如为了提高葡萄的坐果率，在开花前摘心，可促进二次开花；绿篱植物通过剪梢，可使绿篱枝叶密生，增加观赏效果和防护功能。

摘心与剪梢的时间不同，产生的影响也不同。具体进行的时间依树种、目的要求而异。为了多发侧枝，扩大树冠，宜在新梢旺长时摘心；为促进观花植物多形成花芽开花，宜在新梢生长缓慢时进行；观叶植物不受限制。

摘心的作用如下

(1) 促进花芽分化 摘心可以改变营养物质运输的方向，因为摘心后养分不能再大量地流入新梢顶端，而集中在下部的叶片和枝条内，所以摘心可促进花芽分化和坐果。

(2) 促进分枝 摘心后改变了顶端优势，促使下面侧芽萌发，从而增加了分枝数。

(3) 促使枝芽充实 适时摘心，可以使下部的枝芽得到足够的营养，使枝条生长充实，芽体饱满，从而有利于提高枝条的抗寒力和花芽的发育。

(4) 适时摘心不但增加分枝数，而且增加分枝级次，有利于提早形成花芽。摘心首先要有足够的叶面积；其次，要在急需养分的关键时期进行，不宜过迟或过早。而且利用摘心可以延长花期，如夏秋开花的紫薇、木槿等。

2. 抹芽和除梢

抹芽和除梢是疏的一种形式。在树木主干、主枝基部或大枝伤口附近常会萌发出一些嫩芽而抽生新梢，妨碍树形，影响主体植物的生长。将芽及早除去，称为抹芽；或将已发育的新梢剪去，称为除梢。抹芽与除梢可减少树木的生长点数量，减少养分的消耗，改善光照与肥水条件。如嫁接后砧木的抹芽与除蘖对接穗的生长尤为重要。行道树每年夏季对主干上萌发的隐芽进行抹除，一方面可以保持行道树主干通直，不保留主干下蘖芽，以免影响交通；另一方面可以减少不必要的营养消耗，保证行道树健壮生长。抹芽与除蘖还可减少冬季修剪的工作量和避免伤口过多，宜在早春及时进行，越早越好。

3. 去蘖（又称除萌）

嫁接繁殖或易生根蘖的树木，要及时除去萌蘖。桂花、榆叶梅和月季在栽培养护过程中要经常除萌，以免萌蘖长大后扰乱树形，并防止养分无效消耗。对牡丹、芍药的修剪，有一句非常通俗的说法："芍药梳头，牡丹洗脚"，意思是说，芍药花蕾较多，为了保证花朵大小一致，要将过多的、过小的花蕾疏除，因而称之为"梳头"；而牡丹植株基部萌蘖很多，除有用的以外，均应去除，所以称之为"洗脚"。蜡梅、丁香等根盘也常萌发很多萌蘖条，应根据树形决定保留部分外，其余及早去掉，以保证养分、水分集中应用。

4. 环剥

用刀在枝干或枝条基部适当部位剥去一定宽度的环状树皮，称为环剥（图 5-14）。环剥深达木质部，剥皮宽度以 1 个月内剥皮伤口能愈合为限，一般为 2～10mm。由于环剥中断了韧皮部的输导系统，可在一段时间内阻止枝梢碳水化合物向下输送，有利于环剥上方枝条营养物质的积累和花芽的形成，同时还可以促进剥口下部发枝（图5-15）。但根系因营养物质减少，生长受一定影响。由于环剥

图 5-14 环剥

技术是在生长季应用的临时修剪措施，一般在主干、中干、主枝上不采用。另外，伤流旺的树种和易流胶的树种不宜采用。

环状剥皮的作用如下。

（1）切断或破坏了韧皮部，暂时中断或阻碍有机物质向下运输，增加环剥以上部位碳水化合物的积累。

（2）因为环剥伤口附近的导管产生伤害性充塞体，影响水分和矿物质的上行运输。

（3）缓和树势、枝势，抑制营养生长，促进生殖生长（花芽分化），提高坐果率。

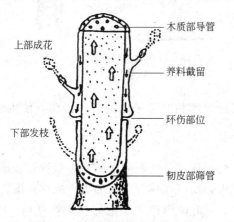

上部成花 —— 木质部导管

—— 养料截留

—— 环伤部位

下部发枝 —— —— 韧皮部筛管

图 5-15 环剥后促花生枝示意图

图 5-16 扭梢

虽然环剥对花芽的形成和坐果率的提高有很大的作用，但采用环剥措施时必须注意以下几点。

（1）因为环剥技术是在生长季应用的临时性修剪措施，多用于旺长不结果枝条。一般在

主干、中干、主枝、侧枝等骨干枝上不能用环状剥皮。

(2) 伤流过旺、易流胶的树一般不采用，如桦木、槭树类。

(3) 一般在环剥部位以上的枝条需要保留足够的枝叶量。

(4) 环剥一般以春季新梢叶片大量形成后最需要同化养分时应用，如花芽分化期、落花落果期、果实膨大期等进行比较合适。

(5) 环剥不宜过宽和过窄，宽度一般 2～10mm，要根据枝的粗细和树种的愈伤能力而决定。但忌过宽，否则不能愈合，对树木生长不利；但也不能过窄，过窄愈合过早，达不到环剥的目的。

(6) 环剥不宜过深和过浅，过深则伤其木质部，易造成环剥枝条折断或死亡；过浅则韧皮部残留，环剥效果不明显。

5. 扭梢与拿枝

在生长季内，将生长过旺的枝条，特别是着生在枝背上的旺枝，在中上部将其扭曲下垂，称为扭梢（图 5-16）；或只将其折伤但不折断（只折断木质部），称为拿枝。扭梢与拿枝是伤骨不伤皮，其阻止了水分、养分向生长点输送，削弱枝条生长势，利于短花枝的形成。

6. 折裂

为了曲折枝条，形成各种艺术造型，常在早春芽略萌动时，对枝条实行折裂处理，用刀斜向切入，深达枝条直径的 1/2～2/3 处，然后小心地将枝弯折，并利用木质部折裂处的斜面互相顶住（图 5-17、图 5-18）。为了防止伤口水分损失过多，应在伤口处进行包裹。

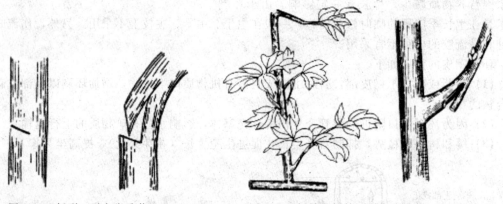

图 5-17　折裂（引自张秀英，2012）　　　　图 5-18　折梢和折枝（引自张秀英，2012）

7. 圈枝

圈枝是在幼树整形时为了使主干弯曲或成疙瘩状时常采用的技术措施，使生长势缓和，树生长不高，并能提早开花。

8. 断根

断根是将植株的根系在一定范围内全部切断或部分切断的措施。进行抑制栽培时常常采取断根措施，断根后可刺激根部发生新的须根，所以在移栽珍贵的大树或移栽山野里的自生树时，往往在移栽前 1～2 年进行断根，在一定的范围内促发新的须根，有利于移植成活，以利于大树移栽成活。

9. 摘蕾、摘果

理论上说，如果摘除的是腋花芽，摘蕾摘果属于疏的范畴；如果摘除顶花芽则属于截的范畴。摘蕾、摘果是园林中经常应用的修剪技术，如杂种香水月季因是单枝开花，为使主蕾得到充足的营养，开出美丽而肥硕的花朵，常将侧蕾摘除；聚花月季为了同时开出多而整齐的花朵，往往要摘除主蕾或过密的小蕾，以使花期集中，突出观赏效果；牡丹通常在花前摘除侧蕾，使营养集中于顶花蕾，以使花开得大，而且色艳；月季每次花后都要剪除残花，若留下残花令其结实就会浪费营养，影响下一次开花；紫薇不在花谢后摘除幼果（去残花），花期只有 3 周左右。

10. 摘叶

带叶柄将叶片剪除，称为摘叶。摘叶可改善树冠内的通风透光条件，观果的树木果实充分见光后着色好，增加果实美观程度，从而提高观赏效果；对枝叶过密的树冠，进行摘叶有防止病虫害发生的作用；摘叶还广泛应用于大树移栽和反季节移栽中，可以有效降低地上部蒸腾，保证成活率；另外，对一些先花后叶的植物，适当摘叶可促使其开二次花。

三、修剪的工具

园林植物的种类不同，修剪的冠形各异，需选用相应功能的修剪工具。只有正确地使用这些工具，才能达到事半功倍之效。常用的工具有修枝剪、园艺锯、梯子及劳动保护用品。

1. 修枝剪

修枝剪又称枝剪，包括各种样式的普通修枝剪、长把修枝剪、绿篱剪、高枝剪等。

(1) 普通修枝剪 由一主动剪片和一被动剪片组成。主动剪片的一侧为刀口，需要提前重点打磨。普通修枝剪一般能剪截 3cm 以下的枝条。操作时，如果用右手握剪，则用左手将粗枝向剪刀小刀片方向用力推，很容易将枝条剪断，注意不要左右扭动剪刀，否则剪刀容易松口，刀刃也容易崩裂（图 5-19）。

(2) 长把修枝剪 园林中有很多比较高的灌木丛，为了站在地面上就能短截株丛顶部的枝条，这时就应该使用长把修枝剪（图 5-20），其剪刀呈月牙形，虽然没有弹簧，但手柄很长。因此，杠杆的作用力相当大，在双手各握一个剪柄的情况下操作，修剪速度也不慢。

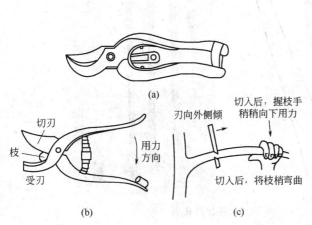

图 5-19 修枝剪及其使用方法（引自胡长龙，2005）
（a）普通修枝剪；（b）剪刀工作原理；（c）剪刀的修剪技法

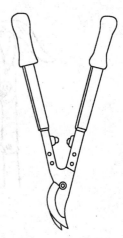

图 5-20 长把修枝剪

(3) 绿篱剪 适用于绿篱、球形树等规则式修剪（图 5-21）。绿篱剪的条形刀片很长，修剪一下可以剪掉一片树梢，这样才能将绿篱顶部与侧面修剪平整。绿篱剪的刀片较薄，只能用来平剪嫩梢，不能修剪已木质化的粗枝，如果个别的粗枝露出绿篱株丛，应当先用普通修枝剪将其剪断，然后再使用绿篱剪修剪。

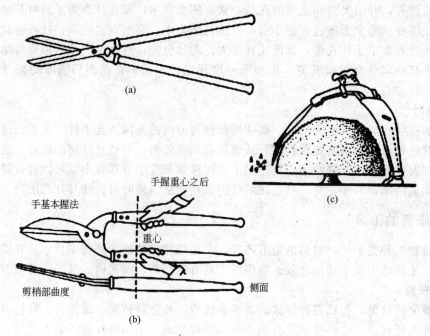

图 5-21 绿篱剪的使用（引自胡长龙，2005）
（a）绿篱剪；（b）使用方法；（c）用绿篱剪修剪圆球形树冠

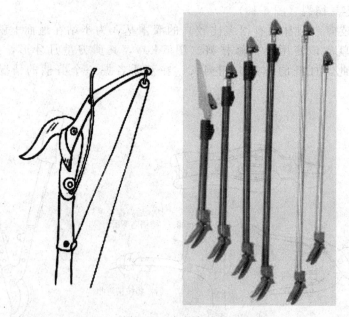

图 5-22 各种高枝剪

（4）高枝剪（图 5-22） 用来剪截高处的枝条，适用于庭园孤立木、行道树等高干树的修剪。因枝条所处位置较高，用高枝剪，可免登高作业。被剪的枝条不能太粗，一般在 3cm 以下。

2. 修枝锯

修枝锯的种类也很多（图 5-23），使用前通常需锉齿及扳芽（亦称开缝）。

对于较粗大的枝干，在回缩或疏枝时常用锯操作。为防止枝条的重力作用而造成枝干劈裂，常采用分步锯除法。首先从枝干基部下方向上锯入枝粗的 1/3 左右，再从上方一口气锯下（图 5-24）。

3. 梯子

主要在修剪高大树体的高位干、枝时登高而用。在使用前首先要观察地面凹凸及软硬情况，放稳以保证安全。

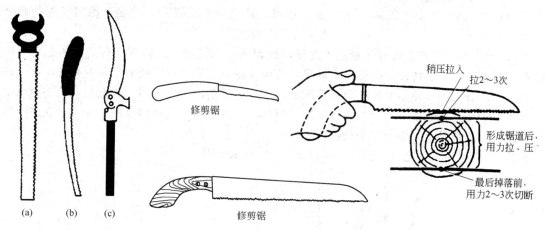

图 5-23　各种修枝锯
（a）双面修枝锯；（b）单面修枝锯；（c）高枝锯

图 5-24　修枝锯及其使用（引自胡长龙，2005）

4. 劳动保护用品

包括安全带、安全绳、安全帽、工作服、手套、胶鞋等。

四、修剪伤口的保护剂

树木修剪后有些很大的伤口往往需要很长时间才能愈合，特别容易导致伤口感病腐烂，同时在此期间伤口还会被风吹干或龟裂，所以在树干上因修剪造成的大伤口，特别是珍贵树种，多采用保护剂涂抹（图 5-25）。

图 5-25　银杏大枝疏除后伤口的保护剂处理

第五章　园林树木的整形与修剪

第五节 修剪的程序及常见的技术问题

一、修剪程序

修剪程序概括地说就是"一知、二观、三剪、四检查、五处理"。

（1）"一知" 清楚园林树木所处的地形、环境，明确树木的功能，确定相应的修剪形态。

（2）"二观" 实施修剪前对树木进行仔细观察，因树制宜，合理修剪。具体是要了解树种、品种及生物学特性；明确树木树势，看树体是否平衡，骨干枝分布是否合理，整个树体是否主从分明，如果不平衡，分析造成的原因，如果是因为枝条多，特别是大枝多造成生长势强，则要进行疏枝；然后再结合实际进行修剪。观察树体的修剪反应，如对于花灌木碧桃来说，一般情况下，修剪打头枝留 10cm 一般会在来年长出 1～2 个长枝；留 20cm，来年生长出 3～4 个中等、充实的枝条；而留 35cm 左右来年则会长出 3～4 个弱枝（图 5-26）。

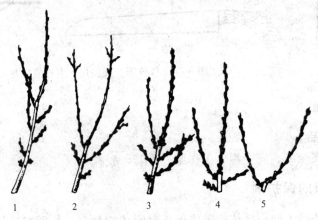

图 5-26 一年生枝的修剪反应

1—剪去 1/2；2—剪去 2/3；3—剪去 3/4～4/5；4—剪去 4/5 以上；
5—短果枝留基部两个腋叶芽

（3）"三剪" 对植物按要求或规定进行修剪。修剪时最忌无次序，修剪观赏花木时，在明确树体树势的前提下，决定选留的大枝数及其在骨干枝上的位置，将无用的大枝先剪掉，待大枝条整好以后再修剪小枝，宜从各主枝或各侧枝的上部起向下依次进行。对于普通的一棵树来说，由粗剪到细剪，由大到小，由外到内，先上后下（便于照顾全局，也便于清理上部修剪后搭在下面的枝条）；将剪口芽留在期望长出枝条的方向；几个人同剪一棵树，应先研究好修剪方案，如果树体高大，则应有一个人专门负责指挥，以便在树上或梯子上协调配合工作，绝不能各行其是，最后将树剪成无法修改的局面。

（4）"四检查" 检查修剪是否合理，有无漏剪与错剪，以便修正或重剪。

（5）"五处理" 进行剪口的处理，对伤口进行修整，清理凹陷或突出切口，并进行伤口敷料，促进愈伤组织形成，封闭伤口，促进伤口愈合；对剪下的枝叶、花果进行集中处理等。

二、修剪中常见的技术问题及注意事项

1. 剪口的状态

短截枝条时，剪口的状态和芽的位置分为 5 种情况（图 5-27）。

剪口的形状可以是平剪口或斜切口，但采用斜切口较多。通常剪口向侧芽对面微倾斜，使斜面上端与芽尖基本平齐或略高于芽尖 0.5～1cm。下端与芽的基部大致相平或稍高。这样修剪时，剪口伤面不至于过大，很易愈合，而剪口芽生长也好，这是最合理的剪截方法，一般应用较多 [图 5-27 （a）]。

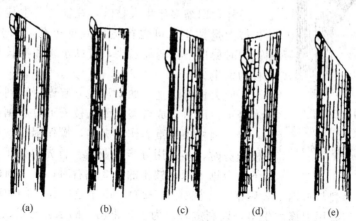

图 5-27 剪口的状态（引自张秀英，2012）
（a）最合理；（b）太平坦；（c）（d）芽上部留的过长；（e）剪口斜面太大

图 5-27 （b）是在与侧芽基部水平处剪截，剪口平坦。这样剪截时，伤口在和芽相接的一面愈合较难；但因剪口小，易愈合，这样剪嫩梢和新枝也无妨碍。

图 5-27 （c）和图 5-27 （d）是在剪口芽上方留一小枝段剪截，因养分不易流入残留部分，剪口很难愈合，常致枯干。如果全树留下这样的枝段过多，很不好看，非常影响观赏效果，在复剪时一定将这一小枝段剪除。月季和紫薇冬剪时为了保护剪口芽，在此芽上方则留一小枝段，第二年早春复剪时再行剪除，如不剪除不仅影响美观，还会成为病虫侵袭的据点，影响正常生长，有时还会影响剪口芽的方向。

图 5-27 （e）所示的剪截状态，剪口倾斜过急，伤口面积大，而扩展到芽的下方，不但不易愈合，而且影响对剪口芽养分和水分的供给，水分还会从伤口处蒸发散失，故抑制剪口芽的生长。而下面的一个侧芽生长势则加强。如果为了削弱枝的生长势，可采用这种大偏口剪法。

2. 剪口芽的位置

剪口芽的强弱和选留位置不同，抽生的枝条强弱和姿势也不一样。剪口留壮芽，则发壮枝；剪口留弱芽，则发弱枝。

如剪口芽萌发的枝条作为主干延长枝培养，剪口芽应选留使新梢顺主干延长方向直立生长的芽，同时要与上年的剪口芽相对，即为另一侧；也就是主干延长枝一年选留在左侧，另一年就要选留在右边，其枝势略持平衡，不致造成年年偏向一方生长，这样使主干延伸后成直立向上的姿势。

如果作为主枝延长枝，为了扩大树冠，宜选留外侧芽作剪口芽，芽萌发后可抽生斜生的延长枝。如果主枝过于平斜，也就是主枝开张角度过大，生长势会变弱，短截时剪口芽要选留上芽（内侧芽），则萌发抽生斜向上的新枝，从而增强生长势。所以，在实际修剪工作中，要根据树木的具体情况，选留不同部位和不同饱满程度的剪口芽进行剪截，以达到平衡树势的目的。

3. 大枝的剪除

粗大枝干，回缩或疏枝时常用锯操作。将干枯枝、无用的老枝、病虫枝、伤残枝等全部

图 5-28 大枝剪除后的伤口
（引自张秀英，2012）
(a) 残留分枝点下部突起部分；
(b) 残留枝的一段

剪除时，为了尽量缩小伤口，应自分枝点的上部斜向下部剪下，残留分枝点下部突起的部分 [图 5-27（a）]，伤口不大，易愈合，隐芽萌发也不会多；如果残留其枝的一部分 [图 5-28（b）]，将来留下一段残桩。

另外，回缩多年生大枝时，往往会萌生徒长枝，为了防止徒长枝大量抽生，可先行疏枝或重短截，削弱其长势后再回缩。同时剪口下留弱枝当头，有助于缓和生长势，并可减少徒长枝的发生。

一般大枝剪除是，如果从上方起锯，锯到一半，往往因枝干本身重量压力造成劈裂，而从枝干下方起锯，可防止枝干劈裂，但是因枝条的重力作用夹锯，操作困难。通常在园林树木大枝修剪时，多采用分步作业法。首先离枝干基部 10～15cm，由下向上锯入深达枝粗的 1/3 左右时；再从前面 5cm 处由上方锯下，则可避免劈裂与夹锯；最后锯除残桩（图 5-29）。由于这样锯断的树枝，伤口大而表面粗糙，因此还需要用刀修削平整，以利愈合。为了防止伤口的水分蒸发或因病虫侵入而引起伤口腐烂，应涂保护剂或用塑料布包扎。

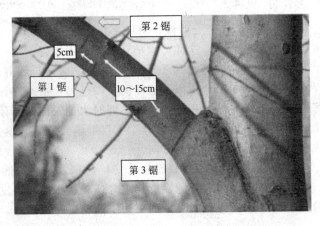

图 5-29 大枝的剪除

4. 竞争枝的处理

无论是观花观果树、观形树或用材树，其枝、中心主枝或其他各级主枝，由于冬剪时顶端芽位处理不妥，往往在生长期形成竞争枝，如不及时处理，就会扰乱树形，甚至影响观赏或经济效益。凡遇这类情况，可按下列方法进行处理（图 5-30）。

① 竞争枝未超过延长枝，下邻枝较弱小，可齐竞争枝基部一次疏除。疏剪时留下的伤口，虽可削弱延长枝和增强下邻弱枝的长势，但不会形成新的竞争枝。

② 竞争枝未超过延长枝，下邻枝较强壮，可分两年剪除竞争枝。当年先对竞争枝重短截，抑制其生长势，待翌年延长枝长粗后再齐基部疏除竞争枝；否则下邻枝长势会加强，成为新的竞争枝。

③ 竞争枝长势超过原延长枝，竞争枝下邻枝较弱小，可一次剪去较弱的原延长枝（称换头）。

④ 竞争枝长势旺，原延长枝弱小，竞争枝下邻枝又很强，应分两年剪除原延长枝，使竞争枝逐步代替原延长枝（称转头），即第一年对原延长枝重短截，第二年再予以疏除。

5. 主枝的配置

在园林树木整形修剪中，正确地配置主枝，对树木生长、调整树形及提高观赏和综合效益都有好处。主枝配置的基本原则是树体结构牢固，枝叶分布均匀，通风透光良好，树液流动顺畅。树木主枝的配置与调整随树种分枝特性、整形要求及年龄阶段而异。

多歧式分枝的树木如梧桐、苦楝、臭椿等和单轴分枝的树木如雪松、龙柏等，随着树木的生长容易出现主枝过多和近似轮生的状况，如不注意主枝配备，就会造成"掐脖"现象。因此，在幼树整形时，就要按具体树形要求，逐步剪除主轴上过多的主枝，并使其分布均匀。如果已放任生长多年，出现"轮生"现象时，应每轮保留2～3个向各方生长的主枝，使树冠合成的养分，在运输时遇到枝条剪口，被迫分股绕过切口区后，恢复原来的方向。切口上部的养分由于在切口处受阻而速度减慢，造成切

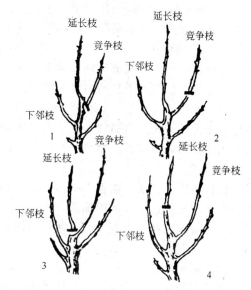

图 5-30　一年生竞争枝的处理
（引自邹长松，2005）
1—疏除竞争枝；2—短截；3—换头；4—转头

口上部的营养积累相对增多，致使切口上部主干明显加粗，从而解决了原来因"掐脖"而造成轮生枝上下粗细悬殊的问题。

在合轴主干形、圆锥形等树木修剪中，主枝数目虽不受限制，但为了避免主干尖削度过大，保证树冠内通风透光，主枝间要有相当的间隔，且要随年龄增大而加大。合轴分枝的树木，常采用杯状形、自然开心形等整形方式，应注意三大主枝的配置问题。目前常见的配置方式有邻接三主枝和邻近三主枝两种（图5-31）。

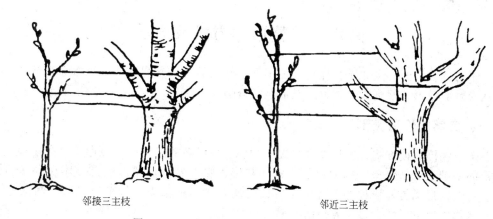

邻接三主枝　　　　　　　　　　邻近三主枝

图 5-31　三主枝的配置（引自邹长松，2005）

（1）邻接三主枝　通常在一年内选定，三个主枝的间隔距离较小，随着主枝的加粗生长，三者几乎轮生在一起。这种主枝配置方式如是杯状形、自然开心形树冠，则因主枝与主干结合不牢，极易造成劈裂；如是疏散分层形、合轴主干形等树冠，则有易造成"掐脖"现象的缺点，故在配置三大主枝时，不要采用邻接三主枝形式。

（2）邻近三主枝　一般分两年配齐，通常在第一年修剪时，选留有一定间隔的主枝两

个，第二年再隔一定间距选留第三主枝。三大主枝的相邻间距可保持 20cm 左右。这种配置方法，结构牢固，且不易发生"掐脖"现象，故为园林树木修剪中经常采用的配置形式。

6. 剪口的保护

若剪枝或截干造成剪口创伤面大，应用锋利的刀削平伤口，用硫酸铜溶液消毒，再涂保护剂，以防止伤口由于日晒雨淋、病菌入侵而腐烂。常用的保护剂有以下三种。

(1) 保护蜡 用松香 2500g、黄蜡 1500g、动物油 500g 配制。先把动物油放入锅中加温熔化，再将松香粉与黄蜡放入，不断搅拌至全部溶化，熄火冷凝后即成。取出装在塑料袋密封备用，使用时只需稍微加热令其软化，即可用油灰刀蘸涂剪口，一般适用于封抹面积较大的剪口。

(2) 液体保护剂 松香 10 份，动物油 2 份，酒精 6 份，松节油 1 份（按重量计）。先把松香和动物油一起放入锅内加温，待熔化后立即停火，稍冷却后再倒入酒精和松节油，搅拌均匀，然后倒入瓶内密封贮藏。使用时用毛刷涂抹即可，这种液体保护剂适用于面积较小的剪口。

(3) 油铜素剂 用豆油 1000g、硫酸铜 1000g 和热石灰 1000g 配制。硫酸铜、熟石灰需预先研成细粉末，先将豆油倒入锅内煮至沸腾，再加入硫酸铜和熟石灰，搅拌均匀，冷却后即可使用。

7. 注意事项

(1) 修剪人员必须了解修剪树木的生物学特性，熟练掌握修剪的基本知识。

(2) 上树修剪时，所有用具、机械必须灵活、牢固，梯子要坚固，要放稳，不能滑拖；有大风时不能上树作业；心脏病、高血压患者或酒后也不能上树修剪，防止事故发生。修剪行道树时注意高压线路，并防止锯落的大枝砸伤行人与车辆。

(3) 修剪工具应锋利，修剪时不能造成树皮撕裂、折枝断枝。

(4) 修剪病枝的工具，要用硫酸铜消毒后再修剪其他枝条，以防交叉感染。修剪下的枝条应及时收集，有的可作插穗、接穗备用，病虫枝则需堆积烧毁。

(5) 修剪完成后清扫工作现场。

第六节　整形的方式及方法

由于植物自身的特点和园林绿化目的不同，整形的方式不同。常见的修剪整形方式可分为自然式修剪整形、规则式修剪整形及混合式修剪整形。

一、自然式修剪整形

各个植物因分枝方式、生长发育状况不同，形成了各式各样的树冠形式。在保持原有自然冠形的基础上适当修剪，称为自然式修剪整形。自然式修剪整形能充分体现园林的自然美。在自然树形优美，树种的萌芽力、成枝力弱，或因造景需要等都应采取自然式修剪整形。自然式修剪整形的主要任务是幼龄期培育恰当的主干高及合理配置主、侧枝，以保证迅速成型；以后做到"形而不乱"，只是对枯枝、病弱枝及少量扰乱树形的枝条做适当处理。常见的自然式修剪整形有以下几种（图 5-32）。

(1) 尖塔形 单轴分枝的植物形成的冠形之一，顶端优势强，有明显的中心主干，如雪松、南洋杉、大叶竹柏和落羽杉等。

(2) 圆柱形 也是单轴分枝的植物形成的冠形之一，中心主干明显，主枝长度上下相差较小，形成上下几乎同粗的树冠。如龙柏、钻天杨等。

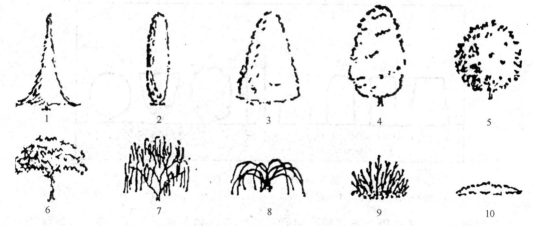

图 5-32　常见园林树木自然式修剪树形（引自陈有民，2011）

1—尖塔形；2—圆柱形；3—圆锥形；4—卵圆形；

5—圆球形；6—伞形；7—垂枝形；8—拱枝形；9—丛生形；10—匍匐形

（3）圆锥形　介于尖塔形和圆柱形之间的一种树形，由单轴分枝形成的冠形。如桧柏、银桦、美洲白蜡等。

（4）卵圆形　合轴分枝的植物形成的树冠之一，主干和顶端优势明显，但基部枝条生长较慢。大多数阔叶树属此冠形，如加杨、扁桃、大叶相思和乐昌含笑等。

（5）圆球形　合轴分枝形成的冠形。如樱花、元宝枫、馒头柳、蝴蝶果等。

（6）伞形　一般也是合轴分枝形成的冠形，如合欢、鸡爪槭。只有主干、没有分枝的大王椰子、假槟榔、国王椰、棕榈等也属于这种树形。

（7）垂枝形　有一段明显的主干，但所有的枝条却似长丝垂悬，如垂柳、龙爪槐、垂枝榆、垂枝桃等。

（8）拱枝形　主干不明显，长枝弯曲成拱形，如迎春、金钟、连翘等。

（9）丛生形　主干不明显，多个主枝从基部萌蘖而成，如贴梗海棠、玫瑰、山麻杆等。

（10）匍匐形　枝条匍地生长，如偃松、偃柏等。

二、规则式修剪整形

根据园林观赏的需要，将植物树冠强制修剪成各种特定形式，称为规则式修剪整形。由于修剪不是按树冠的生长规律进行，植物经过一定时期的自然生长后会破坏造型，需要经常不断地整形修剪。一般来说，适用规则式修剪整形的植物都是耐修剪、萌芽力和成枝力都很强的种类，有枯死的枝条要立即剪除，有死株要马上更换，才能保持整齐一致。常见规则式修剪整形有以下几种。

1. 几何式

通过修剪整形，最终植物的树冠成为各种几何体（图 5-33），如正方体、长方体、球体、半球体或不规则几何体等。这种整形方式采用的树种必须萌芽力与成枝力均很强，并耐修剪。

2. 非几何式

（1）垣壁式　欧洲园林中经常可见此种整形方式。常见的形式有 U 字形、叉形、肋骨形和扇形（图 5-34）。这种树体的整形要在培养低矮主干的基础上，在其干上左右两侧呈对称或在周围呈放射状配列主枝，并保证枝条保持在同一平面上。

第五章　园林树木的整形与修剪

161

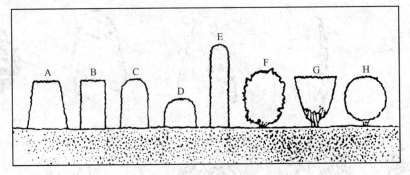

图 5-33　常见的几何式整形
A—梯形；B—方形；C,D—圆顶形；E—柱形；F—自然式；G—杯形；H—球形

(2) 雕塑式　一般选用枝条茂密、耐修剪的树种，如女贞、冬青、榆树、罗汉松、圆柏、榕树、枸骨等，通过用铅丝、绳索等用具，蟠扎扭曲等手段，按照一定的物体造型，由其主枝、侧枝构成骨架，然后通过绳索的牵引将其小枝紧紧地抱合，或者直接按照仿造的物体进行细致的整形修剪，从而整剪成各种雕塑式形状（图 5-35）。

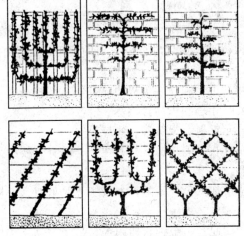

图 5-34　常见的垣壁式整形

三、混合式修剪整形

混合式修剪整形指根据园林绿化的要求，对自然树形进行人工改造而成的树形。

(1) 自然杯状形　这种树形无中心干，仅有很短的主干，自主干上部分生 3 个主枝，夹角约为 45°，3 个枝各自再分生 2 个枝而成 6 个枝，再从 6 个枝各分生 2 枝即成 12 枝，即所谓"三股、六杈、十二枝"的形式（图 5-36）。冠内不允许有直立枝、内向枝的存在，一经发现必须剪除。这种树形是杯状形的改良树形。杯状形最早是在果树上应用，强调"先养干，后截干定枝"，一般在出圃前培养很低的主干，达高度要求后，确定主枝并截去中干，确定

图 5-35　雕塑式整形

侧枝截去主枝延长枝，确定小侧枝后截去侧枝延长枝。目前，园林中多采用自然杯状形，如悬铃木、观赏桃等。

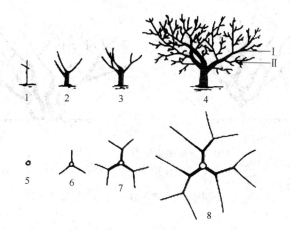

图 5-36　自然杯状形整形（引自张秀英，2012）
Ⅰ—主枝；Ⅱ—侧枝
1～3—第一年至第三年整形；4—基本完成整形的侧面图；5～8—平面图

（2）自然开心形　由自然杯状形改进而来，没有中心主干，分枝较低，3 个主枝错落分布，自主干上向四周放射而出，中心开展，故称自然开心形（图 5-37）。但主枝分枝不为二杈分枝，树冠不完全平面化，能较好地利用空间。此种整形方式比较容易，又符合树木的自然发育规律，生长势强，骨架牢固，立体开花。目前园林中干性弱、强阳性树种多采用此种整形方式。

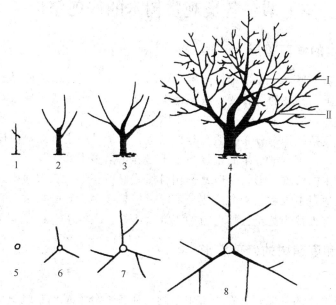

图 5-37　自然开心形整形（引自张秀英，2012）
Ⅰ—主枝；Ⅱ—侧枝
1～3—第一年至第三年整形；4—基本完成整形的侧面图；5～8—平面图

（3）多主干形和多主枝形　这两种整形修剪方式适用于花灌木、园路树等（图 5-38）。一般在苗圃期间先留一个低矮的主干，其上均匀地配置多个主枝，在主枝上再选留外侧枝，使其形成匀称的树冠，此为多主枝形（图 5-38）。而在圃期间直接选留多个主干，其上依次递增配置主枝和侧枝，为多主干形（图 5-38）。

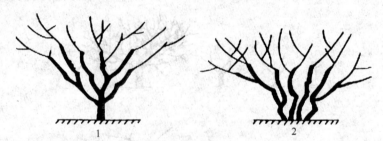

图 5-38　多主干形和多主枝形
1—多主枝形；2—多主干形

(4) 丛球形　类似多主枝形，只是主干较短，干上留数主枝成丛状。叶层厚，美化效果好。

(5) 棚架形　藤本植物常用的整形方式。整形时先要建立坚固的棚架或廊、亭等，然后栽植藤本植物，根据其生长发育习性进行诱引和整剪，其形状依赖于其支架的形式。目前园林中应用最多的藤本植物是紫藤、凌霄、藤本月季等。

园林绿地中，以自然式修剪整形应用最多，可以充分利用植物自然的树形，又可节省人力、物力；其次是混合式修剪整形，在自然树形的基础上加以人工改造，即可达到最佳的绿化、美化效果；规则式修剪整形，既改变了植物的自然生长习性，又需要较高的整形修剪技艺，只在园林局部或有特殊要求时使用。

第七节　各类观赏树木的修剪整形

一、片林树木的修剪整形

片林树木的修剪整形，主要是维持树木良好的干性和冠形，改善通风透光条件，修剪比较粗放，对于有主干领导枝的树种要尽量保持中央领导干，出现双干现象，只选留一个，如果中央领导枝已枯死，应于中央选一强的侧生嫩枝，扶直培养成新的领导枝，并适时修剪主干下部侧生枝，使枝条能均匀分布在适合分枝点上。对于一些主干短，但树已长大，不能再培养成独干的树木，也可以把分生的主枝当主干培养，呈多干式。

对于松柏类树木的修剪整形，一般是采用自然式修剪整形。在大面积人工林中，常进行人工打枝，将处在树冠下方生长衰弱的侧枝剪除。但打枝多少，必须根据栽培目的及对树木生长的影响而定。有人认为甚至去掉树冠的 1/3，对高生长、直径生长都影响不大。

二、行道树和庭荫树的修剪整形

1. 行道树

行道树是城市绿化的骨架，它在城市中起到沟通各类分散绿地、组织交通的作用，还能反映一个城市的风貌和特点。

行道树的生长环境复杂，常受到车辆、街道宽窄、建筑物高低、架空线、地下电缆、管道的影响。为了便于车辆通行，行道树必须有一个通直的主干，干高 3～4m 为好。公园内园路两侧的行道树或林荫路上的树木主干高度以不影响游人的行走为原则，一般枝下高度在 2m 左右。同一街道的行道树其干高与分枝点应基本一致，树冠端正，生长健壮。行道树的基本主干和供选择作主枝的枝条在苗圃阶段培养而成，其树形在定植以后的5～6年内形成，成型后不需要大量修剪，只需要经常进行常规性修剪，即可保持理想的树形。

路面比较窄或上方有架空线的街道，应选择中干不强或不明显（无主轴）的树种作行道树，栽植点选在电线下方，定植后剪除中干（俗称"抹头"），令其主枝向侧方生长，在幼年期使其形成圆头形或扁圆形。行道树的树冠，一般要求宽阔舒展、枝叶浓密，在有架空线路的人行道上，行道树的修剪作业是城市树木管理中最为重要也最费投入的一项工作，据资料，美国用于这方面的支出大约为10亿美元。在美国，一般采用以下几种措施：降低树冠高度，使线路在树冠的上方通过；修剪树冠的一侧，让线路能从其侧旁通过；修剪树冠内膛的枝干，使线路能从树冠中间通过；或使线路从树冠下侧通过（图5-39）。对于斜侧树冠，遇大风有倒伏危险，应尽早重剪侧斜方向的枝条，另一方应轻剪，能使偏冠得以纠正。

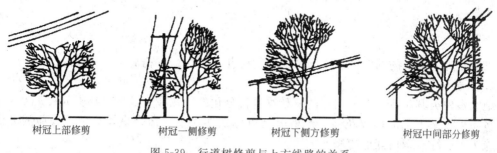

树冠上部修剪　　树冠一侧修剪　　树冠下侧方修剪　　树冠中间部分修剪

图5-39　行道树修剪与上方线路的关系

对于路面比较宽、上方没有架空线的道路，行道树可选择有中央领导干（有主轴）的树种，如根杏、广玉兰等。此种行道树除要求有一定分枝高度外，一般采用自然式树形。一般情况下对行道树只进行常规修剪（疏除病虫枝、衰老枝、交叉枝、冗长枝等）；生长季树干上萌生的枝条，要趁没有木质化前抹掉；行道树的枝条与架空线距离超过规定的标准时，立即修剪；地下水位高，土层薄或多风处，应降低行道树主干和树高，合理疏剪，缩小树冠；由于行道树一般都比较高大，又地处车辆、行人较多的地方，修剪时一定要注意安全，严格遵守作业安全规章。

2. 庭荫树

庭荫树一般栽植在公园草地中心、建筑物周围或南侧、园路两侧，具有庞大的树冠、挺秀的树形、健壮的树干，能造成浓荫如盖、凉爽宜人的环境，供游人纳凉避暑、休闲聚会之用。

庭荫树修剪整形，应首先培养挺拔粗壮的树干，树干的高度不仅取决于树种的生态习性和生物学特性，主要应与周围的环境相适应。树干定植后，尽早将树干上1.0～1.5m以下的枝条全部剪除，以后随着树的长大，逐年疏除树冠下部的侧枝。作为遮阳树，树干的高度相应要高些（1.8～2.0m），为游人提供在树下自由活动的空间，栽植在山坡或花坊中央的观赏树主干可矮些（一般不超过1.0m）。

庭荫树一般以自然式树形为宜，尽可能使树冠大一些，保证遮阴，对一些树皮薄的种类（杜英、玉兰、红枫）还有防止干皮日灼的作用。在休眠期间将过密枝、伤残枝、枯死枝、病虫枝及扰乱树形的枝条疏除，也可根据配置需要进行特殊的造型和修剪。庭荫树的树冠应尽可能大些，以最大可能地发挥其遮阳等保护作用，并对一些树皮较薄的树种还有防止日灼、伤害树干的作用。一般认为，以遮阳为主要目的的庭荫树的树冠占树高的比例以2/3以上为佳。如果树冠过小，则会影响树木的生长及健康状况。

三、观赏灌木类（或小乔木）的修剪整形

幼树生长旺盛宜轻剪，以整形为主，尽量用轻短截以避免直立枝、徒长枝大量发生，造成树冠密闭，影响通风透光和花芽的形成；斜生枝的上位芽在冬剪时剥掉，防止生长直立枝；一切病虫枝、干枯枝、伤残枝、徒长枝等用疏剪方法除去；丛生花灌木的直立枝，选择生长健壮的加以摘心，促其早开花。壮年树木的修剪以充分利用立体空间、促使多开花为目的；在休眠期修剪时，选留部分根蘖，疏掉部分老枝，适当短截秋梢，保持丰满树形。老弱树木以更新复壮为主，采用重短截的方法，齐地面留桩刈除，促发新枝。

落叶灌木的休眠期修剪，一般以早春为宜，一些抗寒性弱的树种可适当延迟修剪时间。生长季修剪在落花后进行，以早为宜，有利于控制营养枝的生长，增加全株光照，促进花芽分化。对于直立徒长枝，可根据生长空间的大小，采用摘心办法培养二次分枝，增加开花枝的数量。

（一）观花类

以观花为主要目的的修剪，必须考虑植物的开花习性、着花部位及花芽的性质。

1. 早春开花种类

绝大多种类其花芽是在上一年的夏秋季进行分化的，花芽生长在二年生的枝条上，个别的在多年生枝条上也能形成花芽。修剪时期以休眠期为主，结合夏季修剪。修剪的方法以截、疏为主，综合运用其他的修剪方法。

修剪时需注意以下三点。

(1) 要不断调整和发展原有树形。

(2) 对具有顶生花芽的种类，在休眠期修剪时，绝对不能短截着生花芽的枝条（如玉兰、山茶），对具有腋生花芽的种类，休眠期修剪时则可以短截枝条（如蜡梅、迎春、碧桃）。

(3) 对具有混合芽的种类，剪口芽可以留混合芽（花芽），具有纯花芽的种类，剪口芽留叶芽（如蜡梅）。

在实际操作中，此类多数树种仅进行常规修剪，即疏去病虫枝、干枯枝、过密枝、交叉枝、徒长枝等，无需特殊造型和修剪。少数种类除常规修剪外，还需要进行造型修剪和花枝组的培养，以提高观赏效果。

对于先花后叶的种类，在春季花后修剪老枝，保持理想树形。对具有拱形枝条的种类如连翘、迎春等，采用疏剪和回缩的方法，一方面疏去过密枝、枯死枝、徒长枝、干扰枝，另一方面要回缩老枝，促发强壮新枝，以使树冠饱满，充分发挥其树姿特点。

2. 夏秋开花种类

此类树木花芽在当年春天发出的新梢上形成，夏秋在当年生枝上开花，如八仙花、紫薇、木瑾等。这类树木的修剪时间通常在早春树液流动前进行，一般不在秋季修剪，以免枝条受到刺激后发生新梢，遭受冻害。修剪方法因树种而异，主要采用短剪和疏剪。有的在花后还应去除残花（如珍珠梅、锦带花、紫薇、月季等），以集中营养延长花期，并且还可使一些树木二次开花。此类花木修剪时应特别注意，不要在开花前进行重短截，因为其花芽大部分着生在枝条的上部或顶端。

生产中还常将一些花灌木修剪整形成小乔木状，提高其观赏价值。如蜡梅、扶桑、月季、米兰、含笑等，其丛生枝条集中着生在根颈部位，在春季首先保留株丛中央的一根主枝，而将周围的枝条从基部剪掉，将以后可能萌发出的任何侧枝全部去掉，仅保留该主枝先

端的 4 根侧枝，随后在这 4 根侧枝上又长出二级侧枝，这样就把一株灌木修剪成了小乔木状，花枝从侧枝上抽生而出。

3. 一年多次开花种类

此类树木除在休眠季剪除老枝外，应在花后短截新梢，改善再次开花数量与质量。另外，注意花后及时修剪残花，以保持连续开花的能力（如月季等）。

（二）观果类

金银木、枸骨、山楂、苹果、火棘等是一类既可观花又可观果的花灌木，它们的修剪时期和方法与早春开花种类大体相同，一般花后不短截，因为短截后将大量的幼果剪除，影响以后结实量；并注意及时疏除过密枝，确保通风透光，减少病虫害，促进果实着色，提高观赏效果。为提高其坐果率和促进果实生长发育，往往在夏季还采用环剥、环缢、疏花、疏果等修剪措施。

（三）观枝类

对于观枝类的花木，如红瑞木、棣棠等，为了延长其观赏期，一般冬季不剪，到早春萌芽前重剪，以后轻剪，使其萌发多数枝叶，充分发挥其观赏作用。这类花木的嫩枝最鲜艳，老干的颜色往往较暗淡，除每年早春重剪外，应逐步疏除老枝，不断进行更新。

（四）观形类

属于这类花木的有垂枝桃、垂枝梅、龙爪槐、合欢、鸡爪槭等，不但可观其花，更多的时间是观其潇洒飘逸的形。修剪方法因树种而异，如垂枝桃、垂枝梅、龙爪槐短截时不能留下芽，要留上芽；合欢、鸡爪槭等成型后只进行常规修剪，一般不进行短截修剪。

（五）观叶类

属于观叶类的有观早春叶的，如山麻秆等；有观秋叶的，如银杏、元宝枫等；还有全年叶色为紫色或红色的，如紫叶李、红叶小檗等。其中有些种类不但叶色奇特，花也很具观赏价值。对既观花又观叶的种类，往往按早春开花种类修剪；其他观叶类一般只做常规修剪。对观叶类要特别注意做好保护叶片的工作，防止温度骤变、肥水过大或病虫害而影响叶片的寿命及观赏价值。

四、藤本类的修剪整形

藤本类的修剪整形，首先是尽快让其布架占棚，应使蔓条均匀分布，不重叠，不空缺。生长期内摘心、抹芽，促使侧枝大量萌发，迅速达到绿化效果。花后及时剪去残花，以节省营养物质。冬季剪去病虫枝、干枯枝及过密枝。衰老藤本类，应适当回缩，更新促壮。

（1）棚架式　在近地面处先重剪，促使发生数条强壮主蔓，然后垂直引缚主蔓于棚架之顶，均匀分布侧蔓，即可很快地成为荫棚。

（2）凉廊式　常用于卷须类、缠绕类植物，不宜过早引于廊顶，否则易形成侧面空虚。

（3）篱垣式　将侧蔓水平诱引，每年对侧枝进行短剪，形成整齐之篱垣形式。

（4）附壁式　多用于吸附类植物，一般将藤蔓引于墙面，如爬山虎、凌霄、扶芳藤、常春藤等。自行依靠吸盘或吸附根逐渐布满墙面，或用支架、铁丝网格牵引附壁。蔓一般可不剪，除非影响门、窗采光。

五、绿篱的修剪整形

绿篱的修剪形式有整形式修剪与自然式修剪两种，前者是以人们的意愿和需要不断地修剪成各种规则的形状，而自然式绿篱一般不做人工修剪整形，只适当控制高度和疏剪病虫枝、干枯枝，任其自然生长，使枝叶紧密相接成片提高阻隔效果。

绿篱依其高度可分为：矮篱，高度控制在0.5m以下；中篱，高度控制在1m以下；高篱，高度在1.0~1.6m；绿墙，高度在1.6m以上。绿篱按其纵切面形状又可分为矩形、梯形、圆柱形、圆顶形、球形、杯形、波浪形等。用带刺植物，如红叶小檗、火棘、黄刺玫等组成的绿篱，又称刺篱；用开花植物，如栀子花、米兰、七姐妹蔷薇组成的绿篱，又称花篱。

培养绿篱的主要手段是经常合理地修剪。修剪应根据不同树种的生长习性和实际需要区别对待。

1. 绿篱的栽植

绿篱用苗以2~3年生苗最为理想。株距应按其生物学特性而定，不可为了追求当时的绿化效果而过分密植。栽植过密，通风透气性差，易滋生病虫，地下根系不能舒展而影响吸收，加上单株营养面积小，易造成营养不良，甚至枯死。因此，栽植时应为绿篱植物的日后生长留有空间。

即使是整形式绿篱，定植后第一年最好任其自然生长，以免修剪过早而影响根系生长。从第二年开始，按照预定的高度和宽度进行短截修剪。同一条绿篱应统一高度和宽度，凡超过规定高度、宽度的老枝或嫩枝一律剪去。修剪时，要依苗木大小，通常分别截去苗高的1/3~1/2。为使苗木分枝高度尽量降低，多发分枝，提早郁闭，可在生长期内（5~10月）对所有新梢进行2~3次修剪，如此反复2~3年，直至绿篱的下部分枝长得匀称、稠密，上部树冠彼此密接成形。高篱、绿墙除了栽植密度适宜外，栽植成活后，必须将顶部剪平，同时将侧枝一律短截，可克服下部"脱脚"、"光腿"现象，每年在生长季均应修剪一次，直至高篱、绿墙形成。

2. 绿篱成型后的修剪

绿篱成型后，可根据需要修剪成各种形状。为了保证绿篱修剪后平整，笔直划一，高、宽度一致，修剪时可在绿篱带的两头各插一根竹竿，再沿绿篱上口和下沿拉直绳子，作为修剪的准绳，达到事半功倍的效果。对于较粗枝条，剪口应略倾斜，以防雨季积水、剪口腐烂。同时注意直径1cm以上的粗枝剪口，应比篱面低1~2cm，使其掩盖于细枝叶之下，避免因绿篱刚修剪后粗剪口暴露影响美观。

绿篱的修剪时期，应根据不同的植物种类灵活掌握。常绿针叶树种应当在春末夏初进行第一次修剪，立秋后进行第二次修剪。为了配合节日通常于"五一"、"十一"前修剪，至节日时，绿篱非常规则平整，观赏效果很好。大多数阔叶树种，一年内新梢都能加长生长，可随时修剪，以每年修剪3~4次为宜。花篱大多不做规则式修剪，一般花后修剪一次，以免结实，并促进多开花，平时做好常规疏剪工作，将枯死枝、病虫枝、冗长枝及扰乱树形的枝条剪除。绿篱每年都要进行几次修剪，如长期不剪，篱形紊乱，向上生长快，下部易空秃和缺枝，一旦出现空秃较难挽救。

从有利于绿篱植物的生长考虑，绿篱的横断面以上小下大的梯形为好。正确的修剪方法是：先剪其两侧，使其侧面成为一个斜平面，两侧剪完，再修剪顶部，使整个断面呈梯形。这样的修剪可使绿篱植物上、下各部分枝条的顶端优势受损，刺激上、下部枝条再长新侧枝，而这些侧枝的位置距离主干相对变近，有利于获得足够的养分。同时，上小下大的梯形有利于绿篱下部枝条获得充足的阳光，从而使全篱枝叶茂盛，维持美观外形。横断面呈长方形或倒梯形的绿篱，下部枝条常因受光不良而发黄、脱落、枯死，造成下部光秃裸露。

3. 绿篱的更新

衰老的绿篱，更新过程一般需要 3 年。

第一年，首先是疏除过多的老干，保留新的主干，使树冠内部具备良好的通风透光条件，为更新后的绿篱生长打下基础。然后短截主干上的枝条，将保留的主干逐个进行回缩修剪。

第二年，对新生枝条进行多次轻短截，促其发侧枝。

第三年，再将顶部修剪至略低于目标高度，以后每年进行重剪。

选择适宜的更新时期很重要。常绿树种可选在 5 月下旬至 6 月底进行，落叶树种以秋末冬初进行为好。用作绿篱的落叶花灌木大部分具有较强的愈伤和萌芽能力，可用平茬的方法强剪更新。平茬后，因植株拥有强大的根系，萌芽力特别强，可在 1~2 年中形成绿篱的雏形，3 年后恢复原有的绿篱形状。绿篱的更新应配合土、肥、水管理和病虫害防治。

4. 绿篱的养护管理

绿篱平时修剪次数较多，大量的地上枝叶被剪除，为了补充绿篱营养需要加强绿篱植物日常养护管理，提高绿篱的营养水平。

(1) 水分管理 绿篱植物的水分状况直接决定了绿篱植物的枝条生长状况，多浇水有利于绿篱植物多发枝，形成紧密的枝篱。在绿篱的生长期可 2~3d 灌水一次，及时补充土壤水分，同时注意冲洗叶面，防止叶面积落大量灰尘。

(2) 营养管理 2~4 年要施用基肥一次，每 3 个月补肥一次，补肥主要以氮肥为主。

第六章 树 洞 处 理

第一节 树洞处理的意义

在所有树木栽培措施中，树洞的处理是最引人注目的。虽然它不像移栽、施肥、修剪和伤口处理那样为人们所重视，却会严重地影响树体的健康与寿命。树洞处理工程比树体表面的任何处理都难，不但需要比较熟练的技术，而且需要较高的成本。

一、树洞处理的历史

自古以来，人们就希望将不美观的物体美化一番，以满足人类对美的追求。可以想象，甚至在史前时期，人们对于一棵各方面都很美，但在树干上有腐朽空洞的树木，必然会想到如何进行填补和装饰。在古代的许多著作中，就有关于用泥土和石块填充或覆盖树洞的记载。如约在公元前 300 年，古希腊哲学家提奥佛拉斯（Theophrastus）就在《Enquiry in Plants》一书中有"涂泥"以避免树木腐朽的描述。在最近 200 年中，许多调查者也记载了这方面的问题，提倡用木头、砖块、黏土、胶泥、石灰和其他混合物填充树洞。20 世纪初，树洞的处理工作比以前的历史记载有了较大的进步。美国的几家树木保护公司，在这方面起了促进作用。木、砖、橡皮块、沥青混合物及各种金属板已广为利用，并研制出几种专利混合物，其性能明显优于 20 世纪初以前使用过的任何材料。毫无疑问，随着园林树木栽培事业的发展，将会开发出许多更为理想的处理材料。

二、树洞形成的原因与进程

（一）树洞形成的原因

树洞是树木边材或心材或从边材到心材出现的任何孔穴。树洞形成的根源在于忽视了树皮的损伤和对伤口的恰当处理。皮伤本身并不是洞，但是却为树洞的形成打开了门户。健全的树皮是有效保护皮下其他组织免受病原菌感染的屏障。树体的任何损伤都会为病菌侵入树体，造成皮下组织腐朽创造条件。事实上，皮不破是不会形成树洞的。

由于树体遭受机械损伤和某些自然因素的危害，如病虫危害、动植物的伤害、雷击、冰冻、雪压、日灼、风折等，造成皮伤或孔隙以后，邻近的边材在短期内就会干掉。如果树木生长健壮，伤口不再扩展，则 2～3 年内就可为一层愈伤组织所覆盖，对树木几乎不会造成新的损害。在树体遭受的损伤较大、不合理修剪留下的枝桩以及风折等情况下，伤口愈合过程慢，甚至完全不能愈合。这样，木腐菌和蛀干害虫就有充足的时间侵入皮下组织而造成腐朽。这些有机体的活动，反过来又会妨碍新的愈合组织的形成，最终导致大树洞的形成。

（二）树洞形成的速度及其常见部位

一般认为，心材的空洞不会严重削弱树木的生活力。然而，它的存在削弱了树体的结构，在强风、淞、雪和冰暴中易发生风折，同时还会成为蚂蚁、蛀虫和其他有害生物繁殖的场所。树干上的大孔洞造成树皮、形成层和边材的损坏，大大减少了营养物质的运输和新组织的形成。

大多数木腐菌引起的腐朽进展相当慢，其速度约与树木的年生长量相等，尽管树上有大洞存在，但是对于一棵旺盛生长的大树来说，仍能长至其应有的大小。美国纽约林学院荣誉病理学家 Ray Hirt 博士发现白杨上的白心病 10 年蔓延约 59cm，平均每年约扩展 5.9cm，同一真菌在椒树上 10 年约扩展 46cm。然而，某些恶性真菌在短时间内可能引起广泛的腐朽。有些树种，如樱和柳等腐朽速度相当快。此外，在树体心材外露或木材开裂的地方，腐朽的速度更快，树木越老对腐朽也越敏感。

树洞主要发生在大枝分杈处、干基和根部。树干基部的空洞都是由于机械损伤、动物啃食和根颈病害引起的。干部空洞一般起源于机械损伤、断裂、不合理地截除大枝以及冻裂或日灼等；枝条的空洞源于主枝劈裂、病枝或枝条间的摩擦；分杈处的空洞多源于劈裂和回缩修剪；根部空洞源于机械损伤，以及动物、真菌和昆虫的侵袭。

三、树洞处理的目的与原则

（一）树洞处理的目的

如前面所述，起源于木质部损伤并进一步扩大的树洞，是由于各种真菌的危害所导致的。如果洞内的空气和水分供应充足，真菌生长迅速，树洞的扩展也会加速，因此，排除树洞内的空气和水分就意味着木材腐朽速度大大降低。树洞处理的主要目的如下。

(1) 通过去掉严重腐朽和被害虫蛀得满是窟窿的木质部，消除病菌、蚊虫、蚂蚁、白蚁、蜗牛和啮齿类动物的繁殖场所，重建一个保护性的表面，防止腐朽是最主要的目的。

(2) 为新愈合组织的形成提供一个牢固而平整的表面，刺激伤口的迅速封闭。

(3) 通过树洞内部的支撑，加固提高树体的力学强度。

(4) 改善树体的外貌，提高观赏价值。

（二）树洞处理的原则

许多人认为树洞处理是要根除和治愈心材腐朽。实际上除了对树洞危害的范围很小外，处理工作很难阻止腐朽的扩展。通常，真菌的蔓延从几厘米扩大到腐朽带以外数十厘米，并明显地进入健康的木质部。虽然挖除这类木质部在理论上是完全可能的，但是这样做实际上既不经济也不可能。因为一方面要确定处理时是否已把所有被侵染的木质部全部去掉，必然要进行大量的实验观测与培养，耗费时间与劳力；另一方面，如果把含有真菌的木质部全部去掉，会严重削弱树体的强度，以致造成对人们生命财产的威胁。当大范围地挖掉心材，暴露边材而导致边材干枯的时候，还会造成树木的彻底死亡。如果只去掉严重腐朽的部分，这类树木还可能要生活许多年。因此，树洞的处理的原则：第一，尽可能保护伤面附近障壁保护系统，抑制病原微生物的蔓延造成新的腐朽；第二，应尽量不破坏树木的输导系统和不降低树木的机械强度，必要时还应通过合理的树洞加固，提高树木的支撑力；第三，通过洞口的科学整形与处理，加速愈伤组织的形成与洞口覆盖。

第二节　树洞处理的方法和步骤

树洞处理比表面伤口的处理复杂得多。这是因为洞口内的腐朽部分可能纵向和横向扩展很远，而多数空洞的内壁不容易从外面观察到，因此树洞的清理和修整必须从洞口开始，一不小心就会失手损害活的组织。每个树洞都有其本身的特点，都应从实际出发，灵活处理.并需要比较熟练的技术。

过去处理树洞，就是简单地用某些固体材料填到洞内，而近年来的发展趋势是保持树洞的开口状态，对内部进行彻底清理、消毒和涂漆。

根据我国部分地区的实践和国外的标准方法，树洞处理的主要步骤是清理、凿铣、整形、消毒和涂漆（图 6-1）。

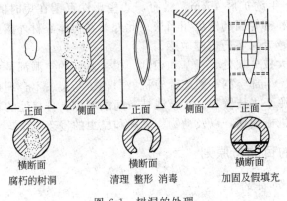

正面　侧面　　正面　侧面　　正面

横断面　　　　横断面　　　　横断面
腐朽的树洞　　清理 整形 消毒　加固及假填充

图 6-1　树洞的处理
（A. Bernatzky，1978）

一、树洞的清理

树洞的清理应在保护树体受伤后形成的障壁保护系统的前提下，小心地去掉腐朽和虫蛀的木质部。凿铣的主要工具有木锤或橡皮锤，各种规格的凿、圆凿和刀具等。在对规模较大的树洞进行清理时，利用气动或电动凿或圆凿等机械铲除腐朽的木质部，可大大提高作业的工效和质量。

根据树洞的大小及其洞口状况的差异，对不同的树洞有不同的清理要求。小树洞中的变色和水渍状木质部，因其所带的木腐菌已处于发育的最活跃时期，即使看起来还相当好，也应全部清除。对于大树洞的处理要十分谨慎，变色的木质部不一定都已腐朽，甚至还可能是防止腐朽的障壁保护系统。因此如果盲目地大规模铲除变色的木质部，不但会大大削弱树体结构，致使树体从作业部分断裂，而且会因破坏障壁而导致新的腐朽。对于基本愈合封口的树洞，要清除内部已经腐朽的木质部十分困难，如果强行凿铣，就要铲除已经形成的愈合组织，破坏树木的输导组织，导致树木生长衰弱，最好保持不动。但是为了抑制内部的进一步腐朽，可在不清理的情况下，注入消毒剂；如果经过周密的考虑，必须切除洞口的愈合组织，清理洞内的木质部，也应通过补偿修剪，减少枝叶对水分和营养的消耗，以维持树体生理代谢的平衡。一般来说，清理树洞时的轴向扩展，很少造成树木生理机能的失调。

二、树洞整形

（一）内部整形

树洞内部整形主要是为了消灭水袋，防止积水。

(1) 浅树洞的整形　在树干和大枝上形成的浅树洞有积水的可能时，应该切除洞口下方的外壳，使洞底向外向下倾斜，消灭水袋。

(2) 深树洞的整形　有些较深的树洞，如果按上述方法砍除外壳消灭水袋，就会严重破坏边材和大面积损伤树皮，从而降低树木的机械强度和生长势。在这种情况下，就应该从树洞底部较薄洞壁的外侧树皮上，由下向内、向上倾斜钻扎直达洞底的最低点，在孔中安装稍突出于树皮的排水管。当树洞底部低于土面时，安排水管十分不便，而且很难消除水袋，应在适当进行树洞清理之后，在洞底填入理想的固体材料，并使填料上表面高于地表 10～20cm，向洞外倾斜，以利排水出洞。

（二）洞口的整形与处理

洞口外缘的处理比树洞其他部位的处理更应谨慎，以保证愈合组织的顺利形成与覆盖。

(1) 洞口整形　洞口整形最好保持其健康的自然轮廓线，保持光滑而清洁的边缘。在不伤或少伤健康形成层的情况下，树洞周围树皮边沿的轮廓线应修整成基本平行于树液流动方向，上下两端逐渐收缩靠拢，最后合于一点，而形成近椭圆形或梭形开口；同时应尽可能保留边材，防止伤口形成层的干枯。如果在树皮和边材上突然横向切削形成横截形，则树液难以侧向流动，不利于愈合组织的形成与发展，甚至造成伤口上下两端活组织因饥饿而死亡。

(2) 防止伤口干燥　洞口周围已经切削整形的皮层幼嫩组织，应立即用紫胶清漆涂刷、保湿，防止形成层干燥萎缩。

三、树洞加固

树洞的清理和整形，可能使某些树木的结构严重削弱，为了保持树洞边缘的刚性和使以后的填充材料更加牢固，应对某些树洞进行适当的支撑与加固。

（一）螺栓加固

利用锋利的钻头在树洞相对两壁的适当位置钻孔，在孔中插入相应长度和粗度的螺栓，在出口端套上垫圈后，拧紧螺帽，将两边洞壁连结牢固。在操作中应注意两个问题：一是钻孔的位置至少离伤口健康皮层和形成层带 5cm；二是垫圈和螺帽需完全进入埋头孔内，其深度应足以使形成的愈合组织覆盖其表面（图 6-2）。此外，所有的钻孔都应消毒并用树木涂料覆盖。

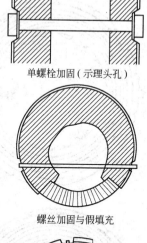

单螺栓加固（示理头孔）

螺丝加固与假填充

（二）螺丝加固

按上述方法用螺丝代替螺栓，不但可以提供较强的支撑力，而且可以减少垫圈和螺帽，其安装方法如下。

选用比螺丝直径小 0.16cm 的钻头，在适当位置钻一穿过相对两侧洞壁的孔，在开钻处向木质部绞大孔洞，深度应刚好使螺丝头低于形成层。在树皮切面上涂刷紫胶漆。在钻孔时，仔细测定钻头钻入的深度，并在螺丝上标出相应的长度，用钢锯在标记处锯口，深度约至螺丝直径的 2/3。然后用管钳等将螺丝拧入钻孔。当螺丝完全达到固定位置时，将螺丝凸出端从预先标记的锯口处折断。

对于长树洞，除在两壁中部加固外，还应在树洞上、下两

图 6-2　树洞加固、假填充
(A. Bernatzky，1978)

端健全的木质部上安装螺栓或螺丝（图6-2），这样可最大限度地减少因霜冻产生心材断裂的可能性。

在处理劈裂的树洞或交叉口时，需要在钻孔或上螺栓（丝）之前借助于临时固定在分杈主枝上的滑轮组，将分杈枝拉到一起。分杈上至少要用两根固定螺栓（丝）加固，并在该处以上的位置安装缆绳，将几个大枝连成一体，防止已劈裂的部分再次分开。

四、消毒与涂漆

树洞处理的最后一道重要程序是消毒和涂漆。消毒是对树洞内表的所有木质部涂抹木馏油或3％的硫酸铜溶液。消毒之后，所有外露木质部都要涂漆。预先涂抹过紫胶漆的皮层和边材部分同样要涂漆。

五、树洞的填充

（一）树洞填充的目的

关于树洞是否填充或开口的问题，历来就有争议。让树洞开口的方法实际上是反对滥用笨重材料，特别是滥用水泥的一种反应。然而，随着科学的发展，新填充材料的研制，在某些情况下树洞填充也是树洞处理的重要措施之一。因此，经过清理、整形、消毒和涂漆的树洞，是否应该填充、覆盖或让其开口应视处理目的、树体结构、经济状况和技术条件而定。

概括起来，填充树洞的主要目的：一是防止木材的进一步腐朽；二是加强树洞的机械支撑；三是防止洞口愈合组织生长中的羊角形内卷（图6-3），为愈合组织的形成和覆盖创造条件；四是改善树木的外观，提高观赏效果。

关于第一个目的前面已经叙述，即在心材严重腐朽的情况下，不可能用现行的方法根除引起腐朽的真菌病原，但对腐朽只发生在较外的木质部和边材或枝桩小孔洞的地方，进行适当的填充是有效的。

提倡填充树洞的人已经观察到被愈合体完全封闭的小伤口，阻止了腐朽的进一步扩展。如果通过人工的方法完全封住洞口，一定会有类似的效果。然而，伤口完全闭合只能在填料的膨胀系数与木材相同而不妨碍树木摇摆的情况下完成。有些树木栽培工作者认为，不是任何填料都能有效地封闭伤口或防止伤口的重新感染。因为无论在生长季还是在寒冷的冬天，填料与木材或愈伤组织之间存在着许多微小的孔隙。

树木一般是白天径向收缩而大多数填料则是白天膨胀，夜间则与此相反。这样，填料与树木之间的可见孔隙随昼夜的变化而变化。这些微小的孔隙使得极小的真菌孢子有了侵入树木造成感染的机会。

关于增加树洞结构强度的问题，也不能一概而论。像水泥一类的固体材料，由于密度过大，过于坚硬，在外力作用下，随着树木的摇摆，填料表面的某些棱角还可能成为枝干折断的支点而削弱树木的机械强度。在树洞开放时，伤口附近形成连续的愈伤组

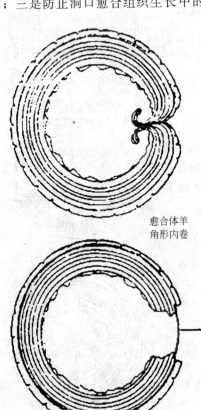

愈合体羊角形内卷

假填充

图6-3 防止愈合体内卷的方法

织，实际上给树木提供了额外的支撑而增加了其机械强度。覆盖于开放洞口的愈伤组织比封闭洞口表面的愈伤组织厚，能承受更大的机械压力。然而，狭长洞口的填充或封闭却能为愈伤组织的形成与覆盖提供牢固的基础，洞口的愈合体不会内卷，其封闭速度也比开口的树洞快得多。

树洞中填充凝结的大块混凝土，不能随树木的摇摆而弯曲，结果不是混凝土破碎就是木材被摩擦而断裂。美国有些获得专利的填料比混凝土柔软，可最大限度地减少树木发生劈裂的可能。

此外，树洞的正确填充与装饰可以大大改善树木的外观，增加树木的观赏价值。

（二）确定树洞是否需要填充的因素

树洞的填充需要大量的人力和物力，在决定填充树洞之前，必须仔细考虑以下几点。

（1）树洞的大小　树洞越大，清除木腐菌的工作越困难；开裂的伤口越大，越难保持填料的持久性和稳定性。

（2）树木的年龄　通常老龄树木愈伤组织形成的速度慢，因此大面积暴露的木质部遭受再次感染的危险性更大。同时，老龄树木也很容易遭受其他不利因素的严重影响，填充的必要性较大。

（3）树木的生命力　树木的生命力越强，对填充的反应越敏感。那些因雷击、污染、土壤条件恶化或因其他情况生长衰弱的树木，应首先通过修剪、施肥或其他措施改善树体代谢状况，恢复其生活力，才能进行填充。

（4）树木的价值与抗性　树种不同，其寿命及其对烈性病虫害的抵抗能力不同。因此，树洞填充的必要性也不一样。像臭椿等一类寿命短的树种，完全没有必要进行树洞的填充。在一般情况下，刺槐、花楸及大多数落叶木兰类树种的树洞，都不应该填充；已为某些落叶病真菌如 *Verticillirm* 侵染的树木也没有填充的必要。

此外，在树洞很浅、暴露的木质部仍然完好，愈伤组织几乎封闭洞口，进行填充时需要重新将洞口打开和扩大；树洞所处位置容易遭受树体或枝条频繁摇动的影响而导致填料断裂或挤出；树洞狭长、不易积水以及树体歪斜，填充后不能形成良好愈合组织等情况下，都应使树洞保持开放状态。

对于开放的树洞，虽然不进行填充，但仍应进行定期检查。如果愈合状况不理想，应该进行适当回切、整形、消毒与涂漆，促进愈合组织的形成与发展。

（三）树洞覆盖与填充的方法

1. 洞口覆盖的方法

用金属或新型材料板覆盖洞口是一种值得推广的方法，特别是有些很老的树木；由于木质部的严重腐朽，结构十分脆弱，树洞不能进行广泛的凿铣和螺栓加固，也不能承受过多的固体填充物的重量等，更应提倡洞口的人工覆盖；还有些树洞，虽然不需要填充，但树洞开口很不美观或在某些方面很不理想而希望封闭洞口，也可采用洞口覆盖或外壳修补的方法。洞口覆盖有时也可称为"假填充"。这类树洞按前述方法进行清理、整形和洞壁消毒与涂漆以后，在洞口周围切除 1.5cm 左右宽的树皮带，露出木质部的外缘。木质部的切削深度应使覆盖物外表面低于或平于形成层。切削区涂抹紫胶漆以后在洞口盖上一张大纸，裁成与树皮切缘相吻合的图形。按纸的大小和形状，切割一块镀锌铁皮或铜皮，背面涂上沥青或焦油后钉在露出的木质部上。最后在覆盖物的表面涂漆防水，还可进行适当的装饰。

这种方法虽然也对树洞进行仔细清理，但是洞壁的许多地方仍然会继续腐朽，然而却花钱不多，能防止有害生物入内，并可抑制腐朽，确实是一种快速简捷的覆盖树洞的有效方法。应该注意的是：洞口覆盖物绝对不能钉在洞口周围的树皮上，否则会妨碍愈合组织的形成，不但愈合组织不易覆盖洞口，而且会妨碍愈合体的生长。

2. 树洞填充的方法

对于大而深或容易进水、积水的树洞以及分杈位置或地面线附近的树洞，可以进行填充。

(1) 填充前的树洞处理　前面所述的树洞清理、整形、消毒和涂漆工作，也是树洞填充的初步程序，在此不再重复，但要注意以下几个问题。

① 在凿铣洞壁、清除腐朽木质部时，不能破坏障壁保护系统，也不能使洞壁太薄，否则会引起新的腐朽和边材干枯，进一步降低树木的生活力，同时还会降低洞壁的机械强度，不能承受填充物的压力。

② 为了更好地固定填料，可在内壁纵向均匀地钉上用木馏油或沥青涂抹过的木条。如果用水泥填充树洞，必须有排液和排水措施。否则这些液体会在填料与洞壁界面聚积。排水系统的设置是在洞壁凿铣许多叶脉状或肋状侧沟和中央槽，使倾斜的侧沟与垂直向下的中央槽相通，将可能出现的积液导入洞底的主排水沟，从安装的排水管内流出洞外。洞壁经过凿铣加工并进行全面消毒、涂漆以后，衬上油毛毡（三层），用平头钉固定。油毛毡的作用是防止排水沟堵塞，以便顺利地排除渗到界面的液体。如果为了使洞壁与填料更好地结合在一起，可将平头钉打入一半，另一半与填料浇注在一起（图 6-4）。

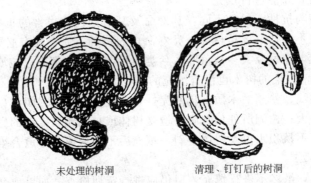

未处理的树洞　　　　　　　清理、钉钉后的树洞

图 6-4　树洞清理与钉钉
(Tree Maintenance, 1978)

在整个操作中要严格防止擦伤健康的皮层，切忌锤子、凿子和刀子对形成层的损害。

(2) 填料及其填充方法　优质填料应具有不易分解，在温度激烈变化期间不碎，夏天高温不熔化的持久性；能经受树木摇摆和扭曲的柔韧性；可以充满树洞的每一空隙，形成与树洞一致轮廓的可塑性；不吸潮、保持相邻木质部不过湿的防水性等特点。

① 水泥砂浆。由 2 份净沙或 3 份石砾与 1 份水泥，加入足量的水搅拌而成，是使用最方便、价格最便宜的常见填料。一般用泥刀把砂浆放入洞内充分捣实。大量填充应分层或分批灌注。每次灌入砂浆的宽度和厚度不得超过 15cm，以防因其膨胀与收缩及树木的摇摆、弯曲、扭转而使填料发生碎裂。处理方法是利用三层油毛毡叠合，将各层隔开。如果树洞太宽，还应每隔 5cm 铺一垂直层。水泥填料坚硬，易碎不耐久，但适合于小树洞、干基或大根的空洞。因为这些位置一般不会因为树体摇摆而发生弯曲和扭转。

② 沥青混合物。科学配制的沥青混合物比水泥砂浆的填充效果好，但配制烦琐，灌注困难。常用的沥青混合物是将 1 份沥青加热熔化，加入 3～4 份干燥的硬材锯末、细刨花或

木屑，边加料边搅拌，使添加物与沥青充分搅匀，成为面糊颗粒状混合物。灌注时应充分捣实。当树洞很大或混合物太软时，容易从洞口流出，可用粗麻布、草席或薄木板等挡住，待填料冷却变硬后拆除覆盖物，用热熨斗将表面熨烫抹平，并在暴露的表面涂上木馏油、沥青或油漆。沥青混合物的主要缺点是在炎热夏天的阳光照射下，洞口附近的沥青易变软、溢出，但比水泥砂浆柔韧、轻软和防腐。

③ 聚氨酯塑料。是一种最新的填充材料，我国已开始应用。这种材料坚韧、结实、稍有弹性，易与心材或边材黏合；重量轻，操作简便，易灌注，并可与许多杀菌剂共存；膨化与固化迅速，便于愈伤组织的形成。填充时，先将经清理整形和消毒涂漆的树洞出口周围切除 0.2～0.3cm 的树皮带，露出木质部后注入填料，使外表面与露出的木质部相平。

④ 弹性环氧胶（浆）。用中国科学院广州化学研究所研制的弹性环氧胶（浆）加 50% 的水泥、50% 的细沙补树洞，3 年后检查无裂缝，能和伤口愈伤组织紧密汇合生长，色泽光亮，其黏结力达 2.27mPa，而水泥灰沙 1～2 年后自然脱落，与愈伤组织不能紧密结合，黏结力<0.05mPa。

⑤ 其他填料。包括木块、木砖、软木、橡皮砖等，这些材料大都具有超过水泥和沥青填料的优点。

(3) 树洞填充的质量　洞内的填料一定要捣实、砌严不留空隙。洞口填料的外表面一定不要高于形成层。这样有利于愈伤组织的形成，当年就能覆盖填料边缘。在实际工作中常见的问题是使填料与树皮表面完全相平，不但会减少愈伤组织的形成，妨碍愈合体的生长，而且会挤压或拉出填料，甚至导致洞口覆盖物的脱落。

树洞填充以后，每年都要进行定期检查，发现问题及时处理。

第七章　树木各种灾害的防治

第一节　树木自然灾害的防治

植物在环境中不断地进行物质和能量交换，只有在适应的环境条件下才能正常生长与发育。但是由于各种不利的环境条件，如低温、高温、干旱、盐害或有毒气体的存在，都能够抑制植物的新陈代谢和生长，甚至在胁迫严重时会导致植株死亡。因此，掌握各种自然灾害的规律，采取积极的防预措施是保持树木正常生长，充分发挥其综合效益的关键。对于树木自然灾害的防治要贯彻"预防为主、综合防治"的方针，从树种的规划设计开始就应充分重视，如注意适地适树、合理施肥等。在栽植养护过程中，要加强综合管理和树体保护，促进树木的健康生长，增强其抗灾能力。

一、冻害

冻害是指树木在休眠期因受 0℃以下低温，树木组织内部结冰而造成的伤害。一方面，随着温度的继续降低，冰晶不断扩大，结果使细胞进一步失水，细胞液浓缩，原生质脱水，蛋白质沉淀；另一方面，压力的增加促使细胞膜变性和细胞壁破裂，植物组织损伤，导致树木明显受害，其受害程度与组织内水的冻结和冰晶溶解速度紧密相关，速度越快，受害越重。

（一）造成树木冻害的原因

影响树木冻害发生的因素很复杂，从内因来说，与树种、品种、树龄、生长势及当年枝条的成熟及休眠与否均有密切关系；从外因来说，与气象、地势、坡向、水体、土壤、栽培管理等因素分不开。因此，当园林树木发生冻害时，应从多方面进行分析，找出导致树木发生冻害的根本原因，提出解决办法。

（1）抗冻性与树种、品种的关系　不同的树种或不同的品种，其抗冻能力存在差异。如樟子松比黑皮油松抗冻，而黑皮油松又比马尾松抗冻。同样是梨属植物，秋子梨比白梨和沙梨抗冻。又如原产长江流域的梅品种比广东的黄梅抗冻。

（2）抗冻性与枝条内糖类变化动态的关系　黄国振研究了梅花枝条糖类变化动态与抗寒性的相关性，研究结果表明：在生长季内，糖类主要以淀粉的形式存在于梅花枝条内，到生长期末期，淀粉的积蓄达到最高，在枝条的环髓层及髓射线细胞内充满淀粉粒；到11月上旬末，梅花枝条的淀粉粒开始明显溶蚀分解，然而至次年1月梅花枝条内始终残存淀粉的痕迹，没有彻底分解，而原产于长江流域的杏、山桃枝内贮存的淀粉粒会在这段时间完全分解；由此可见，越冬时枝条中淀粉转化的速度和程度与树种的抗寒越冬能力密切相关。从淀粉的转化表明，长江流域梅品种的抗寒力虽不及杏、山桃，但具有一定的抗寒生理功能基础。黄国振还观察到梅花枝条皮部的氮素代谢动态与抗寒性关系非常密切。抗寒能力较强的"单瓣玉蝶"比无越冬能力的广州黄梅有较高的含氮水平，特别是蛋白氮。

（3）抗冻性与枝条成熟度的关系　枝条愈成熟其抗冻力愈强。枝条充分成熟的标志是：木质化程度高，含水量减少，细胞液浓度增加，积累淀粉多。在低温到来之前，如果树木不能及时停止生长而进行抗寒锻炼，容易遭受冻害。

（4）抗冻性与枝条休眠的关系　冻害的发生和树木的休眠和抗寒锻炼有关，一般处在休眠状态的植株，抗寒力强，植株休眠愈深，抗寒力愈强。植物抗寒性的获得是在秋天和初冬期间逐渐发展起来的，这个过程称为"抗寒锻炼"。一般的植物通过抗寒锻炼才能逐步获得抗寒性。到了春季，树木解除休眠开始恢复生长，抗寒能力又会逐渐消失，这一消失过程称为"锻炼解除"。

树木春季解除休眠的早晚与冻害发生有密切关系。解除休眠早的，受早春低温威胁较大；休眠解除较晚的，可以避开早春低温的威胁。因此，树木的冻害一般在秋末或春初时发生。所以说，树木的越冬性不仅表现在对于低温的抵抗能力，而且表现在休眠期和解除休眠期后，对于综合环境条件的适应能力。

（5）低温来临的状况　当低温到来得早又突然，植物本身未经抗寒锻炼，人们也没有采用防寒措施时，很容易发生冻害；日极端最低温度愈低，植物受冻害就越大；低温持续的时间越长，植物受害愈大；降温速度越快，植物受害越重。此外，树木受低温影响后，如果温度急剧回升，则比缓慢回升受害严重。

（6）其他相关因素

① 地势、坡向不同。地势、坡向不同，小气候差异大会对冻害的产生有影响。如在江苏、浙江一带种在山南面的柑橘比种在同样条件下北面的柑橘受害重，因为山南面日夜温度变化较大，山北面日夜温差小。

② 根系的分布深度。在同样的条件下，根系分布浅的植物比分布深的植物受害严重，因为土层厚，根扎得深，根系发达，吸收的养分和水分多，植株健壮。

③ 水体对冻害的发生也有一定的影响。同一个地区位于水源较近的植物比离水远的植物受害轻，因为水的热容量大，白天水体吸收大量热，到晚上周围空气温度比水温低时，水体又向外放出热量，因而使周围空气温度升高。

④ 栽培管理措施与树木抗寒性密切相关

a. 繁殖方式。同一品种的实生苗比嫁接苗耐寒，因为实生苗根系发达，根深植物抗逆性强，同时实生苗可塑性强，适应性强。

b. 砧木的选择。砧木的耐寒性差异很大，桃树在北方以山桃为砧木，在南方以毛桃为砧木，因为山桃比毛桃抗寒。

c. 花果的数量。同一个品种结果多的比结果少的容易发生冻害，因为结果多消耗大量的养分，所以容易受冻。

d. 施肥的量和比例。同一种植物，施肥不足的抗寒力差，因为施肥不足，植株长得不充实，营养积累少，抗寒力就低；如果在植物生长季末期，盲目施用氮肥，会引起植物发生徒长，不能进行抗寒锻炼，抗寒力就低。

c. 病虫害情况。树木遭受病、虫为害时，树体营养水平低，抗逆性差，容易发生次生灾害，如冻害，而且病虫危害越严重，冻害也就越严重。

（二）冻害的表现

（1）芽　花芽是抗寒力较弱的器官。花芽受冻后，内部变褐色，初期从表面上只看到芽鳞松散，不易鉴别，到后期则芽不萌发，干缩枯死。花芽冻害多发生在春季回暖时期，腋花芽较顶花芽的抗寒力强。

（2）枝条　枝条的冻害与其成熟度有关。成熟的枝条，在休眠期以形成层最抗寒，皮层次之，而木质部、髓部最不抗寒。所以随受冻程度加重，髓部、木质部先后变色，严重冻害时韧皮部才受伤，如果形成层变色则枝条失去了恢复能力。在生长期中，形成层抗寒力最差。

成熟度较差或抗寒锻炼不够的枝条，冻害可能加重，尤以先端木质化程度较低的部分更易受冻。轻微冻害髓部变色；冻害严重，枝条脱水干缩，甚至从树冠外围向内的各级枝条都可能冻死。多年生枝条发生冻害，常表现树皮局部冻伤，受冻部分最初稍变色下陷，不易发现，如果用刀挑开，可发现皮部已变褐；以后，逐渐干枯死亡，皮部裂开和脱落。但是如果形成层未受冻，则可逐渐恢复。

（3）枝杈和基角　枝杈或主枝基角部分进入休眠较晚，位置比较隐蔽，输导组织发育不好，通过抗寒锻炼较迟，因此遇到低温或昼夜温差变化较大时，易引起冻害。

枝杈冻害有各种表现：有的受冻后皮层和形成层变褐色，而后干枯凹陷，有的树皮成块状冻坏，有的顺主干垂直冻裂形成劈枝。主枝与树干的基角愈小，枝杈基角冻害也愈严重。这些表现依冻害的程度和树种、品种而有所不同。

（4）主干　在气温低且变化剧烈的冬季，主干易发生冻裂。冻裂发生时树皮和木质部发生纵裂，树皮成块状脱离木质部，或沿裂缝向外卷折。

冻裂最易发生在温度起伏变动较大的时候。由于温度突然降至0℃以下冻结，使树干表层附近木细胞中的水分不断外渗，导致外层木质部干燥、收缩；同时又由于木材的导热性差。内部的细胞仍然保持较高的温度和较多的水分而几乎不发生干燥或木材的收缩。因此，木材内外收缩不均引起巨大的弦向张力。这种张力（拉力）终将导致树干的纵向开裂而消失。树干冻裂常常发生在夜间，随着温度的下降，裂缝可能增大，但随着温度的升高，结冰组织解冻，吸收较多的水分又能闭合。冻裂多发生在树干的西南向。因为这一方向受太阳辐射，加热升温快，夜间突然降温，变幅较大。

冻裂一般不会直接引起树木的死亡，但是由于树皮开裂，木质部失去保护，容易招致病虫，特别是木腐菌的危害，不但严重削弱树木的生活力，而且造成木材腐朽形成树洞。

此外，还有一种所谓轮裂，又称杯状环裂，是指树木在低温之后的剧烈升温所引起的径向开裂。它与冻裂降温失水的过程相反，是在低温以后，树干外部组织在太阳照射下突然加热升温，使这些组织的膨胀比内面组织快，导致木质部沿某一年轮开裂。

（5）根颈和根系　在一年中根颈停止生长最迟，休眠期进入最晚，而开始活动和解除休眠又较早，因此在温度骤然下降的情况下，根颈未能很好地通过抗寒锻炼，同时近地表处温度变化又剧烈，因而容易引起根颈的冻害。根颈受冻后，树皮先变色，以后干枯，可发生在局部，也可能绕根颈扩大，造成环形带状损伤。根颈冻害对植株危害很大，常引起树势衰弱或整株死亡。

根系无休眠期，所以根系较其地上部分耐寒力差。但根系在越冬时活动力明显减弱，故耐寒力较生长期略强。根系受冻后变褐，皮部易与木质部分离。一般粗根较细根耐寒；表层根系因土壤温度低，变幅大而易受冻害；疏松的土壤易与大气层进行气体交换，温度变幅大，其中根系比板结土壤中受冻厉害；干燥土壤含水量少，热容量低，易受温度的影响，其中根系受凉害的程度比潮湿土壤严重；新栽树木或幼树根系分布浅，细根多，易受冻害。根系受冻害后树木发芽晚，生长弱，待发出新根以后才能恢复正常生长。

（三）冻害的防治

我国地域广阔，气候条件比较复杂，常常有寒流侵袭，因此，冻害的发生较普遍。冻害对树木威胁很大，严重时常将数十年生的大树冻死。如1976年3月初昆明市出现低温，30～40年生的桉树都被冻死。树木局部受冻以后，常常引起溃疡性寄生菌病害，使树势大大衰弱，从而造成这类病害和冻害的恶性循环。有些树木虽然抗寒性较强，但花期易受冻害，影响开花，降低树木观赏价值，因此防治低温伤害对发挥树木的功能效益有重要的意义；同时，防治冻害对于引种、丰富城市园林树种的多样性也有重大意义。

(1) 贯彻适地适树的原则 种植设计时应选择抗寒的树种或品种，如乡土树种和经过驯化的外来树种或品种，这些树种已经适应了当地的气候条件，具有较强的抗逆性，这是减少低温伤害的根本措施。选择小气候条件较好、无明显冷空气集聚的地方栽植边缘树种；对低温敏感的树种，应栽植在通气、排水性能良好的土壤上，以促进根系生长，提高耐低温的能力，这些措施可以有效地减少越冬防寒的工作量。同时注意栽植防护林和设置风障，改善小气候条件，预防和减轻冻害。

(2) 加强栽培管理，提高抗寒性 加强栽培管理（尤其是生长后期管理）有助于树体内营养物质的贮备。经验证明，春季加强肥水供应，合理运用排灌和施肥技术，可以促进新梢生长和叶片增大，提高光合效率，增加营养物质的积累，保证树体健壮；后期控制水肥的供应，及时排涝，适量施用磷、钾肥，勤锄深耕，可促使枝条及早停止生长，促进营养物质的积累，有利于组织充实，提高木质化程度，增加树体抗寒性。正确的松土施肥，不但可以增加根量，而且可以促进根系深扎，有助于减少低温伤害。

此外，夏季适期摘心，促进枝条成熟；冬季修剪，减少蒸腾面积以及人工落叶等均对预防冻害有良好的效果。同时必须加强病虫害的防治工作。

(3) 加强土壤管理和树体保护，减少冻害 加强土壤管理和树体保护的方法很多，一般采用浇"冻水"和"春水"防寒。冻前灌水，特别是对常绿树，保证根系周围土壤冬季有足够的水分供应，对防止冻害十分有效。为了保护容易受冻的树种，还可采用全株培土（如月季、葡萄等）、束冠、根颈培土（高30cm）、涂白、喷白、主干包草、搭风障、北面培月牙形土埂等方法。为了防止土壤深层冻结和有利于根系吸水，可用腐叶土或泥炭藓、锯末等保温材料覆盖根区或树盘。在深秋或冬初对常绿树喷洒蜡制剂或液态塑料，可以预防或大大减少冬褐现象，这在杜鹃属、黄杨属及山楂属上已取得良好效果。

以上的防治措施应在冬季低温到来之前完成，以免低温提前到来造成冻害。防治冻害最根本的办法还是引种驯化和育种工作。如梅花、乌桕等在北京均可露地栽培；而武汉、长沙、杭州、合肥等地已在露地栽培多枝桉、灰桉、达氏桉、白皮松、赤桉及大叶桉等多年，以上各种植物生长良好，有的已开了花。

(4) 受冻树木的护理 受冻树木受树脂状物质的淤塞，因而使根的吸收、输导、叶的蒸腾，光合作用以及植株的生长等均遭到破坏。因此，在恢复受冻树木的生长时应尽快恢复输导系统，治愈伤口，缓和缺水现象，促进休眠芽萌发和叶片迅速增大。

受冻后恢复生长的树，一般均表现生长不良，因此首先要加强营养管理。关于对受害植株的施肥问题，在实际应用中要根据植株受害程度及其生长状况灵活处理。有些人主张越冬后对受害植株适当多施化肥，能够促进新组织的形成，并能提高其越夏能力；另一部分则认为过早施用化肥会进一步损伤根系，减少吸收，而且会增加叶量，增加蒸腾，致使已经受害的输导组织不能满足输水量增加的需要，他们主要强调7月前后适当施用化肥。

在树体管理上，对受冻害树体要晚剪和轻剪，既要将受害器官剪至健康部分，促进枝条的更新与生长，又要保证地上、地下器官的相对平衡；对明显受冻枯死部分可及时剪除，以利伤口愈合；为了便于识别枯死枝条，修剪应推迟至芽开放时进行。

对受冻造成的伤口要及时治疗，应喷白涂剂预防日灼，并结合做好防治病虫害和保叶工作；对根颈受冻的树木要及时桥接；树皮受冻后成块脱离木质部的要用钉子钉住或进行桥接补救。

树木遭受低温危害后，树势较弱，极易受病虫害的侵袭，可结合防治冻害，施用化学药剂。杀菌剂加保湿黏胶剂效果较好；也可杀菌剂加高脂膜，它们都比单纯使用杀菌剂或涂白效果好。其原因是主剂杀菌剂只起表面消毒和杀菌作用，副剂保湿黏胶剂和高脂膜既起保湿作用，又起增温作用，这都有利于冻裂树皮愈伤组织形成，从而促进冻伤愈合。

二、冷害

冷害是指 0℃ 以上的低温对树木所造成的伤害。起源于热带及亚热带的植物或喜温植物，它们生长发育的最低温度约在 0℃ 以上，当大气温度在 10～12℃ 或以下就可能遭受冷害。冷害对植物体的损伤程度除取决于低温外，还取决于低温维持时间的长短，如黄叶橡胶生长前期遭受寒潮袭击，其绿色组织被破坏，分枝出芽受阻，生长迟缓或停止；如受害时间偏长，则将出现局部伤亡，甚至植株死亡。这是由于冷害伤害了细胞的正常功能和结构，特别是细胞质膜和细胞器膜系遭到破坏，或干扰正常活动，导致代谢发生紊乱，不仅功能上受到干扰，结构和组织方面也常遭到破坏，进而在形态上很快出现伤痕。喜温树种北移时，寒害是一重要障碍，同时也是喜温树种生长发育的限制因子。

引起冷害的低温胁迫在植株整个生育过程中均能造成不利影响，如种子萌发、植株生长、光合、坐果、产量和品质形成等过程。而冷害造成的结果是苗弱、植株生长迟缓、萎蔫、黄化、局部坏死、坐果率低、产量降低和品质下降等。

对于冷害可以采取推迟树木萌动期、根颈培土、地面覆盖、增施有机肥和磷、钾肥等方法进行有效防治。

三、霜害

由于温度急剧下降至 0℃、甚至更低，空气中的饱和水汽与树体表面接触，凝结成冰晶（霜），使幼嫩组织或器官产生伤害的现象称为霜害，多发生在生长期内。

（一）霜冻的类型

根据霜冻的成因不同，可分辐射霜冻、平流霜冻和混合霜冻三种类型。辐射霜冻延续时间短，一般只是早晨几个小时，一般降温至 -1～2℃，较易预防。平流霜冻是由于强冷空气入侵引起剧烈降温而发生的霜冻，涉及范围广，延续时间长，有时可达数夜之久，降温剧烈，可达 -3～-5℃ 以下，甚至达 -10℃，这种霜冻发生时，时常伴有烈风，所以也有"风霜"之称。有时平流霜冻和辐射霜冻同时发生则称为混合霜冻，这种霜冻危害更重。

根据霜冻发生的时间及其与树木生长的关系，可以分为早霜危害和晚霜危害。

（1）早霜 又称秋霜，秋季树木受某些自然及人为因素的影响未能及时停止生长，树木的小枝和芽不能及时成熟，木质化程度低而遭初秋霜冻的危害。秋天异常寒潮的袭击也可导致严重的早霜危害，甚至使乔、灌木致死。

（2）晚霜 又称春霜，它的危害是因为树木萌动以后，气温突然下降至 0℃ 或更低，导致阔叶树的嫩枝、叶片萎蔫、变黑和死亡，针叶树的叶片变红和脱落。春天，当低温出现的时间较晚，而树木已经恢复生长，新梢生长量较大时，伤害最严重。

（二）造成霜害的相关因素

（1）霜冻与地理位置、地形有关 受冬春季节寒潮的影响，我国除台湾和海南岛的部分地区外，均会出现 0℃ 以下的低温。在早秋和晚春寒潮入侵时，常使气温骤然下降，形成霜害。一般来说，纬度越高，无霜期越短。在同一纬度上，我国西部大陆性气候明显，无霜期较东部短。霜害与地形有密切关系、一般坡地较洼地、南坡比北坡，近大水面的较无大水面的地区无霜期长，受霜冻较轻。在冷空气易于积聚的地方霜冻重，而在空气流通处则霜冻轻。在不透风林带之间易聚积冷空气，形成霜穴，使霜冻加重。

（2）霜害与树种、品种和引种地有关 热带树木，如橡胶、可可、椰子等，当温度在 2～5℃ 时就受到伤害；而原产东北的山定子却能抗 -40℃ 的低温；同为柑橘类树木，柠檬抗低温能力最弱，-3℃ 即受害；甜橙在 -6℃，温州蜜柑在 -9℃ 受冻；而金柑的抗性最强，在 -11℃ 时才会受冻。南方树种引种到北方，以及秋季对树木施氮肥过多，尚未进入休眠的树木易受早霜危害；北方树木引种到南方，由于气候冷暖多变，春霜尚未结束，树木开始萌动，易受晚霜危害。一般幼苗和树木的幼嫩部分容易遭受霜冻。

（3）霜害与树木的来源、发育阶段及不同器官和组织有关 一般实生起源的树木比分生繁殖的树木抗寒性强。树木在休眠期抗寒性最强，生殖阶段最弱，营养生长阶段居中。树木芽对霜害的敏感性与芽在春天的膨大程度有关，芽越膨大，被春霜冻死的机会越大。早春的温暖天气，使树木过早萌发生长，最易遭受寒潮和夜间低温的伤害。黄杨、火棘和朴树等对这类霜害比较敏感。当幼嫩的新叶被冻死以后．母枝的潜伏芽或不定芽发出许多新枝叶，但若重复受冻，终因贮藏的碳水化合物耗尽而引起整株树木的死亡。春季开花越早的树木，越容易遭受霜害，而且大幅降温也能杀死没有萌发的芽。

树木受霜害的程度还取决于自身的抗寒能力，而抗寒性的大小主要取决于树体内含物的性质和含量。因此，不同树种或同一树种不同器官和组织抗寒的能力有很大差别，如花比叶易受冻害，叶比茎对低温敏感。

（4）霜害的程度与霜冻和气候因素有关 晚霜出现过早，树体未进行抗寒锻炼，则霜害加重；早霜出现过晚，或早春气温转暖过早，则霜害加重；霜冻持续时间越长，变温幅度越大，温度越低，则受害越重；降温后如气温回升过快，则霜害加重。

（5）霜害与栽培措施有关 水、肥的施用与霜害发生有密切关系，如秋末不控制水、肥则容易造成树体发生徒长，而使树木易受到早霜的危害；而在春季如果施肥过早，使树木萌动期提前，则树木易受晚霜危害。

（三）霜害的防治措施

1. 推迟萌动期，避免晚霜危害

利用生长调节剂或其他方法，延长树木休眠期，推迟萌动，可以躲避早春寒潮袭击所引起的霜冻。例如 B₉、乙烯利、青鲜素、萘乙酸钾盐（250～500mg/kg 水）或顺丁烯二酰肼（MH，0.1%～0.2%）溶液，在萌芽前或秋末喷洒在树上，可以抑制萌动；或在早春多次灌返浆水，降低地温（即在萌芽后至开花前灌水 2～3 次），一般可延迟开花 2～3d。树干刷白或树冠喷白（7%～10% 石灰乳），可使树木减少对太阳热能的吸收，使温度升高较慢，可延迟发芽 2～3d，从而防止树体遭受早春回寒的霜冻。

此外，在树木已经萌动、开始伸枝展叶或开花时，根外追施磷酸二氢钾，有利于增加细胞液的浓度，增强抗晚霜的能力。

2. 改善小气候条件，增加温度与湿度的稳定性

通过生物、物理或化学的方法，改善小气候条件，减少树体的温度变化，提高大气湿度，促进上下层空气对流，避免冷空气聚集，可以减轻低温、特别是晚霜和冻害的危害。

（1）林带防护法 主要适用于专类园的保护，如用受害程度较轻的常绿针叶树或抗性强的常绿阔叶树营造防护林，可以提高大气湿度和大气的极限低温，对杜鹃、月桂、茶花等的保温效果十分明显。

(2) 喷水法　利用人工降雨和喷雾设备，在将发生霜冻的黎明，向树冠喷水，防止急剧降温。因为水的温度比周围气温高，热容量大，水遇冷冻结时还可放出潜热（$1m^3$ 的水降低1℃可使3300倍体积的空气升温1℃）；同时，喷水还能提高近地表层的空气湿度，减少地面辐射热的散失，起到减缓降温防止霜冻的效果。

(3) 熏烟法　早在1400年前我国发明的熏烟防霜法，因简单、易行、有效，至今仍在国内外广为应用。事先在园内每隔一定距离设置发烟堆（用秸秆、草类或锯末等），根据当地天气预报，于凌晨及时点火发烟，形成烟幕，减少土壤辐射散热；同时烟粒吸收湿气，使水汽凝结成液体放出热量，提高温度，保护树木。但在多风或温度降至－3℃以下时，效果不明显。

近年来北方一些地区配制的防霜烟雾效果很好。例如，黑龙江省宾西果树场用20％硝酸铵、70％锯末、10％废柴油配制的防霜烟雾剂就是一例。其配制方法是将硝酸铵研碎，锯末烘干过筛。锯末越碎发烟越浓，持续时间越长。将原料分开贮存，在霜冻来临时，按比例混合，放入铁筒或纸壳筒，根据风向放药剂，在降霜前点燃，烟幕可维持1h左右，可提高温度1～1.5℃。

(4) 加热法　美国、俄罗斯等国家采用的一种现代化的防霜方法，在树木的密集区内，每隔一定的间距放置加热器，在霜将来临时通电加温，下层空气变暖而上升，而上层原来温度较高的空气下降，在树体周围形成一个暖气层。设置加热器的原则是数量多，而每个加热器放热要小，这样既可以起到防霜的效果，又可以节约成本。

四、抽条

抽条又称灼条，是指树木越冬以后，枝条脱水、皱缩、干枯的现象。抽条实际上是一种低温危害的综合征。受害枝条在冬季低温下即开始失水、皱缩，但最初程度较轻，而且可随着气温的升高而恢复。大量失水抽条不是在严寒的1月份，而是发生在气温回升、干燥多风、地温低的2月中、下旬至3月中、下旬，轻者可恢复生长，但会推迟发芽；重者可导致整个枝条干枯。发生抽条的树木容易造成树形紊乱，树冠残缺，扩展缓慢。

（一）抽条的原因

抽条与枝条的成熟度有关，枝条生长充实的抗性强，反之则易抽条。冬季气温低，尤以土温降低持续时间长，直到早春，因土温低使根系吸水困难，而地上部分因气温回升而开始蒸腾作用，水分供应失调，因而枝条逐渐开始失水，表皮皱缩，最后干枯。所以，抽条实际上是冬季的生理干旱，是冻害的结果。

（二）防止抽条的措施

(1) 合理的肥水管理　通过合理的肥水管理，促进枝条前期生长，防止后期徒长，充实枝条组织，提高抗性。如在树干周围施用热性有机肥（如马粪），可以增加土温，提前解冻，或于早春灌水，增加土壤温度和水分，均有利于防止或减轻枯梢。

(2) 培土防寒　在秋季定植不耐寒树种或幼树时，可以将苗木地上部向北卧倒培土防寒，既可保温减少蒸腾，又可以防止枯梢。如果种植的是大树不易卧倒，则可以在树干北侧培起60cm高的半月形的土埂，使南面充分接受阳光，改变微气候条件，提高土温。

五、日灼

日灼是强烈太阳辐射引起的树木枝干和果实伤害，亦称灼伤，在我国各地均有发生。

（一）日灼的类型

日灼有夏季日灼和冬季日灼两种类型。

(1) 夏季日灼　夏季日灼常常在干旱的天气条件下发生，其实质是干旱失水和高温的综合危害，主要危及果实和枝条的皮层。夏秋季由于气温高，水分不足，蒸腾作用减弱，致使树体温度难以调节，造成枝干的皮层或其他器官表面局部温度过高，伤害细胞生物膜，使蛋白质失活或变性，导致皮层组织或器官溃伤、干枯，严重时引起局部组织死亡，枝条表面被破坏，出现横裂，负载能力严重下降，并且出现表皮脱落、日灼部位干裂，甚至枝条死亡；果实表面先是出现紫色或淡褐色的干焰斑，而后扩大裂果或干枯。

(2) 冬季日灼　出现于隆冬或早春，其实质是在白天有强烈辐射的条件下，因剧烈变温而引起伤害。果树的主干和大枝的向阳面由于阳光的直接照射，温度上升很快。据测定，日间平均气温在 0℃ 以下时，树干皮层温度可升高至 20℃ 左右，此时原来处于休眠状态的细胞解冻；但到夜间树皮温度急剧降到 0℃ 以下，细胞内又发生结冰现象。冻融交替的结果使树干皮层细胞死亡，在树皮表面呈现浅紫红色块状或长条状日灼斑，严重时可危及木质部，并可使树皮脱落、病害寄生和树干朽心。

（二）影响日灼的因素

日灼对树木的伤害程度，不但因树种、年龄、器官和组织状况而异，而且受环境条件和栽培措施的影响。不同树种对高温的敏感性不同，如红枫、银槭、山茶的叶片易得叶焦病；二球悬铃木、樱花、檫树、泡桐及樟树的主干易遭皮灼。幼树和老树的当年生枝条易遭高温伤害，因为它们皮薄、组织幼嫩。当气候干燥、土壤水分不足时，树木无法保持水分代谢平衡，将会加剧叶子的灼伤；在硬质铺装面附近生长的树木，受强烈辐射热和不透水铺装材料的影响，最易发生日灼。例如，邻近水泥铺装道路和街道交叉处附近，发生日灼的植株明显高于街道两旁、草坪及乡村道路的树木。树木生长环境的突然变化和根系的损伤也容易引起日灼。如新栽的幼树，在没有形成自我遮阴的树冠之前，暴露在炎热的日光下，或北方树种南移至高温地区，或去冠栽植、主干及大枝突然失去庇荫保护以及习惯于密集丛生、侧方遮阴的树木，移植在空旷地或强度间伐突然暴露于强烈阳光下、市政工程损伤树体根系时，都易发生日灼。当树木遭刺吸式昆虫侵害时，常可使叶焦加重。此外，树木缺钾可加速叶片失水而易遭日灼。

（三）日灼的防治

(1) 选择抗性强的树种　贯彻适地适树的原则，选择耐高温、抗性强的树种或品种栽植。

(2) 栽植前的抗性锻炼　为了使树木可以适应新的定植环境，在树木移栽前进行抗性锻炼，如逐步疏开树冠和庇荫树等。

(3) 保持移栽植株较完整的根系　移栽时尽量保留比较完整的根系，移栽过程中采取综合措施促进根系愈合，促发新根，尽快恢复根系的吸水能力。

(4) 树干涂白　树干涂白可以反射阳光，缓和树皮温度的剧变，对减轻日灼和冻害有明显的作用。涂白多在秋末冬初进行，有的地区也在夏季进行。涂白剂的配方为：水 72%，生石灰22％，石硫合剂和食盐各3％，将其均匀混合即可涂刷。此外，树干缚草、涂泥及培土等也可防止日灼。

(5) 加强树冠的科学管理　幼树选留主枝时，要注意主枝的分枝角度；选留分枝角度大的。在整形修剪中，适当降低主干高度，多留辅养枝，避免枝、干的裸露。树体需要进行去头或重剪时，应根据树体特征和环境需要，分2~3年进行，避免一次透光太多，否则应采取相应的防护措施。在需要提高主干高度时，应有计划地保留一些弱小枝条自我遮阴，以后再分批修除。必要时还可给树冠喷水或抗蒸腾剂。

(6) 加强综合管理，促进根系生长，改善树体状况，增强抗性　生长季要特别防止干旱，避免各种原因造成的叶片损伤，防治病虫危害，合理施用化肥，特别是增施钾肥。

(7) 加强受害树木的管理　对于已经遭受伤害的树木应进行审慎处理，首先要去掉受害枯死的枝叶，然后消毒、涂漆，必要时还应进行桥接或靠接修补。适时灌溉和合理施肥，特别是增施钾肥，有助于树木生长势的恢复。

六、风害

在多风的地区，树木常发生风害，出现偏冠或偏心现象。园林树木遭受风害，主要表现在风倒、风折或树权劈裂上。偏冠会影响树形的培养以及树木功能作用的发挥；偏心的树木易遭受冻害和日灼，影响树木的正常发育。北方冬季和早春的大风常常会使树木枝梢干枯、死亡。春季的旱风，常将新梢吹焦，缩短花期，不利于传粉受精。我国沿海地区，夏季常遭台风危害，使枝叶折损，大枝折断，全树吹倒，尤以阵风性大风危害最为严重。

（一）树木遭受风害的各种原因

(1) 树种的生物学特性　树体高大、树冠庞大、枝叶浓密的树种如加杨、刺槐等抗风力弱；相反，树体矮小、树冠窄小、枝叶稀疏的树种如垂柳、乌桕等抗风能力强。

(2) 树枝结构　一般髓心大，机械组织不发达，生长迅速而枝叶繁茂的树种，风害较重。遭受病虫侵害的树木主干最易风折，健康的树木一般不易遭受风折。

(3) 街道走向　如果风向和行道树平行，风力汇集成风口，风压增加，风害会随之增大。

(4) 土壤水分状况　土壤内渍地下水位高，排水不畅，季节性积水，造成土壤松软，如遇大风，风害会显著增加。

(5) 土壤理化性质　园林绿地土壤如为沙土，结构较差，土层薄，抗风力差；反之如为壤土和黏土则抗风能力强。

(6) 树体根系的状况。如树木移植时伤根过多，市政工程树体地下与地面开挖，破坏了树木的根系或种植穴过小导致根系发育差等都会削弱树体的抗风能力。

(7) 树体的修剪状况。目前，在园林树木的养护修剪中，仅仅在树体的下半部修枝抹芽，很少涉及中上部树冠，结果增强了树木的顶端优势，使树木的高度、冠幅与它的根系分布不相适应，头重脚轻，容易遭受风害；而位于市区主干道上的悬铃木，为解决与建筑物、架空管线的矛盾，采用杯状整形的方式，控制了树木的冠幅和高度，在台风中受损较少。此外，修剪后形成"V"字分权的树体，容易遭受风折。

（二）风害的防治

(1) 合理的整形修剪　正确的整形修剪，可以保持优美的树姿，调整树木的生长发育，做到树形、树冠不偏斜，冠幅体量不过大，叶幕层不过高和避免V形权的形成。

（2）树体的支撑加固　在易受风害的地方，特别是在台风和强热带风暴来临前，在树木的背风面用钢管、水泥柱等支撑物进行支撑，用铁丝、绳索固定。

（3）及时扶正和精心养护被风刮倒的树木。

（4）改善园林树木生长的生态环境。

（5）选择抗风树种　易遭风害的地方尤应选择深根性、耐水湿、抗风力强的树种，如枫杨、无患子、香樟和枫香等。

七、雪害和雨凇（冰挂）

积雪可以增加土壤水分，防止土壤温度过低，保护树木的根系，因此积雪一般对树木无害。所谓雪害，是当雪量较大时，树冠上积雪过多，压裂或压断大枝，造成树体损害。如2003 年 11 月北京的一场大雪，造成全市 13473 株树木遭害，市区内机场路、长安街、劳动人民文化宫和天坛公园等受灾严重。有时还会因融雪期的时融时冻交替变化，冷却不均而引起冻害。在多雪地区，应根据天气预报，在雪前对树木大枝设立支柱，枝条过密的还应进行疏剪；在下雪时要组织人力振落积雪或采用其他有效措施防止雪害；雪后及时将被雪压倒的枝条提起扶正。

雨凇对树木也有一定的影响。在北方冬春秋季节雨凇出现得较多；而南方则以较冷的冬季为多。1964 年早春在长江流域的多个地区均发生过雨凇，树上结冰，对早春开花的梅花、蜡梅、山茶、迎春和初结幼果的枇杷、油茶等均造成一定的损失，还造成部分毛竹、樟树等常绿树折枝、裂干和死亡。发生雨凇，可以用竹竿或木棍打击枝叶上的冰，并给树木大枝设立支柱进行支撑。

第二节　市政工程对树木的危害

市政工程对树木的危害可表现在土壤的挖填、地下与空中管线的架设与维护、煤气的泄漏、输热管道的影响以及化雪盐的使用等。其中，以树木立地土壤的填挖与铺装危害最为常见，而对于北方地区而言，化雪盐也是影响植物正常生长发育的重要因素。

树木长期生长在一定的立地条件下，已经适应了当地的生态条件，特别是树木的根系已经和土壤形成了一种协调稳定的关系。树木的根系分布在土壤的一定深度范围内，并从土壤中获得水分和营养物质，并能得到土壤微生物的有效帮助，使树木可以正常生长和发育。一旦这种平衡被打破，环境条件恶化，就会给树木造成伤害。

一、填方对树木生长的影响

根据有关土壤、土壤微生物以及根系等方面的原理，树木根区不能填土过深，即使是腐殖土或表土覆盖也是不适当的。填方过深往往会导致树木出现生长量减少、单枝死亡、树冠变稀等症状，而这些症状往往是填方几年以后才会出现。

（一）填方的危害

由于市政工程的需要，在树木根区进行填方，使树木根区的土层变厚，阻滞了土壤与外界正常的水、气和营养物质的交换；根系和土壤微生物的活动因为土壤通气不良而受到干扰，造成对根系的毒害作用；土壤通气不良促进了土壤中厌氧微生物的活动，厌氧微生物产生有毒物质，会给根系造成进一步的危害，其危害程度比缺氧窒息所造成的危害还要大。由于填方造成树木根系受损，根系的正常功能遭到破坏，树木的地上部分也会表现出一系列的连锁反应。

（二）影响填方危害的因素

填方对树木危害的程度与树种、树龄、生长状况、填方类型、深度和排水状况等因素密切相关。槭树、鹅耳枥、山毛榉、栎类、臭椿、针叶树（松、柏类）和蔷薇科的树种对填方反应最敏感，受害最严重；桦木、山核桃和铁杉等受害较轻；榆树、杨树、柳树、刺槐等根系的萌发力较强，可以发出许多不定根，受填方影响最小。树龄越小，对填方适应性越强；树龄越大，对填方适应性越差；生长势强的比生长势弱的受害轻。

各类填方物中疏松多孔的土壤受害小；黏壤土危害最大，甚至铺填 3～5cm 就可造成树木的严重损害，甚至死亡；含有石砾的填方对树体的伤害最小。此外，填方物越紧越深，对根的干扰就越明显，危害也越大。在树木周围如果长期堆放大量的建筑用沙或水泥、石灰等对树木生长非常不利。

（三）填方危害的防治

关于在树木生长地进行填方而对树木造成危害的防治问题，首先要做好市政工程的合理规划，然后根据实际情况，采用不同的方式和方法进行处理。

如果必须在树木生长地进行填方，而填土较薄，可以采取一定的技术措施，如填沙质土、砾石等疏松介质或铺设地下通气管道，这种管道系统不但可以改良土壤的通气状况，而且还可以用来灌水，但成本较高。如填土很厚，则需要将树移走，如果填方地的树种是短寿树种或是生命力较弱、树龄较老而又无特殊价值的树种则予以淘汰。而遇到填方且栽植的树种是珍贵的、有研究价值和纪念意义或观赏价值极高的古树和大树，则不能进行移植，也不能进行填方，只能更改设计。

二、挖方对树木生长的影响

挖方会挖除部分树木周围的表层土壤，这些表层土壤含有大量营养物质和微生物，因此挖方会降低土壤肥力。挖方使大量吸收根群裸露和干枯，失去表土的调整功能，表层根系也易受低温伤害。挖方常常会导致地下水位下降，并损伤树木根系，这些都会破坏根系和土壤间的平衡，降低树木的稳定性。浅根性树种对挖方的反应最敏感，受害最重，甚至会造成树木的死亡。如果挖掉的土层较薄，不超过 20cm，那么挖方对树体造成的危害不大，大多数树木可以适应。如果挖掉的土壤较厚，就必须采取必要的措施，最大限度地减少挖方对树木生长的影响。具体措施如下。

（1）根系保湿　挖方暴露或切断的根系应消毒涂漆或用泥炭藓等保鲜材料覆盖，以防根系干枯。

（2）移栽　如果树体较小，最好移植到合适的地方栽植。

（3）施肥　在保留的土中施入腐叶土或充分腐熟的有机肥，以改良土壤结构，提高其保水、保肥的能力。

（4）修剪　在根系损伤较大的情况下，应对地上部分进行合理修剪，以保持树体水分代谢的平衡。

（5）做土台　对于古树名木或者珍贵的树木，可以在其干基周围保持一定大小的土台，土台不能太小，土台过小，会限制根系的生长发育，而且在土台取土时，还会损伤根系。由于根系的分布是近干者浅，远干者深，因此保留的土台最好是内高外低，并可修筑成台阶式结构。

三、地面铺装对树木的危害

水泥、沥青和砖石是目前进行地面铺装最常用的材料，这些铺装材料不但会给树木带来严重危害，而且会造成铺砌物的破坏，增加养护或维修的成本。

（一）铺装危害的症状与机理

（1）铺装有碍水、气交换　铺装阻碍土壤与大气的水、气交换，使根区的水分与氧气供应大大减少，不但使根系代谢失常，功能减弱，而且会改变土壤微生物区系，干扰土壤微生物的活动，破坏树木地上与地下的平衡，削弱树体的生长势。

（2）地面铺装改变了下垫面的性质　铺装显著加大了地表及近地层的温度变幅，在夏季，铺装地表的温度最高可达 $50\sim60℃$。树木的表层根系，特别是根颈附近的形成层更易遭受极端高温与低温的伤害。据调查，水泥铺装面东侧或北侧去头栽植的树木，主干西向或南向的日灼伤明显多于一般裸地的树木。铺装材料越密实，比热越小，颜色越浅，导热率越高，危害越严重，甚至导致树木的死亡。地面铺装对树木的危害不是使树木突然死亡，而是引起树木长时间的生长衰弱，最后死亡。

（3）干基环割　过于靠近树干基部的铺装或在裸露地面保留太少的情况下，随着树木根颈的不断生长，干基越来越逼近铺装材料。如果铺装物薄而脆弱，则随着树木干基与浅层骨干根的加粗而导致铺装圈的破碎、错位和突起；如果铺装物厚而结实，随着树木干基或浅层大根的生长而导致干基或根颈韧皮部和形成层的挤伤或环割，造成树木生长势衰弱，叶小发黄，枝条枯死和萌条增多，最后因韧皮部输导组织及形成层的彻底破坏而死亡。

（二）铺装危害的防治

要避免或减少铺装对树木的危害应从两个方面入手。一是进行合理设计，尽可能不铺装，缩小铺装面或选择通透性强的材料进行铺装（图7-1），在种植树木的地方，一定要留出大小适合的树池；二是改进铺装技术，设置通气透水系统（图7-2）。

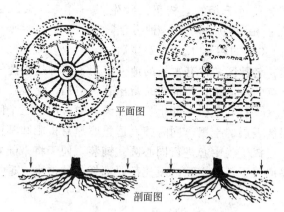

平面图

剖面图

图 7-1　透气地面铺装（A. Bernatzky，1978）
1—先铺铁格栅，再铺卵石；2—先铺沙再铺卵石或透气砖

1. 组合式透气铺装

不进行水泥整体浇注，用混合石料或块料，如灰砖、倒梯形砖、彩色异型砖、图案式铸铁或水泥预制格栅拼接组合成半开放式的面层。面层以下为厚约15cm的级配沙砾基层，接近土面为厚约5cm的粗沙过滤层。有的还在面层以下用 1：1：0.5 的锯末、白灰和细沙混

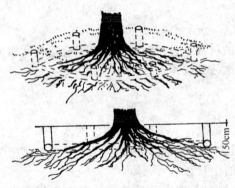

图 7-2　通气透水系统（Bernatzky，1978）

合物稳定块料。面层上的各种空隙可用粗砾石填充。

2. 架空式透气铺装

根据铸铁或水泥预制格栅的大小，在树木根区建立高 5～20cm、占地面积小而平稳的墙体或基桩，将格栅搁在墙体或基桩上，使格栅架空，使面层下面形成 5～20cm 的通气空间。

3. 避免整体浇注

在不得不进行整体浇注铺装的地方，也必须设置通气系统，减少对树木的危害。

（1） 在已经铺装的根区，应以树干为中心，在水泥地面上开几条辐射沟至树冠投影以外，除掉水泥，垫沙铺石，增强局部通气透水性；也可以在树冠投影边缘附近，每隔 60～100cm 的距离开深至表层根系的洞，洞内安装直径 15～20cm 的侧壁带孔的陶管、塑料管或羊毛芯管，管口应有带孔的盖板。管内可放木炭、粗沙、锯末、石砾的混合物，既可防堵塞，又有利于通气透水。

（2） 进行新铺装应在铺装前，按一定距离在根区均匀留出直径 15～20cm 的通气孔洞，洞中装填粗沙石砾、炭末或锯末等混合物或加带孔的盖，不但有利于渗水通气，而且可作为施肥、灌水的孔道。如果在铺装前设立地下通气管道与垂直孔洞相通则效果更好。

实际上我们古代的树木栽培者在解决地面铺装透气问题上早有建树，近年来在古树养护中也得到了新的利用并有所创新。20 世纪 80 年代，在调查北京北海团城中古白皮松和油松的地下状况时发现，那里铺的地砖断面上大下小，砖缝不加勾砌。砖与砖之间形成纵横交错的地下通道。砖下衬砌的灰浆含有大量孔隙，透水透气。再下是富含有机质的肥土（图 7-3）。这样的措施使近千年的老树仍苗壮生长。北京的中山公园在古柏林中采用了这种方法，衬砌的水泥砂浆混入了 30% 的粗锯末，效果显著。

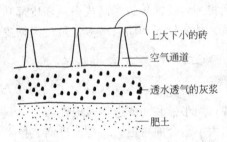

图 7-3　砖铺透气地面断面示意图
（引自郭学望，2002）

多年来北京的许多公园、名胜区，在有古树的地方使用了多种透水透气的铺地措施，如铺装有镂花空洞；中间可种草的水泥砖；在铺砖时留出若干空档，上盖筛箅等。

为了使土壤通气透水，有利于树木的生长，在铺装中应注意三个问题：一是铺装前在不伤根的情况下，疏松根区表层的土壤，同时施入适量腐熟有机肥和其他复合肥；二是组合式铺装最好用扇形块料，以树干为中心进行同心圆式铺装，便于将来随着树干的增粗可以逐渐揭除内圈的铺装；三是面层上任何空隙的填充都要选择各种透水、透气的优质材料，以保持土壤的通气性。

四、天然气与化冰盐对树木的危害

（一）天然气对树木的危害与防治

目前许多城市已经大规模使用天然气，世界各地均有天然气泄露致使树木受害的报道。天然气泄露的主要在原因在于：天然气较干燥，需用高压才能通过管道输送，由于不良的管道结构，或输送过程中引起的强烈振动，或接头松动都会导致管道天然气泄漏，对树木造成伤害。

1. 危害机理和症状

天然气的主要成分是甲烷，天然气泄露后甲烷被土壤中的某些细菌氧化成二氧化碳和水。细菌使每一分子被氧化的甲烷从土壤空气中吸收二个分子的氧同时放出二氧化碳（$CH_4 + 2O_2 \xlongequal{} CO_2 + 2H_2O$）。这样使土壤中二氧化碳浓度增加，而氧气含量下降，使树木生长地的土壤通气条件进一步恶化。1970年荷兰学者调查表明，在存在天然气泄漏的土壤中氧气含量仅为2%～6%，而CO_2则为10%～15%。天然气可以沿地下管道输送相当长的距离，最后在没有管道的地方扩散出来，使树木受害致死。1968～1972年间，荷兰每年因天然气伤害致死的街道树木高达20%以上。同时还发现，天然气管道表面释放的天然气可达 $4L/(h \cdot m^2)$。土壤被天然气污染后，要使土壤的氧气恢复到12%～14%时才能栽树，土壤需经过数年才可以恢复。这一过程对于不同质地或疏松程度的土壤有所差异。在疏松的沙质土壤中，甚至在泄漏的天然气管道修好后，就可立即栽树。

在天然气轻微泄漏的地方，树木受害症状主要表现为叶片逐渐发黄或脱落，顶梢附近的枝条逐渐枯死。在天然气大量或突然严重泄漏的地方，受害植株的所有叶片一夜间几乎全部变黄，枝条逐渐枯死。如果不采取措施解除天然气泄漏，危害症状就会扩展至树干，使树皮变松，真菌生长，症状加重。

2. 天然气泄漏对树木危害的诊断

（1）嗅觉诊断法　天然气具有特殊的气味，如果它的严重泄漏造成土壤天然气饱和而逸出地面则可闻到一股强烈的气味，便可结合树木的症状加以判断。如果表现不显著，可通过钻孔进行气味探测。如果在洞口还感觉不到天然气的气味则可能渗漏很轻。

（2）指示植物诊断法　香豌豆、石竹或麝香石竹和番茄等植物对天然气反应敏感，如果有天然气存在，通常会阻止这类植物芽的开放，并会造成已开放的花重新闭合。在嗅觉不能探测渗漏的地方，可在可疑区域挖一个深于60cm的大洞，在洞中放一盆栽测试植物，用板盖住洞口，并保持24h。在时间结束以后，拿出盆栽植株进行观察，如果土壤有天然气泄漏，无论是多少，番茄茎将会剧烈地向下弯曲。这种弯曲不是植株的萎蔫，而是对天然气反应的生长现象。如果番茄植株未受影响，则可判定附近没有管道天然气的泄漏。

3. 天然气伤害的补救措施

发现天然气渗漏对树木造成的危害不太严重，可通过以下步骤进行挽救。

（1）立即修好渗漏点。

（2）在离渗漏点附近的树木侧方挖沟换掉被天然气污染的土壤。

（3）在整个根区打孔，用压缩空气驱散土壤中的有毒气体，也可用空气压缩机以7～10个大气压将空气压入0.6～1.0m土层内，持续1h即可以收到良好效果。在危害严重的地方，要按50～60cm的距离打许多垂直的透气孔，保持土壤通风。

（4）对受害的树木根据树种的具体要求合理浇水。

（5）合理修剪，剪除枯枝、死根、病根。

（6）适当施肥，促发新根，尽快恢复树木的生长势，增强树木的抗性。

（二）化冰盐对树木的危害

冬季雪天造成交通困难，特别是危及人身安全，处理不当或不及时，可影响城市、地区乃至国家的经济发展，同时影响人民的正常生活，甚至会造成局部"瘫痪"和大面积"事故"的发生。目前，采用氯盐融雪剂（化冰盐）仍是主要的融雪化冰技术手段。

在美国，1976年就有900万吨化冰盐用于道路与沿街。20世纪80年代，使用最多的化冰盐是氯化钠（NaCl），约占 95%，少量使用的是氯化钙（$CaCl_2$），约占 5%。到 1990 年，美国采用的融雪剂中，87%是"化冰盐"，其中半数为氯化钙。冰雪融化后的盐水无论是溅到树木茎、叶还是侵入根区土壤都会对树木造成伤害。

1. 危害症状

受盐危害的树木春季叶片发芽迟，叶片较小，叶缘和叶片有枯斑，呈棕色甚至叶片脱落；夏季可发几次新梢，一年开花两次以上，芽干枯；早秋变色落叶早，整个枝条甚至全树枯死。

2. 化冰盐危害的机理

盐分通过水的渗透吸收以及对原生质上的特殊离子作用而对树木造成伤害。盐束缚水，当盐渗入土壤造成土壤溶液浓度升高时，树木根系从土壤溶液吸收的水分就会减少。0.5%的氯化钠溶液对水的牵引力为 4.2Pa；3%的浓度则可达 20Pa。树木根系要从这样的溶液中完成主动吸水就必须有更高的渗透压，否则就会发生反渗透，使树木失水、萎蔫、甚至死亡。盐分会减弱植物的新陈代谢，并阻碍酶的活力。

氯化钠中的 Cl^- 离子对植物的毒害作用，尚不完全清楚，一般认为无特殊的毒害作用，但 Cl^- 离子在细胞中的积聚过程会增加吸附离子释放成自由离子的比例，从而引起原生质脱水，造成不可逆转的伤害。另有一些学者认为氯化钠的积累会削弱氨基酸和碳水化合物的代谢作用。钠由于破坏正离子的平衡而削弱植物的代谢，进一步阻碍根对某些养分（铁、钙、磷）的吸收，并妨碍这些养分在植物体内的运输。最后，由于钠离子被黏粒或腐殖质颗粒吸收，会排除其他正离子（Ca^{2+} 和 Mg^{2+}）而导致土壤结构破坏，使土壤板结，并使土壤缺少水分和空气状况日益恶化。

树木生态系统中的代谢过程使得土壤中的盐分积累越来越多，经过一个生长周期后，落叶层的氯含量可增加 20～30 倍，通过雨水的冲洗使氯浸入土中又被根吸收，并以这种方式再进入循环。即使从现在开始不再使用盐，受害树木要经 8～15 年才能完全恢复其生长势。

3. 化冰盐对树木危害的防治方法

（1）选择耐盐树种或培育耐盐的植株　培育和栽植能抗盐危害的树种，这是解决化冰盐危害的最好办法，但这种方法费时。一般认为常绿针叶树种对盐的敏感性大于落叶树种；浅根性树种对盐的敏感性大于深根性树种。对盐最敏感的树种有苹果、杏、桃、李、柠檬和桑树等。行道树中几乎所有的椴树属和七叶树属的树种对盐害都非常敏感。另外，也可将树木栽植在 NaCl 浓度较高的土壤中培养抗盐植株。

（2）砌高边树坛可以防止化冰盐溶液侵入。这样做对于老树可能相当困难，但对于幼树的效果很好。

（3）控制盐的喷撒量，绝不要超过 40g/m²，也不能超越行车道范围使用。一般 15～25g/m² 就足够了。

（4）开发无毒的氯化钠和氯化钙替代物，如 Ferti-Thaw 和 Tred-SDread 等也能融解冰和雪而不损害植物，但其花费要比氯化钠多得多。事实上，在城镇大多数树木生长的铺装地上，不像车行道那样急需融雪，铺撒一些粗粒材料，如砾石、沙子等即可满足需要。如果确有必要可混入 1/10 的盐。但在树冠投影范围内的地面上应始终保持无盐状态。

（5）合理施肥　通过施用有机质可以改善土壤条件，促进树木生长，提高树木抗性；国外学者推荐施用 K_2O、P_2O_5、Mn 和 B，可以减少植物对氯化钠的吸收。

第八章　古树名木的养护与管理

古树名木是活文物，是自然与人类文化的宝贵遗产，是中华民族悠久历史和灿烂文化的佐证，反映着环境变迁和世事兴衰。它们历经沧桑，在自然界严酷的生存环境竞争中胜出，代表着区域植物最具典型意义的种类，展示了过去岁月气候、水文、地理、植被、生态等自然环境因子的变迁，是真实历史信息的寄托和传递者。我国幅员辽阔、历史悠久，古树名木资源极其丰富，如闻名中外的黄山"迎客松"、泰山"卧龙松"、天坛"九龙柏"、北京市中山公园的"槐柏合抱"等，都是国宝级的文物。在我国古树名木多分布生在风景名胜区、庙宇、祠堂内外、村寨附近，与宗教、民俗文化融为一体，蕴藏着丰富的政治、历史、人文资源，是当地文明程度的标志之一。保护古树名木，不仅是科学研究和绿化规划的必要，也关系中华文明的延续。

第一节　古树名木的管理原则

我国一直重视古树名木的保护，为更有效地保护这类自然与历史遗产，1982 年国家城建总局下发了《关于加强城市和风景名胜区古树名木保护管理的意见》，在 20 世纪 80 年代初，国家林业局出版《全国古树名木》一书，为古树名木的保护与管理提供了有价值的文献档案。从 20 世纪 80 年代开始，全国各地开展了对当地的古树名木资源的普查工作，对古树名木建档登记挂牌，明确管理责任。然而，由于人们认识的局限和自然环境的改变，古树名木的现状不容乐观。部分地区保护古树名木的意识淡薄。一些城镇和单位绿化中片面追求珍、稀、奇，导致盗挖滥挖古树名木成风。各种自然和人为因素造成一些地方气候、地下水位等发生变化和病虫害加剧，使古树名木处于衰退及濒危状态。这些不和谐的现象若不及时制止，前人和大自然留给我们的珍贵遗产就会毁损，良好的生态环境就会破坏。因此，保护古树名木刻不容缓。

一、古树名木的入选标准

（1）《中国农业百科全书》对古树名木的内涵界定为："树龄在百年以上的大树，具有历史、文化、科学或社会意义的木本植物"。

（2）国家环保局：一般树龄在百年以上的大树即为古树；而那些树种稀有、名贵或具有历史价值、纪念意义的树木则可称为名木。并相应做出了更为明确的说明，如距地面 1.2m 胸径在 60cm 以上的柏树类、白皮松、七叶树，胸径在 70cm 以上的油松，胸径在 100cm 以上的银杏、国槐、楸树、榆树等古树，且树龄在 300 年以上的，定为一级古树；胸径在 30cm 以上的柏树类、白皮松、七叶树，胸径在 40cm 以上的油松，胸径在 50cm 以上的银杏、楸树、榆树等，树龄在 100 年以上 300 年以下的，定为二级古树；稀有名贵树木指树龄在 20 年以上、胸径在 25cm 以上的各类珍稀引进树木；外国朋友赠送的礼品树、友谊树，有纪念意义和具有科研价值的树木，不限规格一律保护。其中各国家元首亲自种植的定为一级保护，其他定为二级保护。

（3）国家建设部　1982年，当时的国家城建总局制定的文件规定，古树一般指树龄在百年以上的大树；名木是指树种稀有、名贵或具有历史价值和纪念意义的树木。2000年9月国家建设部重新颁布了《城市古树名木保护管理办法》，将古树定义为树龄在一百年以上的树木；把名木定义为国内外稀有的、具有历史价值和纪念意义以及重要科研价值的树木；凡树龄在300年以上，或者特别珍贵稀有，具有重要历史价值和纪念意义，重要科研价值的古树名木，为一级古树名木；其余为二级古树名木。

二、保护古树的意义

古树名木是国家的宝贵资源，是自然景观中的艺术品，是悠久历史的见证，也是民族灿烂的文化。古树下可以荡涤污秽、纯洁心灵、美育精神、陶冶性格，是高尚的精神享受，美好的文明教育。古树不但是活着的古董，有生命的国宝，还具有生态、科研、气候、旅游诸方面的价值。

（1）古树名木是历史的见证　我国的古树名木不仅分布广阔，而且古树都具有较高的树龄。例如，我国传说中的周柏、秦松、汉槐、隋梅、唐杏（银杏）、唐樟、宋柳等古树，虽然其年龄需进一步考证，但均可作为历史的见证，人们在瞻仰它们的风采时，不禁会联想起我国悠久的历史和丰富的文化，激发人们的爱国热情。古树名木阅尽了世间风云，经历了沧桑巨变，以其特有的风姿体现了中华民族悠久的历史，以其丰厚的内涵展示了我国灿烂的文化。古树是城市的"绿色文物"，将自然景观和人文景观巧妙地融为一体，以顽强的生命传达着古老的信息，记录了城市的文明发展史、城市建设史及政治兴衰史，并为继承和发扬城市风貌提供了活的依据。

（2）古树名木的文化、艺术价值　古树名木是历代文人咏诗作画的题材，往往伴随着优美的故事和奇妙的传说。"扬州八怪"中的李鱓，曾有名画《五大夫松》，是泰山名松的艺术再现；中国佛协主席赵朴初有诗称赞嵩阳书院的"将军柏"，"嵩阳有周柏，阅世三千岁"。另如北京市香山寺旧址山门内的"听法松"，相传是在1400多年前的南朝时期，有位和尚在此讲经说法，由于讲得义理明澈，竟使愚钝无知的松树蒙受感化。于是乾隆皇帝根据这段神话故事，把这株古松树命名为"听法松"，并在御制《听法松》诗中写道："点头曾有石，听法讵无松。"名山、古寺、奇松结合在一起具有极高的人文旅游价值。

（3）古树名木为名胜古迹增添佳景　千姿百态的古树，不仅为众多的名胜古迹增辉，还以古、怪、奇、俊的特点形成自己特有的景观。如北京戒台寺内驰名于世的"五大名松"，分别是"九龙松"、"活动松"、"抱塔松"、"卧龙松"、"自在松"，五棵松形态各异，各具特色，清代诗人曾赞曰"一松具一态，巧以造物争"。"五大名松"已成为戒台寺的重要组成部分，吸引着众多游客前往游览观赏，流连忘返。

在陕西黄帝陵的古柏林是我国覆盖面积最大、保存最为完整的古柏林，是黄帝陵最有价值的历史遗存、最珍贵的自然与历史景观，也是中华民族五千年悠久历史的见证。古柏林中最壮观的当属"轩辕柏"和"挂甲柏"，前者相传是黄帝亲手所植，树龄近4000年；后者相传为汉武帝所植，树干斑痕密布，纵横成行，似有断钉在内，柏胶渗出，晶莹夺目，游人无不称奇，是群柏之中最为奇特的一株。两株古柏虽年代久远，但生长繁茂，郁郁葱葱，毫无老态，这些奇景，举世无双，是中华民族的骄傲。

（4）古树是研究古气候、古地理的宝贵资料　古树是研究古代气象水文的绝好材料，它那精巧、生动的年轮结构，就像一面历史的明镜，给人们展示着它所经历的那些漫长岁月的气候、水文、地质、地理、生物、生态等变化情况和人类活动的史实。尤其在干旱和半干旱的少雨地区，古树年轮对研究古气候的变化更具有重要的价值。对古树年轮的研究最终发展成树木年轮气候学，如美国树木年轮创始人道格拉斯研究了西南部印第安人村庄的废墟，通过识别年轮来测定古老建筑的年代；现代年轮学可以说起源于 20 世纪 60 年代生物学家弗里茨在亚利桑那大学的研究工作，弗里茨观测了塔克森附近一些树的生长过程，他们给树枝乃至整棵树都套上了塑料膜，以断定一棵树究竟摄取和放出了多少各种各样的气体，经过 10 年工作，他们详尽地了解了一环年轮生成的全部过程。我国的学者在这方面也有卓著成果，1976 科技工作者通过研究祁连山圆柏的年轮，推断了近千年气候的变迁情况，佐证了竺可桢教授关于中国近五千年来气候变化的论断。

（5）古树是研究树木生理的特殊材料　树木的生长周期很长，而人的寿命相对较短，人们无法对它的生长、发育、衰老、死亡规律用跟踪的方法加以研究，而古树的存在就把树木生长、发育在时间上的顺序展现为空间上的排列，使我们能以处于不同发育阶段的树木作为研究对象，从中发现该树种从生到死的总规律，帮助人们认识各种树木的寿命、生长发育状况以及抵抗外界不良环境的能力。

（6）古树对于树种规划有极高的参考价值　能在一地存活数百年乃至千年的古树大多为乡土树种，足以证明其对当地气候和土壤条件有很高的适应性。因此，古树是制定当地树种规划，特别是指导造林绿化的可靠依据。景观规划师和园林设计师可以从中获取该树种对当地气候环境的适应性，从而在规划树种时做出科学、合理的选择，而不致因盲目引种造成无法弥补的损失。

（7）古树名木具有较高的经济价值　古树名木是美的景观，展现着一个国家过去和今天的文明。它们或潇洒飘逸，或雄浑奔放，或苍劲天骄，或清奇质朴，千姿百态，异彩纷呈，使人感受到自然美。其原生态所体现的古老、粗犷、豪放、雄伟、悲壮等神韵，给人以历史的厚重。古树名木既具有生物学价值，也具有较高的历史文化价值，同时也为当地带来间接或直接的经济价值。对于一些古老的经济树木来说，他们依然具有巨大的生产潜力。如素有"银杏之乡"之称的江苏省泰兴，该地有树龄在 100 年以上的古银杏树 6186 株，年产白果 4000 吨。事实上多数古树在保存优良种质方面具有重要的意义。

三、古树名木的分级管理

古树名木是活文物，是无价之宝，为了做好古树名木的保护和管理工作，各地应组织专人进行系统调查，摸清我国的古树资源。调查内容有树种、树龄、树高、冠幅、胸径、生长势、立地条件、病虫害、养护状况等相关信息，各地城建、园林部门和风景名胜区管理机构组织应对辖区内的古树名木登记造册，建立档案；对散生于各地及个人住宅庭院范围内的古树名木，由单位和个人所在地城建、园林部门组织调查鉴定，并进行登记造册，建立档案。

在古树名木的保护管理过程中，各地城建、园林部门和风景名胜区管理机构要根据调查鉴定的结果，对本地区所有古树名木进行挂牌，标明树名、学名、科属、树种、管理单位等。同时，要研究制定出具体的养护管理办法和技术措施，如复壮、松土、施肥、防治病虫害、补洞、同栏以及大风和雨雪季节的安全措施等。

为了切实加强城市古树名木的保护管理工作，建设部 2000 年 9 月颁发了《城市古树名木保护管理办法》，该文件对城市古树名木的分级管理做出了详细的规定。

（1）一级古树名木由省、自治医、直辖市人民政府确认，报国务院建设行政主管部门备案；二级古树名木由城市人民政府确认，直辖市以外的城市报省、自治区建设行政主管部门备案，其档案也应做相应处理。

（2）古树名木保护管理工作实行专业养护部门保护管理和单位、个人保护管理相结合的原则。城市人民政府园林绿化行政主管部门应当对城市古树名木，按实际情况分株制定养护、管理方案，落实养护责任单位、责任人，并进行检查指导。生长在城市园林绿化专业养护管理部门管理的绿地、公园等的古树名木，由城市园林绿化专业养护管理部门保护管理；生长在铁路、公路、河道用地范围内的古树名木，由铁路、公路、河道管理部门保护管理；生长在风景名胜区内的古树名木，由风景名胜区管理部门保护管理；散生在各单位管界内及个人庭院中的古树名木，由所在单位和个人保护管理。变更古树名木养护单位或者个人，应当到城市园林绿化行政主管部门办理养护责任转移手续。

(3) 城市园林绿化行政主管部门应当加强对城市古树名木的监督管理和技术指导，积极组织开展对古树名木的科学研究，推广应用科研成果，普及保护知识，提高保护和管理水平。城市人民政府应当每年从城市维护管理经费、城市园林绿化专项资金中划出一定比例的资金用于城市古树名木的保护管理。

(4) 古树名木养护责任单位或者责任人，应按照城市园林绿化行政主管部门规定的养护管理措施实施保护管理。古树名木受到损害或者长势衰弱，养护单位和个人应当立即报告城市园林绿化行政主管部门，由城市园林绿化行政主管部门组织治理复壮。对已死亡的古树名木，应当经城市园林绿化行政主管部门确认，查明原因，明确责任并予以注销登记后，方可进行处理。处理结果应及时上报省、自治区建设行政部门或者直辖市园林绿化行政主管部门。

(5) 集体和个人所有的古树名木，未经城市园林绿化行政主管部门审核，并报城市人民政府批准的，不得买卖、转让。捐献给国家的，应给予适当奖励。

(6) 任何单位和个人不得以任何理由、任何方式砍伐和擅自移植古树名木。因特殊需要，确需移植二级古树名木的，应当经城市园林绿化行政主管部门和建设行政主管部门审查同意后，报省、自治区建设行政主管部门批准；移植一级古树名木的，应经省、自治区建设行政主管部门审核，报省、自治区人民政府批准。

直辖市确需移植一、二级古树名木的，由城市园林绿化行政主管部门审核，报城市人民政府批准移植所需费用，由移植单位承担。

(7) 严禁下列损害城市古树名木的行为：在树上刻划、张贴或者悬挂物品；在施工等作业时借树木作为支撑物或者固定物；攀树、折枝、挖根摘采果实种子或者剥损树枝、树干、树皮；距树冠垂直投影 5m 的范围内堆放物料、挖坑取土、兴建临时设施建筑、倾倒有害污水、污物垃圾、动用明火或者排放烟气；擅自移植、砍伐、转让买卖。

(8) 新建、改建、扩建的建设工程影响古树名木生长的，建设单位必须提出避让和保护措施。城市规划行政部门在办理有关手续时，要征得城市园林绿化行政部门的同意，并报城市人民政府批准。

(9) 生产、生活设施等生产的废水、废气、废渣等危害古树名木生长的，有关单位和个人必须按照城市绿化行政主管部门和环境保护部门的要求，在限期内采取措施，清除危害。

(10) 不按照规定的管理养护方案实施保护管理，影响古树名木正常生长，或者古树名木已受损害或者衰弱，其养护管理责任单位和责任人未报告，并未采取补救措施导致古树名木死亡的，由城市园林绿化行政主管部门按照《城市绿化条例》第二十七条规定予以处理。

四、我国古树名木保护、管理与研究的现状

1. 法规建设

我国政府历来十分重视对古树名木的保护工作，20 世纪 70 年代，我国改革开放以来，随着我国社会经济和文化科学技术的不断发展，古树的价值及其保护意义更引起了人们的重

视，古树保护工作也被提到各级政府部门的议事日程。1982 年 3 月国家城建总局出台了《关于加强城市与风景名胜区古树名木保护管理的意见》；1995 年 8 月，国务院颁布《城市绿化条例》，在《条例》中对古树名木及其保护管理办法、责任以及造成的伤害、破坏等做出相关的规定、要求与奖惩措施；2000 年 9 月国家建设部重新颁布了《城市古树名木保护管理办法》，就古树名木的范围、分级进行了界定，并就古树名木的调查、登记、建档、归属管理以及责任、奖惩制度等方面做出了具体的规定和要求。随后，许多省市也相继出台了地方性的古树管理与保护法规或条例，使一度疏于管理的古树名木走向了规范保护的发展轨道。

2. 科学研究

20 世纪 80 年代起我国大部分省市根据建设部要求开始对辖区内古树名木进行普查保护，并开始进行一些复壮技术的研究工作。北京市从 1979 年开始研究了古树衰弱与土壤理化性质的关系，从古树微观结构和定量分析与古树生长有关的主要矿质元素方面入手，根据大量的古树调查研究结果，建立了古树的矿质营养元素区系标准，找到了古树生长与各主要矿质元素的平衡比例关系，针对古树生长中出现的一些症状，分析其原因，总结出古树复壮的生理机制、土壤改良、病虫害防治等一整套综合复壮措施；在此基础上，为古树复壮研制出了复壮沟、渗水井、古树中药助壮剂等，并于 1998 年出台了《北京市古树名木管理技术规范》。

20 世纪 80 年代末，泰山对岱庙银杏古树叶片黄枯现象进行了研究分析，对古树土壤中的含水量、通气性、有机质等土壤因子进行了研究，找出了改善古树土壤条件的措施，如改良土壤、施肥、灌水。

广州于 1991～1992 年对白蚁防治进行了研究，证明用移植孔施药和钻巢诱杀法两种方法对受害树木进行防治，处理效果比较理想；树洞修补技术通过研究比较得出，50％水泥＋50％沙＋弹性环氧胶的修补效果最好；榕树采用人工引气根法，能有效加速气生根的生长速度，并用三段法计算古树树龄。

武汉、南京、苏州在 20 世纪 90 年代，作为建设部“八五”攻关课题，对南方古树名木复壮进行了研究，得出了以下复壮措施：土壤管理（深耕换土、深耕埋通气竹管、深耕埋入聚苯乙烯发泡废弃物）；增施肥料（挖沟施肥、叶面施肥、根部混施生根灵、施用植物生长调节剂）；加强树体管理（靠接、树干修损）等。

1998～2001 年浙江省景宁县开展了古树名木主要害虫综合治理工作，发现主要害虫有樟萤叶甲、樟蚕、银杏大蚕蛾、马尾松毛虫、柳杉毛虫等。防治措施为：改善古树生长环境；保护和利用天敌；人工捕杀；化学防治。天津园林科研所的科技人员为古树名木准备了“保健品”，即施用古树灵优质肥；2004 年 10 月发布了《天津市古树名木保护与复壮技术规程》。吉林省森茂绿化生态技术发展公司应用树木活力机改善树木根部土壤透气不良问题，并将密度营养棒配套使用。

一些发达国家如美国、德国把 50 年以上的树木作为古树保护。日本研究出树木强化器，埋于树下完成树木的通气、灌水及供肥等工作。美国研究出肥料气钉，解决古树表层土供肥问题。德国在土壤中采用埋管、埋陶粒和气筒打气等方法解决通气问题，用土钻打孔灌液态肥料，用修补和支撑等外科手术保护古树。英国探讨了土壤坚实、空气污染等因素对古树生长的影响。

美国、德国、新加坡、日本、中国香港等在古树名木保护中已使用无损检测技术，测定树木内虫蛀、白蚁危害、空洞、腐烂程度等，如阻抗图波仪，既能测定树木内部的腐烂程度，又能检测树龄及虫害，但价格昂贵。

第八章　古树名木的养护与管理

197

然而，古树名木的保护与管理是一项长期的、综合性的、复杂的工作，尚有许多问题有待进一步研究，需要有更多科技工作者做出长期的不懈努力。

第二节　古树名木保护的生物学基础

一、古树名木的生物学特征

（一）古树的生物学特点

（1）根系发达　古树多为深根性树种，主侧根发达，一方面能有效地从土壤中吸收树体生长发育所需的水分与养分，另一方面具有极强的支撑和固定能力来维持庞大的树体，只有根深才能叶茂，古树才能生存下去。如河南洛宁县兴华乡山坡顶部的 1 株侧柏，号称"刘秀柏"，树干平卧，主侧根露地 1.5m 高，稳固地支撑着硕大的树体，抗御冬春的干旱多风；杞县高阳生长在孤丘上的古朴树，盘根错节，露根紧包土丘，依然生长繁茂；确山县的北泉寺古银杏侧根露地延伸，远远超过树冠的冠幅。黄山迎客松的根系在岩石裂缝中伸展到数十米远，其根系还能分泌有机酸分解岩石以获得养分。

（2）萌发力强　许多古树种类具有根、茎萌蘖力较强的特性，根部萌蘖可为已经衰弱的树体提供营养与水分。例如河南信阳李家寨的古银杏，虽然树干劈裂成几块，中空可过人，但根际萌生出多株苗木并长成大树，形成了"三代同堂"的丛生银杏树。有的树种如侧柏、槐树、栓皮栎、香樟等，干枝隐芽寿命长、萌枝较强，枝条折断后能很快萌发新枝，更新枝叶，如河南登封少林寺的"秦五品封槐"，枝干枯而复苏，生枝发叶，侧根又生出萌蘖苗，从而长成现在的第三代"秦槐"，生生不息。

（3）生长缓慢　古树一般是慢生或中速生长树种，新陈代谢较弱，消耗少而积累多，从而为它长期抵抗不良的环境因素，提供了内在有利的条件。

（4）古树多为本地乡土树种　古树多为乡土树种或是经过驯化、已对当地自然环境条件表现出较强适应性并对不良环境条件形成较强抗性的外来树种。

（5）起源于种子繁殖　古树通常是由种子繁殖而来。种子繁殖的树木，其根系发达，适应性广，生活力强，抗逆性较强，如抗旱、耐低温和其他不良环境条件，这也是古树长寿的前提条件之一。

（6）病虫害相对较少　某些树种的枝叶还含有特殊的有机化学成分，如侧柏体内含有苦味素、侧柏苷及挥发油等，具有抵抗病虫侵袭的功效；银杏叶片细胞组织中含有的 2-乙烯醛和多种双黄酮素有机酸，常与糖结合成苷的状态或以游离的方式而存在，同样有抑菌杀虫的威力，表现较强的抗病虫害能力。

（二）古树生长的环境条件

古树一般生长在适宜树体生长的环境中，这是除了自身的生物学特性之外，古树可以长寿的另一个重要原因。

（1）原生环境得以很好的保护　位于自然风景区、自然山林的古树名木，基本是处于其原始的生境下，人为活动干扰较少，相对比较稳定的生长环境促使其正常生长。

（2）受到人们的刻意保护　自古以来我国就重视对古树名木的保护，那些位于名胜古迹的古树、名木，因其特殊的意义而受到人们更多的关注，多数名人故居、寺院旁的古树就是属于这类情况。

（3）特殊的立地条件　一些古树因其生长在土壤格外深厚、人兽活动不易干扰、水分与营养条件较好、生长空间大等有利于树体发育的特殊的立地条件下，即使原生环境受到破坏，且未受到人们刻意保护的情况下，古树仍能正常生长。

二、古树名木的衰老与环境因子

任何树木都要经过生长、发育、衰老、死亡等过程，这是客观规律，不可抗拒。但是通过探讨古树衰老原因，可以采取适当的措施来推迟其衰老阶段的到来、延长树木的生命，甚至促使其复壮而恢复生机，这是完全可能做到的。因此有必要探讨古树衰老的原因，以便采取针对性的保护措施。

（一）自然灾害

（1）大风　古树名木树高、冠大、枝叶繁茂，对大风阻力大。加之古树名木年代久远，树干大多腐朽中空，尽管外观上完好无损，其实，大多仅为韧皮部和部分木质部存活，存在严重隐蔽性干中空现象。一旦遇大风，轻则断枝劈杈，重则倒伏死亡，严重影响古树美观和正常的生长，造成不可挽回的损失。

（2）雷电　古树名木一般树高、冠大，雷雨天时易被雷击，轻则树体灼伤、断枝、折干，重则焚毁，造成树体严重损伤，影响古树名木的正常生长。

（3）干旱　持久的干旱，使得古树发芽推迟，枝叶生长量减小，枝的节间变短，叶片因失水而发生卷曲，严重者可使古树落叶，小枝枯死，易遭病虫侵袭，从而导致古树的进一步衰老。

（4）雪压　树冠雪压是造成古树名木折枝毁冠的主要自然灾害之一，特别是当连续降雪达15cm厚时，常常对枝杈密、下垂、平展的古树老枝干造成压伤。如2003年初冬的大雪给北京市的古树名木造成巨大损失；黄山风景管理处，每在大雪时节都要安排及时清雪，以免雪压毁树。

（5）地震　地震虽然不是经常发生，但是一旦发生5级以上的强烈地震，对于腐朽、空洞、干皮开裂、树势倾斜的古树来说，往往会造成树木倾倒或干皮进一步开裂。

（6）火灾　火灾不仅是古建筑的最大灾害，也是林木的最大危害之一，火灾一旦发生，将使几百年的古树名木毁于一旦，化为灰烬，造成无法弥补的损失。

古树名木除易遭大风、雪灾、雷击、火灾、地震、干旱为害外，严寒酷暑、冰雹、洪涝、泥石流、山体滑坡和沙尘暴等恶劣气候也会给古树名木带来严重危害，造成古树名木皮开干裂、根裸枝残等现象，导致生长不良，甚至倒伏死亡。

（二）病虫危害

一般而言，古树对病虫害的抗性较高，但高龄的古树大多已开始或者已经步入了衰老至死亡的生命阶段，树势衰弱已是必然，而树木衰老时往往易受病虫害的侵袭。如危害古松、柏的小蠹甲类害虫，危害古樟、古龙眼的白蚁，这些害虫的侵入，又加速了古树的衰老。如果不及时和有效地防治已遭到病虫危害的古树，其树势衰弱的速度将会进一步加快，衰弱的程度也会因此而进一步增强。在古树保护工作中，及时有效地控制主要病虫害的危害，是一项极其重要的措施。

（三）人为活动的影响

如上所述大多数古树生长在人为活动所及的地域，由于人类的经济活动改变了其原生的生长环境，促使古树加速衰老进程，一般人为活动的影响表现在以下几个方面。

（1）土壤密实度过高　土壤是古树名木生存的重要基础条件之一，树木通过根系从土壤中吸收的无机养分，是树体正常生长发育所需矿质营养的主要来源。据分析，古树生长之初立地条件都比较优越，其土壤深厚疏松，排水良好，小气候条件适宜。但是经过历年的变迁，人口剧增，随着经济的发展，人们生活水平的提高，许多古树所在地开发成旅游点，旅游者越来越多，特别是有些古树，姿态奇特，或具有神话色彩，招来的游客更多，车压、人踏等，密实度过高，通透性差，限制了根系的发展，甚至造成根系，特别是吸收根的大量死亡。如福建省宋蔡襄故乡枫亭东宅，宋时"烟火万家、荔香十里"。至清乾隆时尚有 18 株宋荔，今仅存 3 株。

（2）土壤水分条件恶化　古树名木生长所需水分，更多的是依赖于自然降水。由于游人增多，为方便观赏，多在树干周围用水泥砖或其他硬质材料进行大面积铺装，仅留下较小的树池。铺装地面造成土壤通透性能下降，严重影响了土壤的气体交换，也形成了大量的地表径流，大大减少了土壤水分的积蓄，致使古树根系经常处于透气、营养与水分极差的环境中。

（3）土壤剥蚀、根系外露　古树历经沧桑，土壤裸露，表层剥蚀，水土流失严重，不但使土壤肥力下降，而且表层根系易遭干旱和高温伤害或死亡，还易造成人为擦伤，抑制树木生长。

（4）挖方和填方的影响　挖方导致植物根系裸露，根系易受人及极端恶劣天气的损伤；填方则易造成根系缺氧窒息而死。

（5）土壤和空气的严重污染　古树名木周围的污染源，如化工、印染厂等排放的废水废气，不仅污染了空气及河流，也污染了土壤和地下水体，更有甚者在古树名木根部倾倒工业废料，有毒物质及各种污水垃圾等污染物，使树体周围土壤的酸碱浓度、重金属离子大量增加，土壤理化性能恶化，使其根系受到或轻或重的伤害。空气中的有害物质还会抑制叶片的呼吸，破坏叶绿素的光合作用，使其逐年衰败枯死。

（6）土壤营养不良　经千百年的生长，古树消耗了土壤中的大量营养物质，由于城市环境的物质性，树木与土壤间的物质循环被破坏，几乎没有枯枝落叶归还给土壤，人工施肥又少，导致土壤中有机质含量低，而且有些必需元素也十分缺乏；另一些元素很可能过多而产生危害。

（7）生长空间对古树生长的影响　在城市、公园、名胜古迹等处，凡有古树名木之处，必是游人云集之所。为了接待游人，古树名木周围常有高大建筑物开发，高大建筑物的存在会导致古树光照条件的恶化，抑制古树的光合作用；高大建筑物会造成树体偏冠，影响树体的美观，降低树体对自然灾害的抗性。

（8）人为的损害　如在树下摆摊设点；在树干周围乱堆杂物，如水泥、沙子、石灰等建筑材料。在旅游景点，个别游客会在古树名木的树干上乱刻乱画；更有人迷信地将古树的叶、枝、皮采回入药，其中以剥掉树皮的伤害最大；在城市街道，会有人在树干上乱钉钉子；在农村，古树成为拴牲畜的桩，树皮遭受啃食的现象时有发生；更为甚者，对由于妨碍建筑或车辆通行等的古树名木不惜砍枝伤根，致其死命。

（9）管理不当造成的影响　如修剪过重，超过了树的再生能力，施药浓度过大造成的药害，肥料浓度把握不当造成烧根，人为破坏造成古树生长衰退。

第三节　古树名木的养护及复壮技术

一、一般养护与管理

（1）树体加固　古树由于年代久远，树体衰老，下垂枝条较多，偏冠严重，树体容易倾斜，因此需要支撑加固。加固应用楔子、螺丝等，严禁用铁丝缠绕，以免造成韧皮部缢伤，支撑可用水泥柱。为保持古树的观赏性，可将水泥柱外部做成与支撑树体相近的造型。

（2）树干疗伤　由于古树的生长已进入衰退期，受到伤害时愈合和恢复的能力减弱，所以出现伤口时应适当处理以促进伤口愈合。小面积的伤口可以适当涂抹消毒剂，对于创伤面积较大的伤口或是主枝、大枝还应实施复位加固，并对伤口进行适当修整、消毒和涂抹防腐剂等。由于雷击使枝干受伤的树木，应将烧伤部位锯除并涂保护剂。

（3）树洞修补　因年久腐朽古树已形成树洞，树洞的形成为有害生物繁衍提供了场所，也削弱了树体的结构，在受到外力影响的情况下，容易造成折损，因此要及时对树洞进行修补。修补时应先对洞口进行观察和清理，小心去掉腐朽和虫蛀的木质部，并根据树洞情况进行修整、消毒和涂抹防腐剂，然后选择合适的填充物对树洞进行填充。填充要做到紧密、充实且不可留有间隙，填充物应略低于树木的形成层，这样有利于愈伤组织的形成，最后应用石灰、乳胶、颜料等对外层进行涂抹。目前对古树的树洞处理主要有以下几种。

① 开放法。如树洞不深无填充的必要时，可按前面伤口治疗的方法处理。如果树洞很大，给人以奇树之感，欲留做观赏时可采用开放法处理。可将洞内腐烂木质部彻底清除，刮去洞口边缘的死组织，直至露出新的组织为止，用药剂消毒，并涂防护剂，同时改变洞形，以利排水，也可在树洞最下端插入排水管，并注意经常检查排水情况，以免堵塞，防护剂每隔半年左右重涂 1 次。

② 封闭法。首先将洞内腐烂木质部彻底清除，刮去洞口边缘的死组织，消毒后可在洞口表面覆以金属薄片，待其愈合后嵌入树体而封闭树洞。也可以在洞口表面钉上板条以油灰和麻刀灰封闭（油灰是用生石灰和熟桐油以 1：0.35 混合而成，也可以直接用安装玻璃用的油灰俗称"腻子"），再用白灰、乳胶、颜料粉面混合好后，涂抹于表面，为了增加美观，还可以在上面压树皮状纹或钉上一层真树皮。

③ 填充法。传统的填充材料是水泥砂浆，这种材料成本较低，但填充效果并不理想。对古树而言，古树的树洞填充必须选用优质的填充材料，如弹性环氧胶、聚氨酯塑料等。这些填充材料坚韧、结实、有弹性，易于心材和边材黏合；操作简单，容易灌注；易于形成愈伤组织。堵充树洞时一定要注意，洞口填充材料的外表面不能高于形成层，这样有利于愈伤组织的形成。为了增加美观，富有真实感，在最外面可钉一层真树皮。

（4）设避雷针　古树大都树高冠宽或是孤立生长，往往容易遭受雷击，因此需安装避雷设施，以防雷击，如果遭受雷击应立即将伤口刮平，涂上保护剂并堵好树洞。

（5）灌水、松土、施肥　春、夏干旱季节灌水防旱，秋、冬季浇水防冻，灌水后应松土，一方面保墒，同时也增加土壤的通透性。古树施肥要慎重，一般在树冠投影部分开沟，沟内施腐殖土加稀粪，或适量施化肥等增加土壤的肥力，但要严格控制肥料的用量，绝不能造成古树生长过旺，特别是原来树势衰弱的树木，如果在短时间内生长过盛会加重根系的负担，造成树冠与根系的平衡失调，适得其反。

（6）树体喷水　城市空气浮沉等危害物质较多，古树能吸附大量的灰尘和有害物质，影响观赏和自身的光合作用，因此应对树体进行喷水除尘。该项措施费工费水，成本较高，一般只在重点区采用。

（7）整形修剪　古树的再生能力较弱，修剪时应格外谨慎，尽可能地避开主要干枝、侧枝，修剪应以"适当适量、少剪轻疏"为原则，主要剪除病枝、枯枝和危枝等，对于危枝和病死枝要及时清理、烧毁。对于部分观赏性古树来说，枯枝增添了古树的沧桑感，增加了整体观赏效果，因此修剪更应谨慎，除特别情况外，一般不予修剪。

（8）防治病虫害　古树衰老，容易遭受病虫害侵袭，引起衰亡。因此，应密切关注古树的生长状况，对病虫害应"早发现、早防治"，合理增加水肥管理，提高古树的抗病虫害能力。古树名木进行病虫害化学防治的方法如下。

① 浇灌法。针对树体分布分散、树体高大、立地条件复杂的古树可以采取此法。利用内吸剂通过根系吸收、经过输导组织至全树而达到杀虫、杀螨等作用，同时解决了化学药剂易误杀天敌、污染空气等问题。具体方法是，在树冠垂直投影边缘的根系分布区内开沟，开沟的长度、宽度、深度根据树体根系分布大小而定，然后将药剂浇入沟内，待药液渗完后封土。

② 埋施法。具体施药方法与浇灌法相同，将固体颗粒均匀撒在沟内，然后覆土浇足水。此法药效作用时间长，可以起到防治病虫害的效果。

③ 注射法。对于周围环境复杂、障碍物较多、不方便进行土壤施药的古树，可以利用树体注射法。注射法是通过向树体内注射内吸杀虫、杀螨药剂，经过树木的输导组织至树木全身达到较长时间的杀虫、杀螨目的。

(9) 设围栏、堆土、筑台 为了减少人为对古树名木的危害，可根据古树的生长环境和生长状态，设置隔离围栏、堆土筑台保护树体不受人为侵扰，防止裸露根遭到践踏，以免受到新的伤害。筑台具有防涝效果，比堆土收效尤佳，筑台需在台边留孔排水，避免造成根部积水。隔离围栏应设在树冠投影以外或树干外 3～4m 处，对围栏外的地面也要做透气性的铺装处理。

(10) 立标示牌 安装标志，标明树种、树龄、等级、编号，明确养护管理负责单位，设立宣传牌，介绍古树名木的重大意义与现况，提高群众对古树名木的认识，增强全民保护意识，制止和打击破坏损毁古树名木的行为。

二、古树复壮的技术措施

古树复壮就是采用各种有效的措施，改善外部不良因素，提升其自身生理功能和代谢水平，以延长其寿命。就古树衰败的现状来看，常表现为树干腐朽空洞、冠形残缺、顶梢枯萎、枝叶凋零、病虫害严重、根系生长不良等，而古树的复壮就是要采取相应措施，改善这些衰败现象，达到复壮的目的。而古树名木的复壮主要是分析、诊断古树衰老的原因，采取针对性的措施来促进往树体向有利的方向发展，以增强树势，延缓衰老。

我国在古树复壮方面的研究处于较高水平，在 20 世纪八九十年代，北京、泰山、黄山等地对古树复壮的研究与实践就已取得较大的成果，抢救与复壮了不少古树。如北京市园林科学研究所，针对北京市公园、皇家园林中古松柏、古槐等生长衰弱的根本原因是土壤密实、营养及通气性不良、主要病虫害严重等，采取了以下复壮措施，效果良好。

1. 埋条促根

如果土壤营养不良、紧实度高等原因引起古树衰弱，可以采用埋条促根的方式来进行复壮。具体方法如下。

在古树根系范围，为了改善土壤的通气性以及肥力条件，填埋适量的树枝、熟土等有机材料。埋条的方法主要有放射沟埋条法和长沟埋条法。放射沟是从树冠投影约距树干 1/3 的地方向外挖放射状沟 4～12 条，沟应内浅外深，内窄外宽，沟宽为 40～70cm，深 60～80cm，沟长 120cm。沟内先垫放 10cm 厚的松土，再把截成长 40cm 枝段的苹果、海棠、紫穗槐等树枝缚成捆，平铺一层，每捆直径 20cm 左右，上撒少量松土，每沟施麻酱渣 1kg，尿素 50g，为了补充磷肥可放少许动物骨头和贝壳等，然后覆土 10cm，放第二层树枝捆，最后覆土踏平。如果树体间相距较远，可采用长沟埋条，沟宽 70～80cm，深 60～80cm，长 200cm，然后分层埋树条施肥、覆盖踏平。

如果古树衰老并不严重，或者古树的立地条件比较复杂，不具备沟施条件的，也可以采用穴施。在树冠投影约距树干 1/3 的地方向外开始挖穴，穴直径 40～70cm，深 60～80cm。穴内填入的物质与沟施相同，再加入适量的豆饼和尿素即可。

复壮基质也可采用松、栎、槲的自然落叶，取 60% 腐熟落叶加 40% 半腐熟的落叶混合，再加少量 N、P、Fe、Mn 等元素配制而成，配置后的复壮基质，pH 值控制在 7.1～7.8。这种基质含水量有丰富的矿物质元素，富含胡敏素和黄腐素等，可有效促进土壤微生物活动，可以促进树木根系的生长。有机物逐年分解后与土壤胶合成团粒结构，其中固定的多种元素（$Fe^{3+} \longrightarrow Fe^{2+}$）可逐年释放出来，施后 3～5 年内土壤有效孔隙度可保持在 12%～15% 以上，有效改善了土壤的物理性状。

这种复壮方法不但改善了土壤的通透性，而且增加了土壤的营养，为古树根系复壮创造了良好的条件。

2. 设置复壮沟-通气-渗水系统

部分古树衰老是由地下积水过多，土壤通气不良导致的。这种情况下就可以采用此方法，通过挖复壮沟、安置通风管和砌渗水井的方法，增加土壤的通透性，使积水通过管道、渗水井排出或用水泵抽出。

复壮沟深 80～100cm，宽 80～100cm，长度和形状因地形而定。有时是直沟，有时是半圆形或 "U" 字形沟。沟内回填复壮基质、各种树枝和增补的营养元素。

回填的复壮基质与 "埋条促根" 相同，回填的树枝本着就地取材的原则，北方地区回填的树枝主要是紫穗槐、杨树等阔叶树的树枝，将其截成 40cm 长的枝段后埋入沟内，古树的根系可以在枝间穿行生长。为了改善营养，增施在基质中的营养元素应根据实际情况而定。北方碱性土壤容易导致土壤中铁不活化，所以北方地区古树复壮时常在基质中加入 Fe 元素，并施放少量的 N、P 元素。硫酸亚铁（$FeSO_4$）使用剂量按长 1m、宽 0.8m 复壮沟内施入 0.1～0.2kg 为宜。为了提高肥效可适量掺入麻酱渣或马掌，以更好地满足古树的生长需要。

复壮沟的位置在古树树冠投影外侧，回填处理从上向下纵向分 6 层。表层为 10cm 厚的素土；第二层为 20cm 厚的复壮基质；第三层是 10cm 厚的树枝；第四层为 20cm 厚的复壮基质；第五层是 10cm 厚的树枝；最底层是 20cm 厚的粗沙或陶粒。

安置的通气管为陶土、金属或塑料制品。管径 10cm，管长 80～100cm，管壁打孔，外围包棕片等物，以防堵塞。每棵树垂直埋设 2～4 根，下端与复壮沟内的树枝层相连，上部开口加上带孔的铁箅盖，既便于通气、施肥、灌水，又不会堵塞。

渗水井构筑在复壮沟的中间或是一端，井深 1.3～1.7m，直径 1.2m，四周用砖砌成，下部不用水泥勾缝，井口周围抹水泥，上面加带孔的铁盖。井比复壮沟深 30～50cm，可以向四周渗水，因而可保证古树根系分布层内无积水。如遇雨季，可用水泵抽出。井底有时还需向下埋设 80～100cm 的渗漏管。

此法使地下沟、井、管相连，形成一个既能通气排水，又能提供营养的复壮系统，改良土壤的理化条件，有利于古树的复壮与生长。

3. 地面处理

采用透气铺装、根基土壤铺梯形砖或种植地被的方法，为了解决古树名木土壤表层透气的问题，使土壤能与外界保持正常的水气交换。北京在城区和风景名胜区铺梯形砖时，下层采用石灰、沙子、锯末配制比例为 1:1:0.5 的材料做衬垫，砖与砖之间不勾缝，保证透气性，为了防止土壤 pH 值的变化，土方地区尽量不用石灰为好。许多风景区在古树的根区采用透气性能良好的材料进行铺装，如黄山玉屏楼的 "陪客松" 应用新型铺装材料处理土壤表面，效果很好。采用栽植地被植物措施，对其下层土壤可做与上述埋条法相同的处理，并设围栏禁止游人践踏。

4. 换土

古树几百年或上千年生长在同一地点，由于土壤中肥料有限，时间长了古树会出现缺素症；再加上地面铺装过大，人为踩踏密实，使土壤通气不畅，排水不良，不利于根系的正常生长，导致古老衰老。如果此时古树的生长位置受到地形、生长空间等立地条件的限制，而无法实施上述复壮措施，可考虑换土的方法。如北京市故宫园林科从 1962 年起开始用换土的方法抢救古树，使老树复壮。典型范例有：皇极门内宁寿门外的 1 株古松，当时幼芽萎缩，叶片枯黄，好似被火烧焦一般。职工们在树冠投影范围内，对主根部位的土壤进行换土，挖土深 0.5m（随时将暴露出来的根用浸湿的草袋盖上），以原来的旧土与沙土、腐叶土、锯末、粪肥、少量化肥混合均匀之后填埋其中，换土半年之后，这株古松重新长出新梢，地下部分长出 2~3cm 的须根，复壮成功。1975 年对另一株濒于死亡的古松，采取同样的换土处理，换土深度达 1.5m，面积也超出了树冠投影部分；同时还挖了深达 4m 的排水沟，排水沟下层垫以大卵石，中层填以碎石和粗沙，上面以细沙和园土覆平，使排水顺畅。目前，故宫里凡是经过换土的古松，均已郁郁葱葱，焕发勃勃生机。

5. 喷施或灌施生物混合制剂

据雷增普等报道（1995 年），用生物混合剂（"五四〇六"细胞分裂素、农抗 120、农丰菌、生物固氮肥相混合），对古圆柏、古侧柏实施叶面喷施和灌根处理，明显促进了古柏枝、叶与根系的生长，增加了枝叶中叶绿素及磷含量，也增加了耐旱力。

第九章　园林植物病虫害防治

调查表明，我国园林植物上的病害有5508种，害虫和其他有害动物3998种。近年来，我国城市绿化建设迅速发展，城市园林绿地的种类和面积大幅度增加，随之而来的是城市园林植物病虫害的种类也有所增加，并出现了复杂化、危险化的趋势，对园林植物造成了严重的威胁，造成了大量的经济损失。因此，综合防控园林植物病虫害是园林树木栽培养护的一项重要内容。

第一节　园林植物病害的基本知识

一、园林植物病害的概念

园林植物在生长发育过程中，或种苗、球根、鲜切花和成株在运输、贮藏中，因受到环境中致病因素（非生物或生物因素）的侵害，使植株在生理、解剖结构和形态上产生局部的或整体的反常变化，导致植物生长不良、品质降低、产量下降，甚至死亡，严重影响观赏价值和园林景观的现象，称为园林植物病害。园林植物染病后首先表现出生理的不正常反应，然后导致植物组织结构的变化，最后是外部形状的病变。这一逐渐加深和持续发展的进程，即病理程序，简称为病程。植物病害的发生必须经过一定的病理程序，是否存在病理程序是植物病害和瞬时形成的损伤之间的本质区别，但是，损伤后的植物比较容易受到病原微生物的侵袭，从而诱发病害。

病害是人类从自身应用的角度对植物不正常反应所下的定义，所谓"害"，是指植物的不正常反应损害人类的需求，造成经济损失。因此，当有些园林植物染病后表现出某种"病态"，却增加了它们的经济和观赏价值时，如碎锦郁金香、"绿萼"月季等，人们将这些"病态"植物视为珍贵的园艺名花和珍品，而非植物病害。

二、园林植物病害的病原

直接导致园林植物病害的因子，称为病原。病原根据性质可以分为两大类：生物性病原和非生物性病原。

生物性病原主要指以园林植物为寄主的有害生物，主要有真菌、病毒、细菌、植原体、寄生性种子植物、线虫、藻类和螨类等。由生物性病原引起的园林植物病害具有传染性，称为侵染性病害或传染性病害。

非生物性病原主要指不利于园林植物生长的环境因素，主要包括营养失调、温度不适、水分失调、光照不适、通风不良和大气污染等。由非生物性病原引起的病害，是不能相互传染的，称为生理性病害或非侵染性病害。

三、病害三角

园林植物病害的发生需要满足三个条件：寄主（受害植物）、病原、适宜的环境条件，三大因素缺一不可。在植物的病程中，病原物和寄主间始终受到外部环境条件的制约。当外部的环境环境有利于植物生长发育而不利于病原物生长时，植物的免疫力提高，抗病性增强，病原物则很难寄生在植物体上，植物会保持健康状态，或者即使受害，症状也较轻；反之，病害就以可以顺利侵入寄主体内并迅速发展，植物受害严重，甚至死亡。因此，植物病害发生是寄主和病原体在环境条件影响下相互作用的结果，它们之间的这种关系，被称为"病害三角"。

四、园林植物病害的症状

园林植物受生物或非生物病原侵染后，在外部形态上表现出来的不正常状态，称为症状。症状可分为病状和病症两种类型。寄主植物感病后植物本身所表现出来的不正常变化，称为病状。植物病害都有病状，如黄化、畸形、萎蔫等。病原物侵染寄主后，在寄主感病部位产生的各种结构特征，称为病症，如锈状物、粉状物等。有些病原体如真菌、细菌和寄生性种子植物等引起的植物病害，病症特别突出。而有些病害不表现病症，如非侵染性病害和病毒病害等。

每一种植物病害的症状都具有相对稳定性，每一种植物病害的症状都具有自身的特征。因此，症状是我们诊断植物病害的主要依据。主要的植物病害症状有以下一些类型。

（1）斑点　由于局部组织坏死而形成的，常发生于叶片、果实和种子上，形状、颜色不一，如大叶黄杨叶斑病、兰花炭疽病。

（2）枯萎或萎蔫　典型的枯萎或萎蔫指园林植物根部或干部维管束组织受破坏而表现失水状态或枝叶萎蔫下垂现象，而根茎的皮层组织还是完好的。主要原因在于植物的水分疏导系统受阻，如果是根部或主茎的维管束组织被破坏，则表现为全株性萎蔫；侧枝受害则表现为局部萎蔫，如黄栌枯萎病。有时叶片蒸腾过大而土壤水分不足或新栽植物根系受损也会引起枯萎。

（3）腐烂　病原物分泌酶把植物细胞内的物质溶解，组织软化解体，流出汁液。这种症状在植物的各个部分均可发生，但受害部位不同，症状表现有差异。在幼苗或幼嫩多汁的组织发生的腐烂，多为湿腐，如羽衣甘蓝软腐病；腐烂组织中的水分能及时蒸发而消失则形成干腐病。

（4）黄化　由植物叶绿素的形成受到抑制或被破坏而减少，营养不足及微量元素缺乏等引起，如北方碱性土壤植物因土壤中的铁不活化而发生缺铁性失绿症。植物受病毒侵染后也可以发生黄化，如香石竹斑驳病毒等。

（5）花叶　植物受病害侵染后，叶片颜色深浅不一，常常遍及全叶，如郁金香病毒病在叶片上形成花叶，花瓣上产生浅色或近白色条状碎色斑，或不规则斑点。

（6）畸形　畸形是由细胞或组织过度生长或发育不足引起的。常见的有植物的根、干或枝条局部细胞增生而形成局部肿胀或瘤状突起，如月季根癌病；植物的主枝或侧枝顶芽生长受抑制，腋芽或不定芽大量发生而形成丛枝，病枝展叶早而小，叶肉变厚，叶缘向下卷曲，如樱花丛枝病。

（7）粉霉　植物的叶片、嫩枝、花柄和新梢等部位出现白色、黑色或其他颜色的霉层或粉状物，一般都是病原微生物分生的菌体或孢子，如月季白粉病和玫瑰锈病等。

（8）流胶或流脂　植物感病后细胞分解为树脂或树胶流出，致使花木生长衰弱或芽梢枯死，如桃流胶病。

（9）菌脓　黏稠的脓状物，由植物汁液与病菌（细菌）细胞组成。

五、园林植物病害的发生及发展

植物病害的侵染循环是指一年内植物侵染性病害连续发生的过程。侵染循环一般包括三个基本环节：病原的越冬或越夏；病原物的传播；病原物的初侵染和再侵染。侵染循环是研究植物病害发生发展规律的基础，也是制定植物病害防治措施的依据。

（一）病原物越冬（或越夏）的场所

病原物越冬（或越夏）期是病虫害防治的关键时期，在这段时间内，病原物处于相对静止状态，而且场所比较固定集中。病原物越冬（或越夏）的主要场所有以下几种。

(1) 感病植物及病残体 植物感染病害后，病原物可以在多年生的寄主植物体内越冬和越夏，成为下一生长季中初侵染的重要来源，如根癌病、溃疡病、干锈病等。病原物也可在枯枝、落叶、落果及死根上越冬，以次年产生的孢子侵染寄主植物。

(2) 种苗及其他繁殖材料 一些病原物如日本菟丝子的种子可以混在寄主植物种子中间，成为苗期病害的侵染来源。病毒和支原体可在苗木、块根、插穗、接穗和砧木上越冬。带病的种子、球茎、块根、鳞茎等都是园林植物病害的初侵染来源。

(3) 土壤和肥料 土壤是多种病原体的重要越冬场所，对根部病害和土传病害而言，土壤是最重要的也可能是唯一的侵染来源。病原物在土壤中休眠越冬，也有一些在土壤中以腐生方式存活。肥料中如混有没有充分腐熟的病株残体，也可以成为多种病害的侵染来源。

(4) 昆虫等传播介体 一些病原体如病毒、植原体和细菌靠昆虫传播，昆虫就成为这些病毒的主要越冬场所。

（二）病原物的初侵染和再侵染

病原物越冬（或越夏）后传播到植物上所进行的第一次侵染为初侵染。在同一个生长季节中，初侵染之后发生的侵染均为再侵染。再侵染的次数与病原的种类和环境条件有关，有的病害只有初侵染而无再侵染。对于只有初侵染的病原，可以通过控制初侵染的来源或切断侵入途径来控制；有再侵染的病害，则应根据再侵染的次数和特点进行防治。

（三）病原物的传播

病原物越冬（或越夏）后必须经过一定的传播途径才能与寄主接触，进行侵染。病原物的传播方式主要分为自然传播、主动传播和人为传播三大类。自然传播中主要通过风、雨、水、土壤、昆虫和其他动物（线虫、螨类）等传播。有些病原物可以通过自身的能力做到短距离传播，称为主动传播，如真菌中的鞭毛菌亚门的游动孢子。人为传播主要指通过带病的种苗或种子的调拨、园艺操作、包装材料或机械等途径传播。人为传播距离远、数量大，常为病原体开辟了新病区，造成园林植物的严重损失。病原物的传播是侵染循环各个环节联系的纽带，因此了解植物病害的传播途径对于病害的综合防治是非常重要的。

植物侵染性病害的发生过程称为病程。病程从病原物与寄主植物接触开始，经过侵入、繁殖，使寄主出现病害症状直至症状停止发展为止的全过程。病原物的侵染是一个连续的过程，为了便于认知和说明，人为地将这一过程分为接触期、侵入期、潜育期和发病期四个阶段，但各阶段之间并没有明确的界限。

六、园林植物病害的诊断

园林植物病害种类繁多，各种病害的发生原因、发生条件和发生特点各不相同，防治方

第九章　园林植物病虫害防治

207

法也存在较大的差异。因此，正确判断园林植物病害是对园林植物病害进行有效防治的基础，如果诊断出现失误，必然会造成防治方法出现偏差，不但不能有效控制病害，反而有可能导致病情的延误和加重，造成更大的损失。

（一）侵染性病害的诊断

侵染性病害一般具有特异性的病害症状，发病后期还会有病症出现。对侵染性病害的诊断主要依据症状和病原。

(1) 症状观察　症状是植物病害诊断的重要依据之一。园林植物病害的症状种类很多，但是每一种植物病害在一定的阶段都具有一定的、相对稳定的症状，如发病部位、病斑的颜色、病斑的大小等，根据症状的特点，首先区别是损伤、虫害还是病害，再判断是非侵染性病害还是侵染性病害。根据症状对园林植物病害进行诊断时要注意以下两点：①植物病害的症状会随寄主的种类、寄生的器官、寄主的发育阶段和环境的不同而变化，病害的初期、中期、后期症状常有差异，因此要认真系统地观察和分析寄生和病害的发育阶段及环境特点，不要因症状不同而误认为是不同的病害；②不同的病原可能会引发相同或相似的症状类型。因此，症状观察并不完全可靠，常常需在症状观察的基础上进一步分析病因和病原鉴定。

(2) 显微诊断　经过实地调查和症状观察，初步确定为侵染性病害的，可进行病原物的镜检。对真菌性病害，可做徒手切片或挑取病原组织中的菌丝、孢子或子实体进行镜检。如病害的病症不是很明显，可对其进行保湿培养，待病症出来后再进行镜检。细菌性病害在病组织中会有大量的细菌存在，因此在感病部位出现比较明显的菌脓。植物根结线虫病在植物的根瘤内会有线虫存在，这些都是进行诊断的依据。病毒或支原体在电镜下方可观察到，诊断相对比较困难。

(3) 柯式法则检验　就是利用科赫法则的原理来证明一种生物的病原性。主要步骤为：首先从感病植物体获得病原生物，使其在人工培养基上生长，并纯化得到纯培养，再将其接种到与发病植物同种的健康的植株上面，给予合适的发病条件，观察其症状是否与原病害症状相同，从接种发病的组织上再分离出这种病原物。有一些病原物如某些病毒、植原体、真菌等，培养和纯化还不可能，柯式法则就不能实行。

（二）非侵染性病害的诊断

非侵染性病害的诊断是一个较复杂的问题。非侵染性病害是由不良的环境条件所引起的，而一般情况下，自然界的光照、温度、水分、土壤等都是植物生长发育所必需的环境因子，只是当它们在量上超过了某种限度时才成为病原，而园林植物品种繁多，习性差异较大，栽培方式各异，因此园林植物对环境因子的生态适应范围较难掌握。非侵染性病害的诊断一般要首先进行现场调查，根据病害的症状、发生的时间、分布状况、环境条件等分析发病的因素。

非侵染性病害常常引起黄化、花叶、枯斑、畸形、落花、落果、枯死等不正常表现，有的出现死根现象，有些与侵染性病原引起的病害症状相似，这就需要对发病现场进行认真调查和观察，对发病原因进行分析并做出正确的判断。一般非侵染性病害的发生是受土壤、气候条件的影响或其他有毒物质的污染，它们的发生往往是成片的。非侵染性病害不具传染性，发病范围比较稳定，扩展趋势不显著；植株之间的表现差异不大。而侵染性病害在田间的分布，初期往往是点发性的，有明显的发病中心和扩散趋势。

非侵染性病害通常是全株性的，但也有些非侵染性病害只发生于一定的部位，如毛白杨破腹病只发生在树干阳面的中、下部，由日灼引起的松苗猝倒病则发生在靠近地表的根颈部。

非侵染性病害的发生与一定的特殊环境相联系，如地势低洼积水，土壤干旱、贫瘠，pH值过高或过低，地下水位过高，邻近工矿区或交通频繁地带等。如哈尔滨地区2010年春季持续低温发生冻害，致使大量垂枝榆、水蜡、黑皮油松发生枯梢或全株枯死。空气污染所致病害多发生在工矿附近，具明显的方向性（主风向下方），距污染源愈远受害愈轻。

第二节 园林植物昆虫基本知识

一、昆虫的概念

昆虫属无脊椎动物的节肢动物门，昆虫纲。昆虫的数量和种类庞大复杂，而且适应性强，分布范围广。

昆虫纲与其他动物最主要的区别是：成虫整个体躯分头、胸、腹三部分；胸部具有3对分节的足，通常还有2对翅；在生长发育过程中，需要经过一系列内部结构及外部形态的变化，即变态；具外骨骼。

二、昆虫的生物学

1. 昆虫的口器

口器是昆虫的取食器官，由于取食方式的不同，口器的构造也发生了相应的特化。昆虫口器主要有以下几种类型。

（1）咀嚼式口器 是昆虫演化史上最古老的口器，其他不同类型的口器都是由它演化而来的。咀嚼式口器由上唇、上颚、下颚、下唇和舌组成。其危害特点是使受害植物发生机械损伤，叶子缺刻、穿孔或吃光，或蛀食枝干、球果和种子，或咬断种子和植物地下部分，造成缺苗、断垄。

（2）刺吸式口器 这种口器为吸食植物汁液或动物汁液的昆虫所具有，如蚜虫、蝉的口器。刺吸式口器害虫的危害特点是导致植物叶片出现大量失绿斑点，叶片卷曲，形成虫瘿，导致植物生长不良。刺吸式口器害虫在取食时还会传播植物病原物，使植物染病。

（3）虹吸式口器 这类口器是蛾、蝶类成虫所特有。口器细长中空，平时卷藏在头下方两下唇须之间，取食时则伸直，伸进花朵里取花蜜，或取食外露的果汁及其他液体，少数蛾类可以半口器刺入果实组织内，取食果汁。

除了以上3种口器外，还有蓟马所特有的锉吸式口器，可以吸取物体表面的汁液；蜜蜂的嚼吸式口器，即能嚼食花粉，又能吸食花蜜。

了解昆虫的口器类型，不但可以了解昆虫的危害方式和危害特点，也可以根据昆虫口器的特点，选择合适的杀虫剂进行有效防治。

2. 昆虫的生殖方式

大多数昆虫所采用的繁殖对策是两性生殖，两性生殖是指经过雌雄交配产生受精卵，受精卵发育成新个体的生殖方式。除了两性生殖外，有些不经过雌雄交配，雌虫产下的卵不经过受精而发育成新个体的生殖方式称为孤雌生殖。孤雌生殖一般可以分为3种类型：偶发性孤雌生殖，在正常情况下昆虫进行两性生殖，雌虫偶尔产下未经受精卵也能发育为正常个体，如家蚕等；经常性孤雌生殖，指永久性孤雌生殖，某些昆虫经常用这种生殖方式，因而被视为一种正常的生殖现象，雌虫产下的卵分为受精卵和未受精卵两种，前者发育成雌虫，后者发育成雄虫，如粉虱、蓟马等；周期性孤雌生殖也称为循环性孤雌生殖，这种生殖方式的特点是昆虫两性生殖和孤雌生殖随着季节的变化而交替进行，也称为异态交替或世代交替，如蚜虫从春季到秋季进行十余次孤雌生殖，秋末，随着气候变冷，营孤雌生殖的有翅蚜飞到木本或多年生草本植物上，不久即产生雌、雄两性后代，两者交配后产卵，以受精卵越冬，有性繁殖使蚜虫可以进行基因重组，使种群的遗传结构保持一定的丰富度。

3. 昆虫的世代和生活史

在昆虫的一生中需要经过卵、幼虫、蛹、成虫4个发育阶段。卵是昆虫发育的第一阶段，昆虫自卵发育直到成虫性成熟产生后代为止的个体发育周期，称为一个世代。不同种类昆虫完成一个世代所需的时间差异极大，如蝉科的某些昆虫完成一个世代需要几年时间；而蚜科昆虫一年内可以完成数十世代。一年内完成一代的称为一代性；1年完成多个世代的，称为多代性。除种类不同外，世代长短往往还与昆虫所在地理位置、环境因子等密切相关。

一年发生多代的昆虫，由于成虫发生期长和产卵期先后不一，同一时期内，在一个地区可同时出现同一种昆虫的不同虫态，造成上下世代间重叠的现象，称为世代重叠。

昆虫由越冬态开始活动，到翌年越冬结束止的生长发育过程为年生活史，简称生活史。1年1代的昆虫，其年生活史含义和世代是相同的。1年多代的昆虫，其年生活史就包括了多个世代。了解昆虫的生活史和世代发生的规律，对病虫害的防治具有重要作用。

4. 昆虫的变态及其类型

昆虫在生长发育过程中，从幼体状态变为成虫状态要经过外部形态、内部构造以及生活习性的一系列变化，这种现象称为变态。昆虫变态大致分为完全变态和不完全变态两大类型。

（1）不完全变态　昆虫一生经过卵、幼虫、成虫三个虫态。蝗虫、椿象、蝉等昆虫的幼体与成虫体形、食性和生活环境相似，仅体小、翅和性器官不成熟，这类不完全变态也称渐变态，其幼虫称为"若虫"。蜻蜓的成虫陆生，而幼虫营水生生活，幼虫在体形、呼吸器官、取食器官、行为器官及行为上与成虫明显不同，这类不完全变态也称半变态，其幼虫称为"稚虫"。粉虱和介壳虫的雄虫在幼虫期有一个不食不动的类似蛹的时期，这类不完全变态也称过渐变态。

（2）完全变态　昆虫一生经过卵、幼虫、蛹、成虫四个虫态，如蛾、蝶类昆虫等。这类昆虫的幼虫不仅外部形态和内部器官与成虫差异很大，而且生活习性也完全不同。从幼虫变为成虫的过程中，幼虫的内部器官和外部形态都需经过重新分化。因此，在幼虫与成虫之间剧烈的内外变化需要经历"蛹"期来完成。

5. 昆虫各虫期生命活动的特点

（1）卵期　是昆虫个体发育的第一个时期，是指卵从母体产下后到孵化出幼虫所经过的时期。卵是一个不活动的虫态，所以昆虫对产卵和卵的构造本身都有特殊的保护性适应。昆虫的卵都比较小，一般1～2mm，较大的如蝗虫卵长达6～7mm，螽斯卵长9～10mm，小的如寄生蜂卵长仅0.02～0.03mm。昆虫卵的形状是多种多样的。常见的卵是圆形或肾形，如直翅目蝗虫的卵。此外，还有球形的（如甲虫）、桶形的（如椿象）、半球形的（如夜蛾类）、带有丝柄的（如草蛉）、瓶形的（如粉蝶）等。卵的表面有的平滑，有的具有华丽的饰纹。虫的产卵方式随种类而异，有的散产，如天牛、凤蝶；有的聚产，如螳螂、荔枝椿象；有的裸产，如松毛虫；有的隐产，如蝉、蝗虫等。

（2）幼虫期　是昆虫个体发育的第二个时期。从卵孵化出来后到出现成虫特征（不完全变态类变成虫或完全变态化蛹）之前的整个发育阶段，称为幼虫期（或若虫期）。

幼虫期的明显特点是大量取食，积累营养，迅速增大体积。从实践意义来说，幼虫期对园林植物的危害最严重，因而常常是防治的重点时期。

幼虫的生长往往呈阶段性，即取食──生长──脱皮──取食──生长……在正常情况下，幼虫生长到一定程度就要脱一次皮，所以它的大小或生长进程（即所谓虫龄）可以用脱皮次数作为指标。初孵的幼虫称一龄幼虫，脱一次皮后叫二龄幼虫，每脱一次皮就增加一龄，幼虫生长到最后一龄，称为老熟幼虫或末龄幼虫。

完全变态昆虫的幼虫基本上可以分为下列几类。

① 寡足型。只具有3对胸足，没有腹足和其他附肢，如瓢虫、叶甲、金龟子等的幼虫。

② 多足型。幼虫具有3对胸足，2～8对腹足，如鳞翅目的幼虫。

③ 无足型。既无胸足也无腹足，如天牛、象甲、蚊、蝇等的幼虫。

（3）蛹期　自末龄幼虫脱去表皮至变为成虫所经历的时间，称为蛹期。蛹是完全变态类昆虫由幼虫变为成虫的过程中必须经过的虫态。末龄幼虫脱去最后的皮称化蛹。蛹的形态通常可分成三类。

① 离蛹（裸蛹）。触角、足等附肢和翅不贴附于蛹体上，可以活动，如甲虫、蜂类的蛹。

② 被蛹。触角、足、翅等附肢紧贴蛹体上，不能活动，如蛾、蝶类的蛹。

③ 围蛹。蛹体实际上为离蛹，但蛹体外面由末龄幼虫所蜕的皮形成的蛹壳所包围，如蝇类的蛹。

（4）成虫期　昆虫发育的最后一个时期，其主要任务是交配产卵，繁殖后代。因此，成虫期本质上是昆虫的生殖期。

① 性成熟与补充营养。有些昆虫在羽化后，性器官已经成熟，不需取食即可交尾、产卵。这类成虫口器一般都退化，寿命很短，如蛾、蝶类的成虫。大多数昆虫羽化为成虫时，性器官还未完全成熟，需要继续取食，才能达到性成熟，如金龟子和不完全变态类昆虫等，这种对性细胞发育不可缺少的成虫期营养，称为"补充营养"。

② 性二型。同一种昆虫，雌雄个体除生殖器官等第一性征不同外，其个体的大小、体型、颜色等也有差别，这种现象称性二型（雌雄二型）。如雄蚱蝉具发音器而雌虫没有等都是显而易见的雌雄差别。

③ 性多型。同一性别的同种昆虫具有两种或两种以上个体的现象，称多型现象。这种现象在蚂蚁和蜜蜂等社会性较强的昆虫种群中比较常见，如白蚁群中除有"蚁后"、"蚁王"专司生殖外，还有兵蚁和工蚁等类型。

6. 休眠和滞育

昆虫在一年的生长发育过程中，常出现暂时停止发育的现象，即通常所谓的越冬和越夏，可以分为休眠和滞育两大类。

休眠是不良环境条件直接引起的，当不良环境条件解除后，即可恢复正常的生命活动。休眠发生在炎热的夏季称夏蛰（或越夏）；发生在严冬季节称为冬眠（或越冬）。

滞育是由环境条件引起的，但通常不是由不良环境条件引起的。在自然情况下，当不利的环境条件还远未到来之前，具有滞育特性的昆虫就进入滞育状态，而且一旦进入滞育状态，即使给予最适宜的条件，也不能解除滞育，所以滞育是昆虫长期适应不良环境而形成的种的遗传特性。

7. 昆虫的习性

（1）食性　各种昆虫按照取食的对象一般可分为植食性昆虫、肉食性昆虫、腐食性昆虫、杂食性昆虫。其中植食性昆虫又可分为单食性、寡食性和多食性三类。寡食性害虫和多食性害虫对园林植物危害严重，是防治的重点。

（2）趋性　是指昆虫对各种刺激物所引起的反应，趋向刺激物的活动叫正趋性；避开刺激物的活动叫负趋性。各种刺激物主要有光、温度、化学物质等。因而趋性也就有趋光性、趋温性、趋化性等之分。趋性是虫害防治的重要手段，如趋避剂就是利用昆虫的负趋性来防治害虫。

（3）假死性　如象甲、叶甲、金龟子等成虫当受到外界突然震动惊扰后立即从植株上掉下来缩作一团暂时不动的现象称假死性。可利用害虫的假死性进行人工扑杀、虫情调查等。

（4）群集性　指高密度的同种昆虫聚集在一起，共同为害的习性。一般出现在昆虫幼虫期，如马尾松毛虫、刺蛾等。此时期害虫集中，并且处于幼龄，因此是进行大面积有效防治的理想时期。

（5）社会性　昆虫营群居生活，一个群体中个体有多型现象，有不同的分工。如蜜蜂、蚂蚁、白蚁等。

（6）拟态和保护色　一些昆虫的形态与植物某些部位的形态很相似，从而取得保护自己的作用的现象称拟态，如竹节虫、尺蛾的幼虫；保护色是指某些昆虫具有同其生活环境中的背景相似的颜色，这有利于躲避捕食性动物的视线而得到保护自己的效果，如蚱蜢、枯叶蝶、尺蠖成虫。

掌握昆虫的生活习性便可以了解害虫发生的动态，更好地利用害虫生长发育过程中的薄弱环节，采取有效的防治措施，获得理想的防治效果。

三、昆虫的分类

1. 昆虫的分类单元

昆虫的分类单元包括界、门、纲、目、科、属、种，种是分类的基本单位。昆虫分类学家从进化的观点出发，将那些形态性状，地理分布，生物、生态性状等相近缘的种类集合成属，将近缘属集合成科，将近缘科集合成目，将各目集合成纲，即昆虫纲。

2. 昆虫命名法

昆虫的科学名称简称学名，采用的是"双名法"和"三名法"：每一种昆虫的学名均由属名和种名组成，属名在前，种名在后，这种由双名构成学名的方法称为"双名法"。在学名后面附有命名者的姓，学名中属名第一个字母大写，种名第一个字母小写，命名者第一个字母大写。若是亚种，则采用"三名法"，将亚种名排在种名之后，第一个字母小写。

3. 与园林树木有关的昆虫主要目科概况

下面 10 个目几乎包括了大多数园林树木害虫和益虫：直翅目、等翅目、半翅目、同翅目、缨翅目、鞘翅目、鳞翅目、双翅目、脉翅目和膜翅目。另外，螨类属于蛛形纲蜱螨目，也有许多严重危害园林树木的种类，习惯上与昆虫一并研究。

（1）直翅目（Orthoptera）　包括蝗虫、螽斯、蟋蟀、蝼蛄等。体中型至大型。渐变态。多数种类生活于地面上，但也有生活于地下或树上的。多数为植食性，少数为捕食性。本目昆虫一般以卵越冬。多为 1 年 1 代，偶有 2 代，或 2～3 年 1 代。主要有蝗科、蟋蟀科、蝼蛄科、螽斯科。

（2）半翅目（Hemiptera）　通称椿象。体小至大型。单眼 2 个或无。触角 3～5 节。口器刺吸式，一般吸食植物汁液，有的能传播病害。前翅为半鞘翅；后翅膜质。多数种类具有臭腺。渐变态。大多陆生，少数水生。捕食性或植食性。主要有长蝽科、蝽科、盾蝽科、网蝽科、猎蝽科、缘蝽科。

（3）等翅目（Isoptera）　通称白蚁。体长 3～10mm。触角念珠状。口器咀嚼式。有翅型前后翅大小形状和脉序都很相似。跗节 4～5 节。尾须短。渐变态。多型性，社会性昆虫。

白蚁常危害农林作物、房屋、桥梁、交通工具、堤围等，给生产建设和人民生活带来严重的危害和损失。主要有白蚁科、鼻白蚁科。

(4) 缨翅目（Thysanoptera） 通称蓟马。体长一般为 0.5～7mm，体黄褐、苍白或黑色，有的若虫红色。触角 6～9 节。口器锉吸式。翅 2 对，膜质，狭长形而翅脉少，翅缘密生缨毛。雄虫很少，多行孤雌生殖。足跗节端部生一可突出的端泡，故又称泡脚目。大多植食性。主要有蓟马科、管蓟马科。

(5) 脉翅目（Neuroptera） 体小型至大型。翅膜质，前后翅大小形状相似，翅脉多呈网状，边缘两分叉。成虫口器咀嚼式，幼虫刺吸式。全变态。本目昆虫成、幼虫都是捕食性的益虫。常见的有草蛉科。

(6) 同翅目（Homoptera） 通称蝉、叶蝉、蚜、蚧等。体微小至大型。触角刚毛状或丝状。口器刺吸式，从头部腹面的后方伸出，喙通常 3 节。前翅革质或膜质，后翅膜质，静止时平置于体背上呈屋脊状，有的种类无翅。有些蚜虫和雌性介壳虫无翅，雄性介壳虫后翅退化成平衡棒。渐变态，而粉虱及雄蚧为过渐变态。两性生殖或孤雌生殖。生活史复杂，并有转换寄主习性，植食性，刺吸植物汁液，造成生理损伤，有的还能在植物上形成虫瘿，并可传播病毒或分泌蜜露，引起煤污病。主要有蝉科、叶蝉科、沫蝉科、木虱科、粉虱科、蚜总科、蚧总科。

(7) 鞘翅目（Coleoptera） 通称甲虫，是昆虫纲中最大的一目，占整个昆虫总数的 1/4 还多。体微小至大型，体壁坚硬。复眼发达，一般无单眼。触角一般 11 节，形状多样。口器咀嚼式。前翅坚硬、角质，为鞘翅，后翅膜质。跗节数目变化很大。完全变态。幼虫寡足型或无足型，口器咀嚼式。蛹多为裸蛹。植食性、捕食性或腐食性。分为 2 个亚目：肉食亚目，常见的有步甲科、虎甲科等；多食亚目，常见的有瓢虫科、叶甲科、豆象科、吉丁虫科、叩头虫科、粉蠹科、长蠹科、金龟总科、芫菁科、天牛科、象虫科、小蠹总科、郭公虫科。

(8) 鳞翅目（Lepidoptera） 通称蛾和蝶。全世界已知约 20 万种，是昆虫纲中仅次于鞘翅目的第 2 个大目。体小至大型。全变态。幼虫为多足型，陆生，仅少数水生。成虫口器为虹吸式，幼虫口器咀嚼式，绝大部分为植食性，除极少数成虫能造成危害外，均以幼虫危害。幼虫取食方式多样化：大多在植物表面取食，咬成孔洞缺刻；有的营隐蔽生活，卷叶、潜叶，钻蛀种实、枝干；或在土内危害植物的根、茎部等。生活史长短随地区、种类而定，一般以幼虫或蛹越冬，有的则以卵或成虫越冬。分属两个亚目：球角亚目又称蝶类，身体通常纤细。蝶类均在白天活动，触角锤状、球杆状，翅面常具有鲜艳的色彩，翅形大多数阔大，停栖时四翅竖立于背；本亚目包括凤蝶科、粉蝶科、蛱蝶科等。异角亚目又称蛾类，身体相对粗壮，一般多在晚间活动，触角丝状、羽毛状等，翅形一般较狭小，翅面色彩一般较灰暗，停栖时四翅平展呈屋脊状。本亚目包括透翅蛾科、巢蛾科、鞘蛾科、麦蛾科、木蠹蛾科、豹蠹蛾科、襄蛾科、刺蛾科、斑蛾科、卷叶蛾科、螟蛾科、枯叶蛾科、蚕蛾科、尺蛾科、天蛾科、大蚕蛾科、舟蛾科、灯蛾科、夜蛾科、毒蛾科、潜蛾科等。

(9) 膜翅目（Hymenoptera） 包括各种蜂类和蚂蚁等，已知种数仅次于鞘翅目和鳞翅目而居第 3 位。通称蜂、蚁。体微小至大型。触角多于 10 节，有丝状、膝状等。口器咀嚼式或嚼吸式。翅两对，膜质，翅脉少。跗节 5 节，有的足特化为携粉足。腹部第 1 节常与后胸连接，胸腹间常形成细腰。雌虫产卵器发达，高等种类形成针状构造。完全变态。幼虫多足型、寡足型和无足型等。蛹为离蛹。捕食性、寄生性或植食性。全世界有 10 万种以上，我国已知 2000 种，分为广腰亚目和细腰亚目 2 个亚目。广腰亚目均为植食性种类，食叶、蛀茎或形成虫瘿，较重要的有叶蜂科、三节叶蜂科、树蜂科。细腰亚目多居于巢室内或寄生于其他昆虫体内，少数可在植物上做虫瘿或危害种子。重要的有姬蜂总科、小蜂总科、细蜂总科、蚁总科、胡蜂总科、蜜蜂总科等。

(10) 双翅目（Diptera） 包括蚊、蝇、虻等多种昆虫。体小至中型；前翅1对，后翅特化为平衡棒，前翅膜质，脉纹简单；口器刺吸式或舐吸式；复眼发达；触角有芒状、念珠状、丝状；全变态。幼虫蛆式无足。多数围蛹，少数被蛹。与园林植物关系密切的有瘿蚊科、食蚜蝇科、实蝇科、花蝇科、寄蝇科。

(11) 螨类 螨类属于蛛形纲，蜱螨目，在自然界分布广泛。刺吸园林植物汁液，引起叶子变色、脱落；使柔嫩组织变形，形成虫瘿。螨类与昆虫的主要区别是：体分节不明显，不分成头、胸、腹三个体段。无翅。无复眼，但大多数种类有1～2对单眼，有足4对（少数2对）。螨类均为小型或微小的种类，体呈圆形或卵圆形，有些种类则为蠕虫形。一般分为前体段和后体段。螨类多为两性生殖，一般为卵生，亦有行孤雌生殖的。发育阶段雌雄有别：雌螨经过卵、幼螨、第一若螨、第二若螨及成螨；雄螨没有第二若螨。螨类繁殖很快，1年最少2～3代，多则20～30代，以卵或受精的雌虫在树皮缝隙或土壤等下面越冬。主要有叶螨科和叶瘿螨科。

第三节　园林树木病虫害防治的技术措施

园林植物病虫害防治的基本原则是"预防为主，综合治理"。要掌握病虫害发生的规律和特点，抓住其薄弱环节，要了解病虫害发生的原因、发生发展特点、与环境的关系，掌握病虫危害的时间、部位、范围等规律，制定切实可行的防治措施。园林树木病虫害防治的方法多种多样，各种方法都有优点，但同时也存在局限性。因此，单一方法很难有效控制病虫害，必须考虑和应用各种防治手段，采取综合措施加以防治，才能达到较为理想的效果。

一、植物检疫

植物检疫是指一个国家或地方政府颁布法令、设立专门机构，禁止或限制危险性病、虫、杂草等人为地传入或传出，或者传入后为限制其继续扩展所采取的一系列措施。植物检疫充分体现了"预防为主，综合治理"的方针，可以有效防治园林植物危险性病虫害及杂草通过人为活动进行的远距离传播和扩散。植物检疫分为对外检疫（国际检疫）和对内检疫（国内检疫）。植物检疫工作需要开展病虫害及其他有害生物的普查，明确植物检疫对象，对危险性病虫害划分疫区和保护区，对疫区进行严格控制，禁止疫区引进或输出园林植物材料及其产品或包装材料，发现有危险性病虫害植物及其产品要采取相应的措施，如就地销毁、消毒处理、禁止调用或限制使用地点等。

二、抗性育种措施

选育抗病虫品种防治园林植物病虫害是一种有效的措施，选育抗病品种包括选种和育种两方面。选种是在自然界病虫害流行地区，从自然界中存在的抗病虫植物品种或个体中选择培育成优良后代，经抗病虫力的测定后建立种子园进行繁育，方法比较简单。

抗病虫育种是通过辐射育种、化学诱变、单倍体育种及遗传工程等方法，使植物遗传基因重组或发生突变，再从变异个体中筛选遗传性较稳定、性状优良的品系。抗病虫品种的培育成功一般需要比较长的时间。目前在园林上已经培育出菊花、香石竹、金鱼草等抗锈病的新品种。一个抗病虫品种，无论是新品种还是原有的抗性品种，其抗性在栽培过程中有可能由于环境的变化或病原物产生变异而丧失或减弱。因此，只有不断选育出新的抗病品种，合理搭配多系品种，改进栽培措施，才能使植物的抗病性长久地保持住。

三、园林栽培技术措施

园林植物病虫害的发生是园林植物、病原物和环境三者相互作用的结果，园林植物栽培技术措施主要通过改进园林植物栽培技术，使环境条件有利于寄主植物生长，减少病虫的侵染来源，以增强植物的抗病性。园林栽培技术的具体措施主要包括适地适树、选用抗病品种、注意圃地卫生、加强水肥管理、合理使用无机肥料、植物种类合理布局、实行轮作、改善植物生长的生态条件、选用健康无病繁殖材料，通过这些措施可以使植物健壮地生长，从而增强植物的抗病虫能力。

四、物理防治

物理防治主要是通过各种物理因子和机械设备来防治植物病虫害的方法。一般可以通过热力处理土壤、放射能、机械阻隔等措施来抑制或杀死病原生物，从而达到控制园林植物病害的目的。利用简单机械以及各种物理因素，如光、温度、热、电、放射能等来防治害虫，统称为物理及机械防治。目前常用的方法主要包括捕杀法，利用人力或简单机械捕杀具有假死性和群集性的害虫；诱杀法，利用害虫的趋性，设置灯光、毒饵等诱杀害虫，如黄板诱蚜、糖醋液诱地老虎等。

五、化学防治

化学防治是利用化学农药防治园林植物病虫害的一种方法，在病虫害防治中占有重要地位。化学防治具有杀虫快，效果好，使用方法简单，见效快，适用范围广，受季节限制少，适于大面积防治成灾害虫等优点，是目前园林植物病虫害防治的重要手段。

化学药剂根据防治对象可分为杀虫剂和杀菌剂两大类。

用于防治园林植物病害的化学农药称为杀菌剂，杀菌剂一般分为保护剂和治疗剂。杀菌剂是在植物生长季末期植物未感病前或休眠期施用，抑制或杀死植物体外的病原物，起保护作用，常用的保护剂有波尔多液、代森锌等。治疗剂具有直接杀菌和抑制作用，并且能影响病菌致病的过程，常用的治疗剂有托布津、多菌灵等。杀菌剂的使用方法主要包括种苗消毒、土壤消毒、喷雾、淋灌或注射及烟雾法等。

用于防治园林植物害虫的化学农药称为杀虫剂。杀虫剂根据其性质和作用方式分为胃毒剂、触杀剂、内吸剂、熏蒸剂和特异性杀虫剂等。根据化学成分可分为有机氯、有机磷、有机氮和拟除虫菊酯类、生长抑制剂等。杀虫剂的剂型有粉剂、可湿性粉剂、可溶性粉剂、乳油剂、烟剂、颗粒剂、气雾剂、熏蒸剂、微胶囊剂、胶悬剂、超低容量制剂等。杀虫剂的使用方法有喷粉、喷雾、熏烟、根施、灌注、高压注射法、虫孔注射和堵塞法、拌种和毒土等。

化学药剂使用过程中需要注意以下问题：合理使用农药，做到经济、安全、高效；适时施药，提高化学药剂防治效果；注意保护害虫天敌，将化学防治和生物防治相互协调；合理混用农药，降低成本，防止病虫害对化学药剂产生抗药性。

六、生物防治

生物防治指用生物制剂（生物及其代谢物质）来防治植物病害的方法。广义的生物防治是指利用一切生物手段防治园林植物病虫害。狭义的生物防治是指利用微生物来防治植物病虫害，用有拮抗作用的微生物杀死或抑制病原微生物和害虫的生长发育。生物防治的主要内容有：以菌治病，许多菌种已经应用在植物病虫的防治，如多抗菌素等，可用来防治山茶饼病，利用野杆菌放射菌株84防治细菌性根癌病；以虫治虫，利用捕食性和寄生性天敌，防治园林植物虫害；以菌治虫，利用病原微生物及其产物防治园林植物害虫；以激素治虫等。生物防治具有对人、畜和植物安全的特点，不污染环境，特别是对于人活动较频繁的公园、风景区的园林植物病害而言，生物防治是最好的防治措施之一。但就目前现状而言，生物防治在生产实践中应用有较大的局限性，如生物防治的作用效果缓慢、在短期内达不到理想的防治效果等因素限制了生物防治的广泛应用。

第四节　主要园林树木病害种类简介

一、叶部病害

（一）白粉病类

1. 识别特征

白粉病是植物上发生极为普遍的一种病害。一般多发生在寄主生长的中后期，可侵害叶片、嫩枝、花、花柄和新梢。在叶上初为褪绿斑，继而长出白色菌丝层，并产生白粉状分生孢子，在生长季节进行再侵染，重者可抑制寄主植物生长，叶片不平整，以致卷曲，萎蔫苍白。幼嫩枝梢发育畸形，病芽不展开或产生畸形花，新梢生长停止，使植株失去观赏价值。严重者可导致枝叶干枯，甚至可造成全株死亡。

2. 防治措施

（1）消灭越冬病菌，秋冬季节结合修剪，剪除病弱枝，并将枯枝落叶等集中烧毁，减少初侵染来源。

（2）休眠期喷洒2～3波美度的石硫合剂，消灭病芽中的越冬菌丝或病部的闭囊壳。

（3）加强栽培管理，改善环境条件　栽植密度、盆花摆放密度不要过密；温室栽培注意通风透光。增施磷、钾肥，氮肥要适量。灌水最好在晴天的上午进行。灌水方式最好采用滴灌和喷灌，不要漫灌。生长季节发现少量病叶、病梢时，及时摘除烧毁，防止扩大侵染。

（4）化学防治　发病初期喷施15%粉锈宁可湿性粉剂1500～2000倍液、25%敌力脱乳油2500～5000倍液、40%福星乳油8000～10000倍液、45%特克多悬浮液300～800倍液。温室内可用10%粉锈宁烟雾剂熏蒸。

（5）生物制剂　近年来生物农药发展较快，BO-10（150～200倍液）、抗霉菌素120对白粉病也有良好的防治效果。

（6）种植抗病品种　选用抗病品种是防治白粉病的重要措施之一。

（二）锈病类

1. 识别特征

锈病是一类特征很明显的病害。锈病因多数孢子能形成红褐色或黄褐色、颜色深浅不同的铁锈状孢子堆而得名。锈菌大多数侵害叶和茎，有些也危害花和果实，产生大量的锈色、橙色、黄色，甚至白色斑点，以后出现表皮破裂露出铁锈色孢子堆，有的锈病还引起肿瘤。

锈病多发生于温暖湿润的春秋季，在不适宜的灌溉、叶面凝结雾露及多风雨的天气条件下最有利于发生和流行。

2. 防治措施

（1）在园林设计及定植时，避免海棠、苹果等与桧柏混栽。并加强栽培管理，提高抗病性。

（2）结合园圃清理及修剪，及时将病枝芽、病叶等集中烧毁，以减少病原。

（3）3～4 月在桧柏上喷洒 1：2：100 倍的石灰倍量式波尔多液，抑制冬孢子堆遇雨膨裂产生担孢子。

（4）发病初期可喷洒 15％粉锈宁可湿性粉剂 1000～1500 倍液，每 10d 1 次，连喷 3～4 次；或用 12.5％烯唑醇可湿性粉剂 3000～6000 倍液、10％世高水分散粒剂 6000～8000 倍液、40％福星乳油 8000～10000 倍液喷雾防治。

（三）叶斑病类

1. 识别特征

叶斑病是叶片组织局部侵染，导致出现各种形状的斑点。叶斑病的类型很多，可因病斑的色泽、形状、大小、质地、有无轮纹等不同，分为黑斑病、褐斑病、圆斑病、角斑病、斑枯病、轮斑病、炭疽病等。叶斑上往往着生有各种点粒或霉层。叶斑病能降低园林植物的观赏价值，有些叶斑病还会给园林植物造成较大的损失，如月季黑斑病、兰花炭疽病、大叶黄杨褐斑病、香石竹叶斑病等。

2. 防治措施

（1）加强养护管理，增强植株的抗病能力；选用无病植株栽培；合理施肥与轮作，种植密度要适宜，以利通风透光，降低湿度；注意浇水方式，避免喷灌；盆土要及时更新或消毒。

（2）消灭初侵染来源，彻底清除病残落叶及病死植株并集中烧毁。休眠期喷施 3～5 波美度的石硫合剂。

（3）发病期间药剂防治，特别是在发病初期及时喷施杀菌剂，如 47％加瑞农可湿性粉剂 600～800 倍液、40％福星乳油 8000～10000 倍液、10％世高水分散粒剂 6000～8000 倍液、10％多抗霉素可湿性粉剂 1000～2000 倍液、6％乐比耕可湿性粉剂 1500～2000 倍液。

（4）选育或使用抗病品种。

二、枝干部病害

枝干部病害种类不如叶部病害多，但危害较大，常常引起枝枯或全株枯死。幼苗、幼树及成年枝条均可受害，主干发病时全株枯死。引起枝干部病害的生物性病原有真菌、细菌、支原体、寄生性种子植物和线虫等，非生物性病原主要有日灼及低温。

（一）溃疡病或腐烂病

溃疡病是指树木枝干局部性皮层坏死，坏死后期因组织失水而稍下陷，有时周围还产生一圈稍隆起的愈伤组织。除典型的溃疡病外，还包括腐烂病（烂皮病）、枝枯病、干癌病等所有引起树木枝干韧皮部坏死或腐烂的各种病害。

1. 识别特征

溃疡病的典型症状是发病初期枝干受害部位产生水渍状斑，有时为水泡状，圆形或椭圆形，大小不一，并逐渐扩展；后失水下陷，在病部产生病原菌的子实体。病部有时会出现纵裂，皮层脱落。木质部表层褐色。后期病斑周围形成隆起的愈伤组织，阻止病斑的进一步扩展。有时溃疡病在寄主生长旺盛时停止发展，病斑周围形成愈伤组织，但病原物仍在病部存活。次年病斑继续扩展，然后周围又形成新的愈伤组织，如此往复年年进行，病部形成明显的长椭圆形盘状同心环纹，且受害部位局部膨大，有的多年形成的大型溃疡斑可长达数十厘米或更长。抗性较弱的寄主植物，病原菌生长速度比愈伤组织形成的速度快，病斑迅速扩展，或几个病斑汇合，形成较大面积的病斑，后期在上面长出颗粒状的子实体，皮层腐烂，即为腐烂病或称烂皮病。当病斑环绕树干一周时，病部上面枝干枯死。

2. 防治措施

(1) 通过综合治理措施改善环境条件，提高树木的抗病能力。

(2) 注意适地适树，选用抗病性强及抗逆性强的树种，培育无病壮苗。

(3) 在起苗、假植、运输和定植的各环节，尽量避免苗木失水。在保水性差且干旱少雨的沙土地，可采取必要的保水措施，如施吸水剂、覆盖薄膜等。

(4) 清除严重病株及病枝，保护嫁接及修枝伤口，在伤口处涂药保护。

(5) 秋冬和早春用含硫黄粉的树干涂白剂涂白树干，防止病原菌侵染。

(6) 用50%多菌灵300倍液加入适当的泥土混合后涂于病部，或用50%的多菌灵、70%的甲基托布津、75%百菌清500～800倍液喷洒，有较好的效果。

（二）松材线虫枯萎病

1. 识别特征

外部症状：针叶失去光泽，逐渐萎蔫变黄，最后变成红褐色，而后全株迅速枯萎死亡。树脂分泌减少或停止。内部生理病变：形成层活动停止。

2. 防治措施

(1) 加强检疫。

(2) 防治媒介昆虫。

① 化学方法：成虫期，喷洒药剂；幼虫期，药剂熏蒸。

② 物理方法：彻底清除病死木，主要用于除治幼虫；诱杀，主要用于除治成虫。

③ 生物防治：如管氏肿腿蜂、白僵菌等。

(3) 树干打孔注射和根部土壤处理除治线虫。

(4) 寄主松树更新换种，减少寄主源。

三、根部病害

根部病害症状类型可分为根部及根颈部皮层腐烂，根颈部出现瘤状突起。根部病害的发生，往往使植株地上部分表现出叶色发黄、叶形变小、放叶迟缓、提早落叶等症状。

（一）苗木立枯病

1. 识别特征

(1) 种芽腐烂型　种芽还未出土或刚露出土，即被病菌侵染死亡。

(2) 猝倒型　幼苗出土不久，嫩茎尚未木质化，病菌自茎基部侵入，受侵部呈现水渍状腐烂，幼苗迅速倒伏，此时嫩叶仍呈绿色，随后病部向两端扩展，根部相继腐烂，再后全苗干枯。

(3) 立枯型　也称根腐型。幼苗木质化后，苗根染病腐烂，茎叶枯黄，但死苗站着不倒，而易拔起，也称根腐型。

(4) 叶枯型　发生在苗木生长后期，由于苗木过于密集，苗丛内光照不足，苗木下部叶片染病腐烂枯死，常造成苗木成簇死亡。

2. 防治措施

(1) 应采取以栽培技术为主的综合防治措施，培育壮苗，提高抗病性。

（2）不选用瓜菜地和土质黏重、排水不良的地作为圃地。精选种子，适时播种。推广高床育苗及营养钵育苗，加强苗期管理，培育壮苗。

（3）土壤消毒选用多菌灵或配成药土垫床和覆种。

（4）种子消毒用 0.5％高锰酸钾溶液（60℃）浸泡 2h。

（5）幼苗出土后可喷洒多菌灵 50％可湿性粉剂 500～1000 倍液或喷 1：1：200 倍波尔多液，每隔 10～15d 喷洒 1 次。

（二）根结线虫病

1. 识别特征

被害植株的侧根和支根（主要侵染嫩根）产生许多大小不等的瘤状物，初表面光滑，淡黄色，后粗糙，质软。剖视之，可见瘤内有白色透明的小粒状物，即根瘤线虫的雌成虫，病株根系吸收机能减弱，病株生长衰弱，叶小，发黄，易脱落或枯萎，有时会发生枝枯，严重的整株枯死。

2. 防治措施

（1）加强植物检疫，以免疫区扩大。

（2）在有根结线虫发生的圃地，应避免连作感病寄主。

（3）药剂防治　利用溴甲烷处理土壤；将 3％呋喃丹颗粒剂或 15％铁灭克颗粒剂分别按 4～6g/m² 和 1.2～2.6g/m² 的用量拌细土施于播种沟或种植穴内；也可用 10％克线磷颗粒剂处理土壤，具体用量为 30～60kg/hm²。

（4）盆土药剂处理　将 5％克线磷按土重的 0.1％与土壤充分混匀，进行消毒；也可将 5％克线磷或 10％丙线磷，按盆口内径 6cm 用药 0.75g 或 0.50g 计，施入花盆中。

（5）盆土物理处理　炒土或蒸土 40min，注意加温勿超过 80℃，以免土壤变劣；或在夏季高温季节进行太阳暴晒，期间要防水浸，避免污染。

（6）花盆、操作工具要清洗消毒，盆土要集中处理。

（三）根癌病

1. 识别特征

该病主要发生在根颈处，也可发生在主根、侧根以及地上部的主干与侧枝上，发病初期病部膨大成球形或球形的瘤状物，幼瘤初为白色、质地柔软、表面光滑，以后瘤肿逐渐增大、质地变硬、褐色或黑褐色、表面粗糙龟裂。肿瘤的大小形状各异，草本植物上的肿瘤小，木本植物及肉质根的肿瘤大。由于根系受到破坏，发病轻的造成植株生长缓慢、叶色不正，严重者则引起全株死亡。

2. 防治措施

（1）病土需经热力或药剂处理后方可使用，或用溴甲烷进行消毒（具体方法参照猝倒病），病区应实施 2 年以上的轮作。

（2）病苗需经药液处理后方可栽植，可选用 500～2000mg/kg 链霉素浸泡 30min 或在 1％硫酸铜溶液中浸泡 5min。发病植株可用 300～400 倍的"402"浇灌或切除肿瘤后用 500～2000mg/kg 链霉素或用 500～1000mg/kg 土霉素涂抹伤口。

（3）外科治疗　对于初起病株，用刀切除病瘤，然后用石灰乳或波尔多液涂抹伤口，或用甲冰碘液（甲醇 50 份、冰醋酸 25 份、碘片 12 份），或用二硝基邻甲酚钠 20 份、木醇 80 份混合涂瘤，可使病瘤消除。

第五节　主要园林树木害虫及其防治

园林植物害虫种类很多，根据其危害部位及其危害方式，常将其分为食叶害虫、刺吸害虫、蛀干害虫及地下害虫等。

一、食叶害虫

园林植物食叶害虫种类繁多，主要为鳞翅目的蓑蛾、刺蛾、斑蛾、尺蛾、枯叶蛾、舟蛾、灯蛾、夜蛾、毒蛾及蝶类；鞘翅目的叶甲、金龟子；膜翅目的叶蜂；直翅目的蝗虫等。它们的危害特点是：①取食叶片，削弱树势。②大多裸露生活，虫口密度变动大。③多数种类繁殖能力强，产卵集中，易爆发成灾，并能主动迁移扩散，扩大危害范围。

（一）刺蛾类

属鳞翅目刺蛾科。幼虫蛞蝓形，体上常具有瘤和枝刺。蛹外常有光滑坚硬的茧。在园林植物上主要有黄刺蛾、桑褐刺蛾、扁刺蛾、丽绿刺蛾等。

防治方法如下。

(1) 消灭越冬虫茧。可结合抚育修枝、冬季清园等进行。

(2) 利用黑光灯诱杀成虫。

(3) 树干绑草绳。

(4) 初孵幼虫有群集习性，人工摘除虫叶。

(5) 药剂防治　中、小龄幼虫，可喷施 Bt 乳剂 500 倍液、20％菊杀乳油 2000 倍液、或 50％马拉硫磷 1000～1500 倍液或生物杀虫剂灭蛾灵 1000 倍液。

(6) 保护天敌　如上海青蜂、姬蜂等。

（二）斑蛾类

属鳞翅目斑蛾科。在园林植物上常见的有梨星毛虫、朱红毛斑蛾、大叶黄杨斑蛾等。

防治方法如下。

(1) 结合冬春修剪，剪除虫卵；生长期人工捏杀虫苞、捕捉成虫等；以幼虫越冬的，可在幼虫越冬前在干基束草把诱杀。

(2) 幼虫期喷洒青虫菌 500 倍液、40.7％毒死蜱乳油 1000 倍液、50％杀螟松和 50％辛硫磷乳油 1000 倍液、2.5％的溴氰菊酯乳油 3000 倍液。

（三）毒蛾类

毒蛾属鳞翅目毒蛾科。在园林植物上常见的主要有舞毒蛾，分布广，食性杂。可危害 500 多种植物。分布于东北、华北、陕西、新疆、云南、四川等地。以幼虫取食叶片，严重时可将叶片吃光。

防治方法如下。

(1) 消灭越冬虫体。如刮除舞毒蛾卵块、搜杀越冬幼虫等。

(2) 对于有上、下树习性的幼虫，可用溴氰菊酯毒笔在树干上划 1～2 个闭合环（环宽 1cm），可毒杀幼虫，死亡率达 86％～99％，残效 8～10d。也可绑毒绳等阻止幼虫上、下树。

(3) 灯光诱杀成虫。

（4）人工摘除卵块及群集的初孵幼虫。幼虫越冬前，可在干基束草诱杀越冬幼虫。

（5）药剂防治　幼虫期喷施 5％定虫隆乳油 1000～2000 倍液、2.5％溴氰菊酯乳油 4000 倍液、25％灭幼脲Ⅲ号胶悬剂 1500～2500 倍液等；用 10％多来宝悬浮剂 6000 倍液或 5％高效氯氰菊酯 4000 倍液喷射卵块。

（四）灯蛾类

灯蛾类属鳞翅目灯蛾科。在园林植物上常见的有美国白蛾，主要寄主有糖槭、元宝槭、三球悬铃木、桑树、白桦、榆树、杨属等植物。在国内主要分布于辽宁、河北、天津、山东、上海等地。

防治方法如下。

（1）加强检疫　疫区苗木不经检疫或处理严禁外运，疫区内积极进行防治，有效控制疫情的扩散。

（2）人工防治　在幼虫 3 龄前发现网幕后人工剪除网幕，并集中处理。如幼虫已分散，则在幼虫下树化蛹前采取树干绑草的方法诱集下树化蛹的幼虫，定期定人集中处理。

（3）严重时，可喷施 2.5％溴氰菊酯乳油 1500～2000 倍液、Bt 乳剂 400 倍液、10％多来宝悬浮剂 1500 倍液。

（4）生物防治　利用周氏啮小蜂防治美国白蛾效果好。

（五）榆蓝叶甲

成虫体长 7～8.5mm，近长椭圆形，黄褐色，鞘翅蓝绿色，有金属光泽，头部具一黑斑。前胸背板中央有 1 个黑斑。老熟幼虫体长约 11mm，深黄色。体背中央有 1 条黑色纵纹。头、胸足及腹部所有毛瘤均漆黑色。前胸背板后缘近中部有一对四方形黑斑，前缘中央有 1 个灰色圆形斑点。

防治方法如下。

（1）加强植物检疫　防止椰棕扁叶甲随着植物的引种、推广应用和产销交流传播蔓延。

（2）消灭越冬虫源　清除墙缝、石砖、落叶、杂草下等处越冬的成虫，减少越冬基数。

（3）人工震落捕杀成虫或人工摘除卵块。

（4）化学防治　各代成虫、幼虫发生期喷洒 80％敌敌畏和 90％敌百虫 1000 倍液、40.7％乐斯本 800 倍液或 2.5％溴氰菊酯 2000～3000 倍液。也可根施呋喃丹颗粒剂等内吸性杀虫剂。

（5）保护、利用天敌寄生蜂、瓢虫、小鸟等以减少虫害。

二、刺吸害虫

此类害虫均具刺吸式口器，体形变化较大，繁殖能力强。

（一）蚜虫

主要有桃蚜和棉蚜、月季长管蚜、梨二叉蚜、桃瘤蚜等，可危害桃、梅、木槿、石榴等树木。

1. 形态及生活习性

蚜虫个体细小，繁殖力很强，能进行孤雌生殖，在夏季 4～5d 就能繁殖一个世代，一年可繁殖几十代。蚜虫积聚在新叶、嫩芽及花蕾上，以刺吸式口器刺入植物组织内吸取汁液，使受害部位出现黄斑或黑斑，受害叶片皱曲、脱落，花蕾萎缩或畸形生长，严重时可使植株死亡。蚜虫能分泌蜜露，导致细菌生长，诱发煤烟病等病害。

2. 防治方法

① 清除附近杂草，冬季在寄主植物上喷 3~5 波美度的石硫合剂，消灭越冬虫卵或萌芽时喷 0.3~0.5 波美度石硫合剂。

② 喷施乐果或氧化乐果 1000~1500 倍液，或杀灭菊酯 2000~3000 倍液，或 2.5%鱼藤精 1000~1500 倍液，1 周后复喷一次杀灭幼虫。

③ 注意保护瓢虫、食蚜蝇及草蛉等天敌。

（二）叶螨（红蜘蛛）

种类较多，主要有朱砂叶螨、柑橘全爪螨、山楂叶螨、苹果叶螨等，可危害茉莉、月季、扶桑、海棠、桃、金柑、杜鹃、茶花等树木。

1. 形态及生活习性

叶螨个体小，体长一般不超过 1mm，呈圆形或卵圆形，橘黄或红褐色，可通过两性生殖或孤雌生殖进行繁殖。繁殖能力强，一年可达十几代，以雌成虫或卵在枝干、树皮下或土缝中越冬，成虫、若虫用口器刺入叶内吸吮汁液，被害叶片叶绿素受损，叶面密集细小的灰黄点或斑块，严重时叶片枯黄脱落，甚至因叶片落光而造成植株死亡。

2. 防治方法

① 冬季清除杂草及落叶或圃地灌水以消灭越冬虫源。

② 个别叶片上有灰黄斑点时，可摘除病叶，集中烧毁。

③ 虫害发生期喷 20%双甲脒乳油 1000 倍液，20%三氯杀螨砜 800 倍液，或 40%三氯杀螨醇乳剂 2000 倍液，每 7~10d 喷一次，共喷 2~3 次。

④ 保护深点食螨瓢虫等天敌。

（三）白粉虱

白粉虱是温室花卉的主要害虫，可危害茉莉、扶桑、月季、牡丹等。

1. 形态及生活习性

体小纤弱，长 1mm 左右，淡黄色，翅上被覆白色蜡质粉状物，白粉虱以成虫和幼虫群集在花木叶片背面，刺吸汁液进行危害，使叶片枯黄脱落。成虫及幼虫能分泌大量蜜露，导致煤烟病发生。白粉虱一年可发生 10 代左右，成虫多集中在植株上部叶片的背面产卵，幼虫和蛹多集中在植株中下部的叶片背面。

2. 防治方法

① 及时修剪、疏枝，去掉虫叶，加强管理，保持通风透光，可减少危害发生。

② 40%乐果或氧化乐果、80%敌敌畏、50%马拉松乳剂对成虫和若虫有良好的防治效果，20%杀灭菊酯 2500 倍液对各种虫态都有效果。

③ 利用其天敌丽蚜小蜂防治。

三、蛀干害虫

园林植物蛀干害虫主要包括鞘翅目的天牛、小蠹虫、吉丁虫、象甲，鳞翅目的木蠹蛾、透翅蛾、螟蛾，膜翅目的树蜂、茎蜂等。多数蛀干害虫为"次期性害虫"，危害树势衰弱或濒临死亡的植物，以幼虫钻蛀树干，被称为"心腹之患"。

天牛类的危害及防治如下。

1. 形态及生活习性

成虫体长 20～41mm，体黑色有光泽。触角鞭状，各节有淡蓝色的环。前胸背板两侧有尖锐粗大的刺突。鞘翅上有大小不规则的白斑，鞘翅基部有黑色颗粒。卵长椭圆形，黄白色。老熟幼虫体长 38～60mm，乳白色至淡黄色，头部褐色。每年 1～2 代，11 月初开始越冬，以幼虫在被害枝干内越冬，翌年 4 月以后开始活动。成虫 5～7 月羽化飞出，6 月中旬为盛期，成虫咬食枝条嫩皮补充营养。

2. 防治方法

（1）适地适树，采取以预防为主的综合治理措施。对天牛发生严重的绿化地，应针对天牛取食树种种类，选择抗性树种，避免其严重危害；加强管理，增强树势；除古树名木外，伐除受害严重虫源树，合理修剪，及时清除园内枯立木、风折木等。

（2）人工防治

① 利用成虫羽化后在树冠活动（补充营养、交尾和产卵）的一段时间，人工捕杀成虫。

② 寻找产卵刻槽，可用锤击、手剥等方法消灭其中的卵。

③ 用铁丝钩杀幼虫。特别是当年新孵化后不久的小幼虫，此法更易操作。

（3）饵木诱杀　对公园及其他风景区古树名木上的天牛，可采用饵木诱杀，并及时修补树洞、干基涂白等，以减少虫口密度，保证其观赏价值。在泰山岱庙内，用侧柏木段做饵木，诱杀古柏上的双条杉天牛，每米段可诱到百余头。

（4）保护利用天敌　如人工招引啄木鸟，利用肿腿蜂、啮小蜂等天敌。

（5）药剂防治　在幼虫危害期，先用镊子或嫁接刀将有新鲜虫粪排出的排粪孔清理干净，然后塞入磷化铝片剂或磷化锌毒签，并用黏泥堵死其他排粪孔，或用注射器注射 80％敌敌畏、50％杀螟松 50 倍液，或采用新型高压注射器向树干内注射果树宝。在成虫羽化前喷 2.5％溴氰菊酯触破式微胶囊。

四、地下害虫

根部害虫又称地下害虫，在苗圃和一二年生的园林植物中，常常危害幼苗、幼树根部或近地面部分，种类很多。常见的有鳞翅目的地老虎，鞘翅目的蛴螬（金龟子幼虫）、金针虫，直翅目的蟋蟀、蝼蛄，等翅目的白蚁等。

（一）蝼蛄类

1. 形态及生活习性

体狭长。头小，圆锥形。复眼小而突出，单眼 2 个。前胸背板椭圆形，背面隆起如盾，两侧向下伸展。前足特化为粗短结构，基节特短宽，腿节略弯，片状，胫节很短，三角形，具强端刺，便于开掘。蝼蛄昼伏夜出，具有趋光性、趋湿性和趋厩肥性，喜在潮湿和较黏的土中产卵。此外，对香甜食物嗜食。

2. 防治方法

（1）施用厩肥、堆肥等有机肥料要充分腐熟，可减少蝼蛄产卵。

（2）灯光诱杀成虫　在闷热天气、雨前的夜晚更有效。可在 19:00～22:00 时点灯诱杀。

（3）鲜马粪或鲜草诱杀　在苗床的步道上每隔 20m 左右挖一小土坑，将马粪、鲜草放入坑内，次日清晨捕杀，或施药毒杀。

（4）毒饵诱杀　用 40.7％乐斯本乳油或 50％辛硫磷乳油 0.5kg 拌入 50kg 煮至半熟或炒香的饵料（麦麸、米糠等）中作毒饵，傍晚均匀撒于苗床上。

（5）灌药毒杀　在受害植株根际或苗床浇灌 50％辛硫磷乳油 1000 倍液。

（二）地老虎类

1. 形态及生活习性

成虫体长 10～23mm，翅展 42～54mm。翅暗褐色，前翅前缘区黑褐色，基线浅褐色，有一个圆灰环，其外侧有一明显的尖端向外的楔形黑斑，在亚缘线上侧有 2 个尖端向内的楔形黑斑，三斑相对，容易识别。后翅灰白色。5 月中、下旬到 6 月上旬是第 1 代幼虫危害盛期，昼伏夜出，成虫对黑光灯有强烈趋性，对糖、醋、蜜、酒等香、甜物质特别嗜好，故可设置糖液诱杀。

2. 防治方法

(1) 清除杂草 杂草是小地老虎产卵的主要场所及初龄幼虫的食料，春季细耕整地清除田边杂草，可以消灭部分卵和幼虫。

(2) 诱杀成虫

① 在春季成虫羽化盛期，用糖醋液诱杀成虫。糖醋液配制为糖 6 份、醋 3 份、白酒 1 份、水 10 份加适量敌百虫及 25% 西维因可湿性粉剂 50g，盛于盆中，于近黄昏时放于苗圃地中。

② 用黑光灯诱杀成虫。

参 考 文 献

[1] 陈有民. 园林树木学 [M]. 北京：中国林业出版社，1990.

[2] A. Bernatzky 著. 树木生态与养护 [M]. 陈自新，许慈安译. 北京：中国建筑工业出版社，1987.

[3] 沈德绪等. 果树童期与提早结实 [M]. 上海：上海科学技术出版社，1989.

[4] 郭学望，包满珠. 园林树木栽植养护学 [M]. 北京：中国林业出版社，2002.

[5] 张秀英. 园林树木栽培养护学 [M]. 北京：高等教育出版社，2012.

[6] 吴泽民. 园林树木栽培学 [M]. 第 2 版. 北京：中国农业出版社，2009.

[7] 王希亮. 现代园林绿化设计、施工与养护 [M]. 北京：中国建筑工业出版社，2007.

[8] 中华人民共和国行业标准. 城市绿化工程施工及验收规范，CJJ/T 82—99. 北京：中国建筑工业出版社，1999.

[9] [美] 莱威斯·黑尔著. 花卉及观赏树木简明修剪法 [M]. 姬君兆译. 石家庄：河北科学技术出版社，1987.

[10] P. P. Pirone. Tree maintenance. 6th ed. Oxford：Oxford University Press，1988.

[11] 邹长松. 观赏树木修剪技术 [M]. 北京：中国林业出版社，2005.

[12] 吴礼树. 土壤肥料学 [M]. 第 2 版. 北京：中国农业出版社，2011.

[13] 李庆卫. 园林树木整形修剪学 [M]. 北京：中国林业出版社，2011.

[14] 周云龙. 植物生物学 [M]. 第 2 版. 北京：高等教育出版社，2004.

[15] 贺学礼. 植物学 [M]. 第 2 版. 北京：高等教育出版社，2010.

[16] 李照会. 园艺植物昆虫学 [M]. 北京：中国农业出版社，2003.

[17] Clouston，Brian 著. 风景园林植物配置 [M]. 陈自新译. 北京：中国建筑工业出版社，1992.

[18] 陈植. 观赏树木学 [M]. 北京：中国林业出版社，1984.

[19] 孟繁静. 植物花发育的分子生物学 [M]. 北京：中国农业出版社，1990.

[20] 朱天辉. 园林植物病理学 [M]. 北京：中国农业出版社，2003.

[21] 武三安. 园林植物病虫害防治 [M]. 北京：中国林业出版社，2007.

[22] 霍常富，孙海龙，范志强等. 根系氮吸收过程以及主要调节因子 [J]. 应用生态学报，2007，18（6）：1356-1364.

[23] 马月萍，戴思兰. 植物花芽分化机理研究进展 [J]. 分子植物育种，2003，1（4）：539-545.

[24] 郝二东. 浅谈樟子松大苗移植技术 [J]. 山西林业科技，2010，39（2）：40-41.

[25] 聂立水，王登芝，王保国. 北京戒台寺古油松生长衰退与土壤条件关系初步研究 [J]. 北京林业大学学报，2005，27（5）：32-35.

[26] 曾骧. 果树生理学 [M]. 北京：北京农业大学出版社，1992.

[27] 林春玉. 论园林绿化工程中的大树移栽 [J]. 热带农业科学，2009，29（9）：41-45.

[28] 李锦龄. 古树生态环境的研究简报 [J]. 北京园林，1998，（4）：8-10.

[29] 苏金东. 园林苗圃学 [M]. 北京：中国农业出版社，2003.

[30] 石彦君，董源. 清代树木栽培技术及相关文献探析 [J]. 北京林业大学学报：社会科学版，2006，5（4）：36-38.

[31] 郭冀宏. 盐碱地绿化树种选择与施工养护 [J]. 中国园林，2001，25（4）：80-81.

[32] 马凯，朱素梅，周武忠. 城市树木栽培与养护 [M]. 南京：东南大学出版社，2003.